能源开发多场耦合理论及应用

论文集

Symposium on Multi-field Coupling Theory and Application of Energy Development

朱维耀　宋付权　编

科 学 出 版 社

北 京

内 容 简 介

能源开发中的多场耦合问题是能源开发技术研究中的一个重要领域，国内外对此日渐重视。本论文集以2016年10月28日至30日在北京组织召开的第五届多场耦合理论及应用国际学术会议评出的优秀论文为基础，吸纳最新研究成果，整体内容既注重理论水平，又重视实用性；既突出多场耦合理论，又兼顾实验与测试方法及数值模拟等，并且也广泛涵盖了实际应用情况，对我国能源开发颇有实用价值。

本论文集适合能源工程技术人员、科学技术工作者、石油院校教师、大学生、研究生阅读。

图书在版编目(CIP)数据

能源开发多场耦合理论及应用：论文集＝Symposium on Multi-field Coupling Theory and Application of Energy Development / 朱维耀，宋付权编. —北京：科学出版社，2017

ISBN 978-7-03-051406-6

Ⅰ. ①能… Ⅱ. ①朱… ②宋… Ⅲ. ①能源开发-耦合-文集 Ⅳ. ①TN751.1-53

中国版本图书馆CIP数据核字(2016)第312789号

责任编辑：耿建业　刘翠娜 / 责任校对：桂伟利
责任印制：张　伟 / 封面设计：无极书装

科学出版社 出版
北京东黄城根北街16号
邮政编码：100717
http://www.sciencep.com

北京厚诚则铭印刷科技有限公司 印刷

科学出版社发行　各地新华书店经销

*

2017年2月第　一　版　开本：787×1092 1/16
2018年4月第二次印刷　印张：13
字数：300 000

定价：138.00元

(如有印装质量问题，我社负责调换)

序　言

能源开发特别是流体能源的开发存在着多场耦合问题，随着世界非常规能源的大范围开发，多场耦合问题已引起广泛关注，并成为能源开发技术研究中的一个重要领域。虽然早期的耦合理论已初步在石油天然气开发、煤矿灾害防治、水电工程、环境保护等学科中应用，但理论的不完善使应用受到限制。为此，有必要加强投入力量发展多场耦合理论，推动多场耦合技术在能源技术领域的广泛应用。为配合能源各领域的多场理论研究和合理开发工作，由中国力学学会、中国岩石力学与工程学会、中国石油学会北京力学学会主办，北京科技大学、浙江海洋大学承办的“第五届岩土多场耦合理论及应用国际学术会议”于 2016 年 10 月 28 日至 30 日在北京科技大学举办。本论文集收载了本次学术会议中评选出的优秀论文 27 篇，研究课题广泛，内容丰富，包括能源多场耦合基础理论、实验与测试方法、多尺度耦合作用机理、油气田开发应用、水电工程应用、多场耦合数值模拟技术等。从中不仅能够看到从事相关专业工作的工程技术人员和科研人员在各自岗位上付出的辛勤劳动和取得的丰硕成果，也有助于从业人员相互之间更加广泛的交流。期望本论文集可以在一定程度上促进我国能源开发技术向更高水平发展。

朱维耀

2016 年 10 月

目　录

特低/超低渗油藏建立有效驱动实验研究

杨正明[1] 张亚蒲[1] 郑兴范[2] 刘学伟[1] 张英芝[3]

(1.中国石油勘探开发研究院廊坊分院渗流所，廊坊，065007；2.中石油勘探与生产分公司油藏评价处，北京，100007；3.庆新油田开发有限责任公司，大庆，151400)

摘要：近十年来，在中国石油探明储量和未动用储量中，特低/超低渗透储量占了很大的比例，投入开发的特低/超低渗透油田也越来越多。但特低/超低渗透油藏由于储层物性差，渗流能力弱，注水难以建立有效驱动压力系统。现有的井网优化方法也无法评价特低/超低渗透油藏是否建立注水有效驱动。本文利用高压物理大模型物理模拟实验技术，分析了不同因素(渗透率、井网形式、井排距、压裂规模和生产压差等)对特低/超低渗透油藏有效驱动的影响。在此基础上，提出了有效驱动综合评价系数，并结合油田开发实际，确定了有效驱动综合评价系数的界限，形成了特低/超低渗透油藏有效驱动评价方法，该方法成功应用于中石油两个试验区块。

关键词：特低/超低渗透油藏；物理模拟；有效开发；水驱；系数

Experimental study of establishing the effective driving pressure system in ultra-low permeability reservoir

Yang Zhengming[1] Zhang Yapu[1] Zheng Xingfan[2] Liu Xuewei[1] Zhang Yingzhi[3]

(1.Petrochina Research Institute of Petroleum Exploration & Development,Langfang Branch，Langfang, 065007；2.Petrochina Exploration & Production Company,Beijing, 100007；3. Qingxin Oilfield Development co., LTD,Daqing,151400)

Abstract: In recent ten years, ultra-low permeability reserves occupy a very large proportion in the proved and undeveloped reserves in China. More and more ultra-low permeability reservoir have been put into develo-

---

基金项目：国家油气重大专项(2011ZX05013-006)和中石油重点科技攻关项目(2011-13)。

作者简介：杨正明，男，1969 年 1 月生，1991 年毕业于石油大学(华东)开发系，2004 年获中国科学院博士学位，现为廊坊分院渗流流体力学研究所副总工程师，主要从事渗流理论、低渗透油气田开发和三次采油方面的研究工作，Email:yzmhxj@263.net。

pment. But due to bad reservoir property and weak weak percolating ability in the ultra-low permeability reservoirs, the water injection pressure increases continuously in water flooding. Water flooding is difficult to establish the effective driving pressure system.The present well pattern optimization method is unable to evaluate whether ultra-low permeability reservoirs have established effective driving water injection.In this paper, using the physical simulation experimental technology of high pressure large-scale outcrops model, the influence on effective driving of ultra-low permeability reservoirs under the different factors(such as permeability, well-patten type, distance between two rows, fracturing size, and production pressure difference, et. al) has been analyzed. On this basis, the effective driving comprehensive evaluation coefficient is put forward.Combining with actual ultra-low permeability oilfield development, this paper determine the limit of the effective driving comprehensive evaluation coefficient, form a ultra-low permeability reservoir effective driving evaluation method. This method has successfully applied to two block of Petro-China.

Key words: ultra-low permeability reservoir; physical simulation; effective development; water flooding; coefficient

截至 2012 年年底，低渗透油藏石油地质储量占中国石油地质储量的比例已经超过 40%，而这些低渗透石油储量是以渗透率小于 10mD 的特低/超低渗透油藏储量为主，这些油藏的有效开发对中国石油持续稳定发展具有重要意义[1~3]。经过近十多年来的探索和研究，虽然中国大多数特低/超低渗透油藏进行了规模开发，但由于特低/超低渗透油藏储层物性差，渗流能力弱，注水难以建立有效驱动压力体系[4,5]，导致单井产量递减较快和油田采收程度较低的现象。因此，建立有效驱动压力体系是特低/超低渗透油藏有效开发的关键。目前，人们往往根据小岩心渗流实验测定的启动压力梯度数值来判断油田井网是否建立有效驱动[6]，该方法有其很大的局限性，这主要是因为缺乏有效驱动模拟的大尺度物理模拟实验装置。本论文以廊坊分院渗流流体力学研究所研发的特低/超低渗透大型露头低压物理模拟系统为基础[7]，分析不同因素对特低/超低渗透油藏有效驱动的影响，从而形成了特低/超低渗透油藏有效驱动的物理模拟评价方法，来指导特低/超低渗透油藏有效开发。

1 特低/超低渗透大型露头低压物理模拟实验系统和有效驱动评价方法

1.1 特低/超低渗透大型露头低压物理模拟实验系统

特低/超低渗透大型露头低压物理模拟实验系统可以用来模拟特低/超低渗透油藏流体在平面和剖面流动的渗流规律，模拟的大模型尺寸可以在 0.5m×0.5m×0.3m 范围内，在文献[7]与文献[8]中已经详细地叙述了特低/超低渗透大型露头低压物理模拟实验系统的组成即实验技术，这里不再作介绍。这里强调地指出：在做特低/超低渗透大型露头低压物理模拟实验时，选择的露头岩样在相似理论满足的基础上，必须与实际模拟地层要达到孔渗相近、微观孔隙结构特征相近、流体渗流规律相近和黏土矿物含量相近，否则做出的实验结果不能真实反映实际储层的生产情况。本文选择的岩样为中石油某油区的露头岩样，与实际模拟储层相近。

1.2 特低/超低渗透油藏有效驱动的物理模拟评价方法

研究表明[9]，压力梯度场和单井产能是开展特低/超低渗透油藏有效驱动研究的主要手段和主要评价参数。极限井距法、有效动用系数法和油藏数值模拟方法都是从特低/超低渗透油藏渗流理论出发，通过求解压力梯度分布，来判断油藏是否建立有效驱动压力系统；产能预测方法将产能作为评价有效驱动的方法。结合大模型物理模拟实验，本论文提出了两个评价参数，分别为有效驱动系数和有效产能系数。

1) 有效驱动系数

对于特低/超低渗透油藏，由于流体存在启动压力梯度，在一定注采压差下流体渗流达到稳定状态时，并不是所有的区域都参与流动。将其中能够发生流动的面积与整个单元面积的比值称为有效驱动系数，如下式表示：

$$E_{\mathrm{p}} = \frac{\text{整个单元面积} - \text{不流动单元面积}}{\text{整个单元面积}} \tag{1}$$

该系数反映的是井网平面波及状况以及压力系统的有效程度。有效压力系数越趋近于0，此时说明非线性渗流区和拟线性渗流区越趋近于0，整个模型基本上处于不流动区域；最大值为1，说明整个模型均处于流动状态，没有不流动的区域。

2) 有效产能系数

将露头模型实测产量与拟线性产量(整个模型中的流体流动达到拟线性渗流场时所对应的产量)的比值定义为有效产能系数，如下式所示：

$$E_{\mathrm{q}} = \frac{Q_{\text{实测}}}{Q_{\text{拟线性}}} \tag{2}$$

该系数反映特低/超低渗透油藏非线性渗流对产量的影响程度，表征单井产量的相对大小。有效产能系数为0，说明没有产能；有效产能系数为1，说明整个模型流体流动基本处于拟线性渗流，此时非线性渗流影响可以忽略。

有效驱动系数和有效产能系数不仅能够体现非线性渗流对特低/超低渗透油藏有效开发的影响，而且储层裂缝发育程度、压裂规模和井网形式等因素都能够影响有效驱动系数和有效产能系数。因此，有效驱动系数和有效产能系数能够综合反映特低/超低渗透油藏的有效开发程度。

2 不同因素对特低/超低渗透油藏有效驱动影响研究

影响特低/超低渗透油藏有效驱动的因素有很多，大致可分为两类：第一类为储层因素，包括储层渗透率、有效厚度、地层压力和原油黏度等，这是建立有效驱动的物质基础；第二类为开发生产因素，包括井网形式、井排距、井型、压裂规模和生产压差等，这是建立有效驱动的技术手段。下面主要以储层渗透率、生产压差和排距为例，说明不同因素对特低/超低渗透油藏有效驱动的影响。

2.1　储层渗透率和生产压差对特低/超低渗透油藏有效驱动的影响

以中国石油天然气集团公司（以下简称中石油）某典型油藏的正方形反九点井网为例，来说明储层渗透率和生产压差对特低/超低渗透油藏有效驱动的影响。选择的正方形反九点井网如图 1(a) 所示，注水井为不压裂，采油井为压裂投产。选取 1/4 的正方形反九点井网单元(1 口注水井和 3 口采油井)作为物理模拟实验对象，用在露头岩样上先割开裂缝再填砂胶结的方法来模拟采油井的人工压裂裂缝，其导流能力是根据相似理论来确定石英砂粒径及交联剂比例，模型实物图如图 1(b) 所示。

设计了 5 个不同的渗透率，分别为 0.3mD、0.5mD、0.8mD、1.5mD 和 2.0mD，6 个不同的驱替压差，分别为 0.02 MPa、0.03 MPa、0.04 MPa、0.05MPa、0.06 MPa 和 0.10 MPa。实验结果如图 2 所示。

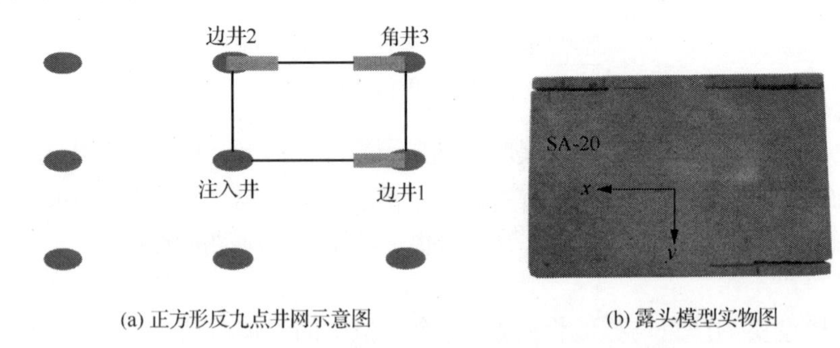

(a) 正方形反九点井网示意图　　(b) 露头模型实物图

图 1　正方形反九点井网模型示意图与实物图

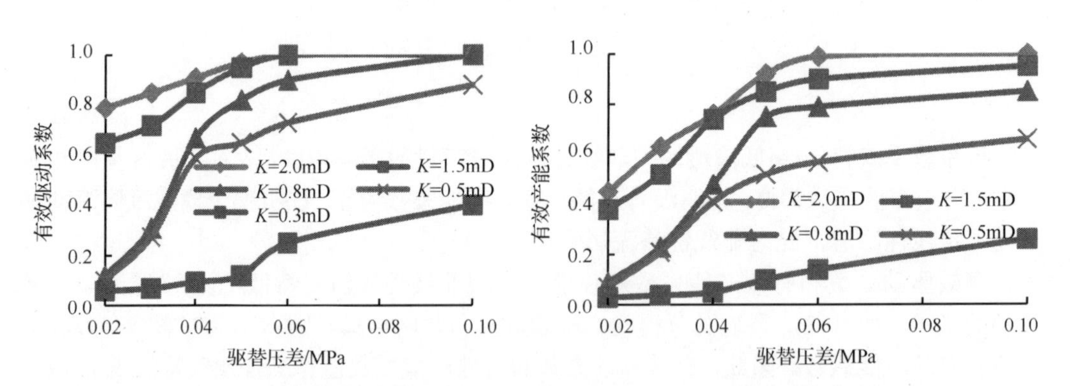

图 2　不同渗透率下有效驱动系数和有效产能系数与驱替压差的关系

从上面的图中可以看出：①在相同渗透率条件下，有效驱动系数和有效产能系数随驱替压差的增大而增大。当渗透率为 0.3mD 时，有效驱动系数和有效产能系数先随驱替压差的增大而变化幅度很小，只有当驱替压差达到一定值时，有效驱动系数和有效产能系数才随驱替压差的增大而增大。即当驱替压差从 0.02MPa 增加到 0.04MPa 时，有效驱动系数和有效产能系数分别从 0.06 和 0.03 增加到 0.09 和 0.05；当驱替压差从

0.04MPa 增加到 0.06MPa 时，有效驱动系数和有效产能系数分别从 0.09 和 0.05 增加到 0.25 和 0.14。当渗透率大于 0.3mD 时，有效驱动系数和有效产能系数先随驱替压差的增大而增大，只有当驱替压差达到一定值时，有效驱动系数和有效产能系数随驱替压差的增大而变化较小。以渗透率为 0.8mD 时，当驱替压差从 0.02MPa 增加到 0.04 MPa 时，有效驱动系数和有效产能系数分别从 0.12 和 0.09 增加到 0.67 和 0.48；当驱替压差从 0.04MPa 增加到 0.06MPa 时，有效驱动系数和有效产能系数分别从 0.67 和 0.48 增加到 0.90 和 0.79。②在相同驱替压差下，有效驱动系数和有效产能系数随渗透率的增大而增大，且渗透率小于 0.3mD 的有效驱动系数和有效产能系数随驱替压差的关系与渗透率大于 0.3mD 的有效驱动系数和有效产能系数随驱替压差的关系差别较大。这与其储层岩心的微观孔隙结构特征有关，如图 3 所示。图 3 为不同渗透率岩心的喉道半径分布规律。

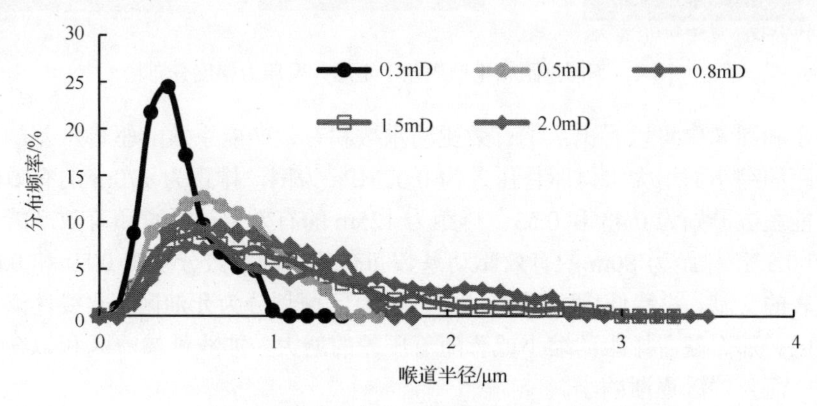

图 3 不同渗透率岩心的喉道半径分布规律

2.2 排距和生产压差对特低/超低渗透油藏有效驱动的影响

以渗透率为 2.0mD 储层矩形井网为例，来研究不同排距和生产压差对特低/超低渗透油藏有效驱动的影响。按照相似原理，用 3 块大模型露头岩样的排距 16cm、25cm 和 32cm 来分别模拟实际矩形井网的排距 80m、125m 和 170m，设计的 3 个不同的驱替压差，分别为 0.02MPa、0.04MPa 和 0.07MPa，实验结果如表 1 和图 4 所示。

表 1 不同排距和生产压差对特低/超低渗透油藏有效驱动的影响

压差/MPa	80m		125m		170m	
	有效驱动系数	有效产能系数	有效驱动系数	有效产能系数	有效驱动系数	有效产能系数
0.02	0.89	0.61	0.79	0.57	0.43	0.53
0.04	0.97	0.81	0.91	0.75	0.76	0.69
0.07	1.00	0.97	0.98	0.93	0.84	0.84

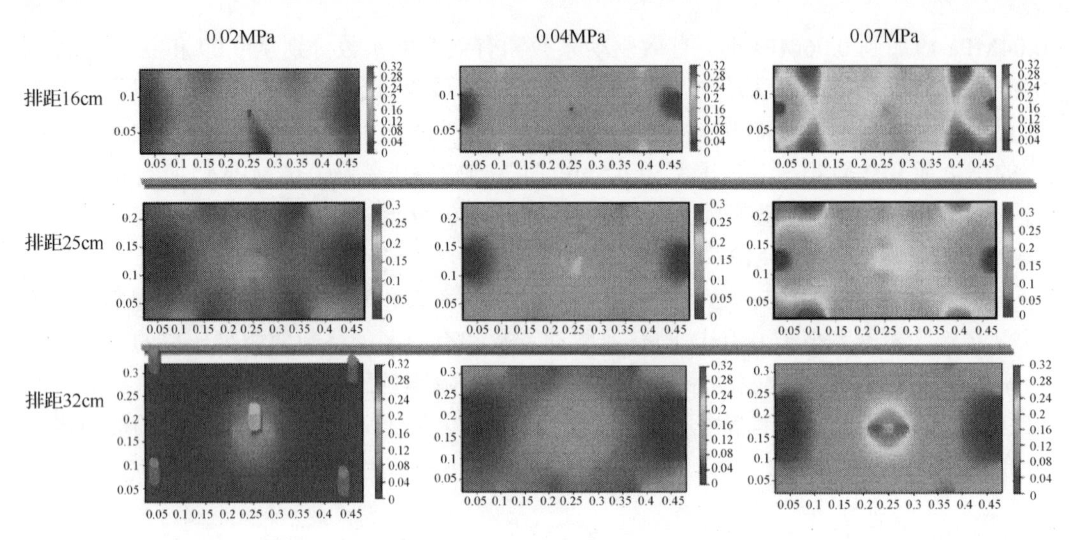

图4　不同排距和生产压差下矩形井网压力梯度分布

从表1和图4中可以看出：①有效驱动系数和有效产能系数随驱替压差的增大而增大，随排距的缩小而增大。以驱替压差为0.02MPa为例，排距为170m的有效驱动系数和有效产能系数分别为0.43和0.53；排距为125m的有效驱动系数和有效产能系数分别为0.79和0.57；排距为80m的有效驱动系数和有效产能系数分别为0.89和0.61。②根据笔者发表的文献，将特低/超低渗透油藏的渗流区域划分为死油区、非线性渗流区和拟线性渗流区。那么随着排距的缩小或者随着压差的增大，非线性渗流区和拟线性渗流区逐渐增大，而死油区逐渐缩小。

因此，可以通过增大储层渗透率(压裂改造)、增大生产压差和缩小排距等措施，来提高特低/超低渗透油藏的有效动用效果。

3　特低/超低渗透油藏有效驱动界限研究及应用

3.1　特低/超低渗透油藏有效驱动界限研究

根据所研究的特低/超低渗透油藏现场井网部署和油井生产情况，并结合油藏工程计算方法(表2为20MPa下不同渗透率条件下的极限井距)，根据相似理论换算到实验条件，确定出特低/超低渗透油藏有效驱动界限为

$$E = E_p \times E_q > 0.3 \tag{3}$$

式中，E为特低/超低渗透油藏有效驱动综合系数。

即当特低/超低渗透油藏有效驱动综合系数大于0.3时，特低/超低渗透油藏才能有效动用。这个结论是对李道品[10]关于低渗透油藏建立有效驱动体系含义标准的补充和细化。

表 2 20MPa 下不同渗透率条件下的极限排距

渗透率	20MPa 下的极限排距
0.5mD	100
0.8mD	125
1.5mD	167
2mD	250

3.2 应用

将上述研究成果应用于中石油两个区块(A 区和 B 区)都取得了很好的开发效果。A 区为老区，在原有井网条件下，计算的有效驱动综合系数为 0.25，水驱开发效果不好。经过给井网加密，加密的井网为 280m×200m，计算的有效驱动综合系数为 0.41，加密后单井产量提高 15%，井组日产油是加密前两倍，水驱控制程度提高 12%，实现了有效驱动。B 区为新区，设计的井网为 200m×200m，计算的有效驱动综合系数为 0.52，生产一年后，日产油稳中有升，能量补充初见成效。

4 结论

通过上面的研究和分析，可以得到以下结论：

(1)基于特低/超低渗透大型露头低压物理模拟实验系统，提出了两个评价参数(有效驱动系数和有效产能系数)来综合反映特低/超低渗透油藏的有效开发程度。

(2)分析了不同因素(渗透率、排距和生产压差等)对特低/超低渗透油藏有效驱动的影响，研究表明：在相同渗透率条件下，有效驱动系数和有效产能系数随驱替压差的增大或排距的缩小而增大。在相同驱替压差下，有效驱动系数和有效产能系数随渗透率的增大而增大，渗透率小于 0.3mD 的有效驱动系数和有效产能系数随驱替压差的关系与渗透率大于 0.3mD 的有效驱动系数和有效产能系数随驱替压差的关系差别较大。这与其储层岩心的微观孔隙结构特征有关。因此，可以通过增大储层渗透率(压裂改造)、增大生产压差和缩小排距等措施，来提高特低/超低渗透油藏的有效动用效果。

(3)确定出特低/超低渗透油藏有效驱动界限，即当特低/超低渗透油藏有效驱动综合系数大于 0.3 时，特低/超低渗透油藏才能有效动用，研究成果成功地应用于中石油两个区块。

参考文献

[1] 许坤.中国油气勘探开发现状及未来发展方向.油(气)开采新技术、新工艺、新装备研讨会，成都，2013, 04:11-13.

[2] 国土资源部.2012 年全国油气矿产储量通报.北京:国土资源部,2013.

[3] 胡文瑞.中国低渗透油气的现状与未来.中国石油企业,2009, (6):54-58.

[4] 杨正明,于荣泽,苏致新,等.特低渗透油藏非线性渗流数值模拟.石油勘探与开发, 2010,37(1): 94-98.

[5] 张仲宏，杨正明，刘先贵，等.低渗透油藏储层分级评价方法及应用.石油学报,2012,33(3):437-441.

[6] 杨正明，郭和坤，刘学伟，等.特低-超低渗透油气藏特色实验技术.北京:石油工业出版社，2012.

[7] 徐轩，刘学伟，杨正明，等.特低渗透砂岩大型露头模型单相渗流特征实验.石油学报，2012, 33(3):454-458.

[8] 杨正明，张仲宏，刘学伟，等.低渗/致密油藏分段压裂水平井渗流特征的物理模拟及数值模拟.石油学报，2014, 35(1):85-92.

[9] 杨正明，刘先贵，张仲宏，等.特低-超低渗透油藏储层分级评价和井网优化数值模拟技术. 北京:石油工业出版社，2012.

[10] 李道品.高效开发低渗透油藏的关键和核心//中国石油勘探开发研究院五十年理论技术文集(1958~2008).北京: 石油工业出版社, 2008.

特低渗/致密砂岩油藏动态裂缝物理模拟及渗流规律研究

肖朴夫[1] 王学武[2] 杨正明[2] 刘学伟[2] 萧汉敏[2]

（1.中国科学院渗流流体力学研究所，廊坊，065007；2.中国石油勘探开发研究院廊坊分院，廊坊，065007）

摘要：特低渗/致密储层压裂注水后，当压力升高到一定值时，微裂缝延伸导致动态裂缝开启。为了研究在注水过程中动态裂缝开启压力，以及动态裂缝发育程度对渗流规律的影响，以鄂尔多斯盆地长8储层岩心为例，通过三轴应力系统进行岩心造缝，结合现场资料开展物理模拟，提出一种测定岩心动态裂缝开启压力的方法。进一步结合油水相对渗透率实验，得到不同动态裂缝发育程度下的渗流变化规律，并提出相应的动态裂缝开启压力范围。结果表明：存在动态裂缝的岩心，随着注入压力的增加，渗透率曲线出现先保持稳定而后速度增加的趋势，渗透率变化存在拐点；而存在贯穿缝的岩心则表现为线性增加。随着动态裂缝开启程度的增加，束缚水饱和度降低，采出程度呈现先增加后减小的趋势。

关键词：致密砂岩；动态裂缝；开启压力；人工造缝；渗流规律

Physical simulation and seepage flow of dynamic fractures in extra-low permeability / tight oil reservoirs

Xiao Pufu[1] Wang Xuewu[2] Yang Zhengming[2] Liu Xuewei[2] Xiao Hanmin[2]

（1.Institute of Seepage Flow Fluid Mechanics, Chinese Academy of Sciences, Langfang，065007；2.PetroChina Research Institute of Petroleum & Development, Langfang Branch, Langfang，065007）

Abstract: After fracturing in extra-low permeability / tight oil reservoirs, when the injection pressure rises to a certain value, the micro fracture extension lead to developing dynamic fractures. In order to study dynamic fracture open pressure in the process of water injection, and the influence on seepage flow rule, with long 8 reservoir cores in ordos basin as an example, through the triaxial stress system, combined with field data to carry out the physical simulation experiment, put forward a method of measuring dynamic fractures open pressure. Further, with oil-water relative permeability experiments, get a different dynamic seepage flow

---

基金项目：国家油气重大专项（2016ZX05013-001）和中国石油天然气集团公司重大基础攻关课题（2014B-1203）。

作者简介：肖朴夫，1987 年生，男，博士，主要从事低渗/致密油藏储层特征及渗流机理的相关研究工作，Email:xiaolove99@qq.com。

variation rule of fracture development degree, and proposes the corresponding range of dynamic fractures open pressure. The results show that the dynamic fractured core, with the increase of injection pressure, permeability curve appear to remain stable and then speed increasing, permeability curve change appears a turning point, and penetration fracture core is characterized by linear increase. With the increase of dynamic fracture open degree, irreducible water saturation is reduced, the recovery shows a trend of decrease after the first increase.

Key words: tight oil reservoirs; dynamic fractures; fracture open pressure ; artificial fracture; seepage flow rule

引言

近年来，随着水平井开发、体积压裂、工厂化作业等技术的进一步完善，国内外致密油初期产量大幅攀升[1~5]，随后采油速度大幅下降、含水率上升较快，如何合理的开发特致密油藏越来越得到重视。鄂尔多斯盆地致密油储层具有典型的低孔、岩性致密和天然微裂缝普遍发育等特点，目前主要通过体积压裂技术，形成大规模缝网来进行开发，而其中有相当部分的次级裂缝和微裂缝没有进行有效利用。王友净等[6]提出动态裂缝概念，即注水井在近井地带由于注入压力过大，岩层破裂产生的新裂缝以及重新激活的天然裂缝都称之为动态裂缝，认为这些裂缝对提高储层渗流能力和改善致密油藏开发效果具有“双重作用”[7~10]：一方面，新生裂缝或天然裂缝的开启可以提高储层的渗流能力；另一方面，随着注入压力的不断增加，这些裂缝不断扩展、延伸、沟通而最终形成多方位裂缝，增大了油井暴性水淹的可能性，大大降低了水驱波及体积并且影响剩余油分布[11]。前人主要通过预测计算、数模方法对动态裂缝做过相应研究，比如范天一等[12]通过建立可以表征动态裂缝的数学模型，并对动态裂缝的演化规律进行模拟，而从实验方法测量动态裂缝开启压力方面的研究较少。因此，本文针对鄂尔多斯盆地长 8 段砂岩储层，开展物理模拟实验，研究注水过程中渗透率变化趋势，提出一种测定岩心动态裂缝开启压力的方法，得到动态裂缝开启所需压力范围；对比不同裂缝发育程度下的渗流规律，明确动态裂缝对残余油及采出程度的影响机理。

1 鄂尔多斯盆地动态裂缝物理模拟方法

1.1 实验岩心及流体

实验样品岩心选取自鄂尔多斯盆地长 8 储层致密砂岩岩心，具体岩心资料如表 1 所示，其气测渗透率范围在 0.1×10^{-3}~1.2×10^{-3} μm^2，孔隙度范围为 5.1 %~16.9 %，实验气测渗透率参照行业标准《覆压下岩石孔隙度和渗透率测定方法》。实验中所用流体为模拟地层水，模拟地层水按地层水矿化度配制，矿化度为 80000mg/L。

表 1　岩心基础物理参数

岩心号	深度/m	长度/cm	直径/cm	渗透率/10^{-3} μm^2	孔隙度/%
B-1	2206.9	5.39	2.48	0.176	10.6
B-2	2354.8	5.44	2.48	0.316	13.7
B-3	2349.7	5.36	2.48	0.576	14.5
B-4	2345.7	5.37	2.48	0.766	15.8
B-5	2344.0	5.40	2.43	1.150	16.3
B-6	1479.2	5.49	2.49	0.155	5.1
B-7	1360.6	5.42	2.49	0.313	7.0
B-8	1371.3	5.43	2.49	0.555	7.6
B-9	1360.5	5.47	2.49	0.628	7.1
B-10	1444.2	5.37	2.49	1.410	5.7

1.2　三轴应力造缝实验

高帅等[13]与吴吉元[14]对鄂尔多斯盆地长 8 储层裂缝已经进行比较全面的统计和分析，研究表明在长 8 储层裂缝方向主要为近东西向，裂缝倾角分布范围以 45°~90°为主，说明发育的主要以高角度缝和垂直缝为主。实验以天然微裂缝发育的储层为对象，基于最小应力原理，即裂缝总是沿着强度最小、阻力最小的方向产生，岩石的破裂面垂直于最小应力方向[15]。由于现场岩心取样很难取得带动态裂缝的岩心，所以先对天然岩心进行造缝实验。实验中通过将岩心置于三轴应力夹持器中，施加水平方向轴向应力，根据应力学原理，由于平行于岩心水平方向的受力最小，可产生高角度缝，这也与储层现场裂缝特征相符合。图 1 显示的是通过多次人工挤压造缝后得到两种不同形态的裂缝，分别模拟地层下动态裂缝和贯穿缝。实验过程中通过多次造缝试验发现，控制轴向应力使得渗透率增加 80%~120%时，形成动态裂缝的几率较大，如果渗透率增加高于 200%，岩心非常容易破裂，形成贯穿缝。

图 1　动态裂缝岩心(左)和贯穿缝岩心(右)

三轴应力造缝实验相对于其他人工劈分造缝等实验有一些优势：①三轴应力造缝改善了人工劈分造缝安全性差和渗透率性能的问题，能最大限度地保护岩心；②通过改变水平轴向应力大小，模拟不同裂缝发育程度的岩心情况，通过控制压力能得到动态裂缝岩心和贯穿缝岩心；③进行挤压造缝实验时，由于不同岩心脆性不一很容易导致断裂，需要多次实验，且难以模拟较大的裂缝。

1.3　动态裂缝物理模拟实验方法

岩心动态裂缝开启压力测定的方法流程如图 2 所示，包括以下步骤：

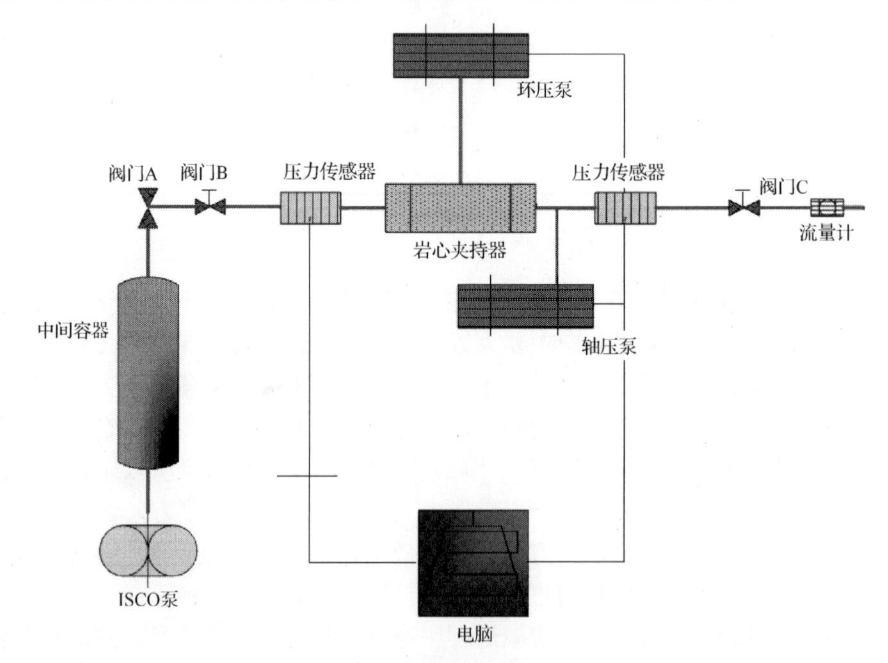

图 2　实验装置流程图

具体为①先将成功造缝的岩心干燥、抽真空 12 h，加入模拟地层水抽真空 6 h，再加压饱和 6h，取出岩心待用；②将饱和好的岩心放入三轴岩心夹持器中，如图 1 所示连上轴压和围压加载装置，然后再按照岩心深度设置围压，按照最小水平主应力设置轴压；③开启驱替泵，加压注入模拟地层水，保持压力稳定 0.5 h 以上，将记录的流量、压力和岩心初始尺寸参数，通过公式(1)计算得到液测渗透率，并将渗透率和不同注入压力绘制在曲线上，即得到岩心渗透率变化的规律；④不断增加注入压力直至渗透率曲线出现拐点，出现拐点的注入压力即为动态裂缝开启压力。暂停驱替泵，依次卸下轴压和围压，取出岩心，实验结束。

$$K = \frac{Q\mu L}{A(P_1 - P_2)} \times 100 \tag{1}$$

式中，K 为液测渗透率，mD；P_1、P_2 分别为岩心进、出口端压力，MPa；Q 为流过岩心横截面积的流量，mL/s；μ 为流体的黏度，mPa·s；L 为岩心的长度，cm；A 为岩心横截面积，cm^2。

2 实验结果与分析

2.1 不同类型裂缝的开启压力对比

模拟实验中，饱和模拟地层水的岩心最初的液测渗透率与原始气测渗透率相比，增加幅度并不大，说明裂缝在加载模拟上覆岩心压力之下发生闭合，当逐渐增加注入压力，渗透率出现突然增加，表明裂缝又出现开启的情况。上述情况并没有考虑时间的累积对岩心蠕变产生的影响。

图 3 中所表示的渗透率(K_t)实际上包括基质渗透率(K_m)和裂缝渗透率(K_f)，单裂缝岩心总渗透率公式为

$$K_t = K_m + \frac{d^2}{12}\cos^2 a \tag{2}$$

式中，K_t为总渗透率，$10^{-3}\mu m^2$；K_m为基质渗透率，$10^{-3}\mu m^2$；d为裂缝宽度，mm；a为流动方向与裂缝面的夹角，(°)。

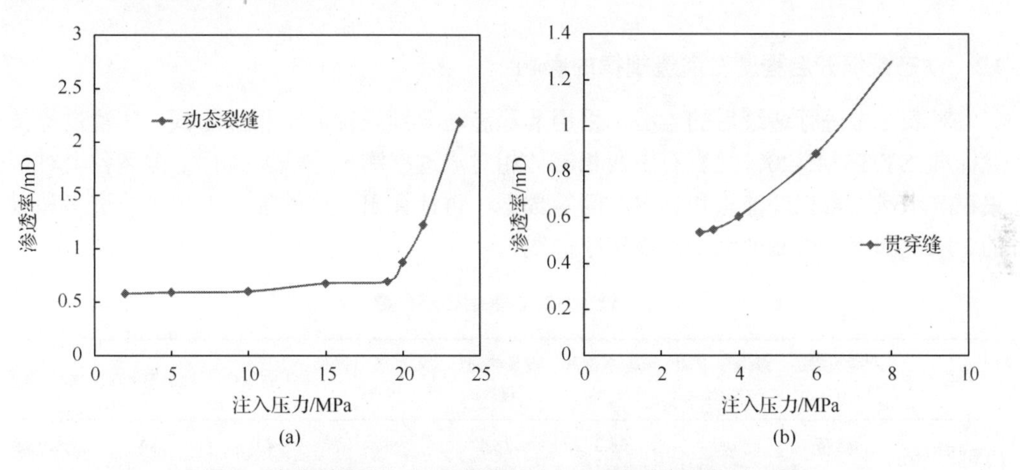

图 3 动态裂缝岩心(a)和贯穿缝岩心(b)渗透率变化对比图

对比图 3 动态裂缝(a)和贯穿缝(b)渗透率变化发现，在相同的应力条件下，动态裂缝岩心和贯穿缝岩心的渗透率变化曲线存在明显的差异。随着注入压力的增加，动态裂缝岩心的渗透率曲线先保持稳定，当注入压力超过 20MPa 后，岩心内部的裂纹逐渐形成裂缝通道，闭合的裂缝又重新开启，表现为渗透率曲线出现突变点。而贯穿缝岩心由于岩心内部已经形成了裂缝通道，所以当注入压力升高，很容易导致裂缝开启。现场进行压裂后，如果形成以贯穿缝为主，注水很容易沿着裂缝行进，导致出现水窜的问题；如果形成的主要是动态裂缝，虽然一方面加剧了致密储集层的非均质性，影响了油井的含水上升规律，但另一方面，动态裂缝的形成能有助于在注采井网之间建立有效驱动系统[12]，注水开发过程中对注入压力进行控制，这样可以避免爆性水淹、水窜等问题。

对不同渗透率的开启压力从图4中可以看出，随着储层的不断致密，岩石被不断压实，孔隙体积减小，导致裂缝的开启压力有不断增加的趋势。但是地层岩石力学性质和渗透率性质受各向应力荷载影响较大，在荷载作用下岩石的裂纹扩展规律极其复杂[16]，并非只和渗透率有较大的相关性[17]，具体哪些因素会对结果有影响本文并没有进行更深入的研究。

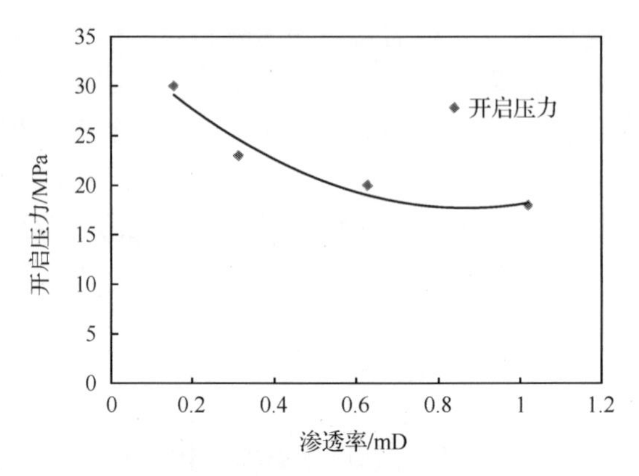

图4　不同渗透率岩心开启压力大小

2.2　动态裂缝开启程度对渗流规律的影响

对表2中进行造缝后的岩心，采用非稳态法分别进行油水相渗测试，实验过程按行业标准 SY/T5345-2007《岩石中两相流体相对渗透率测定方法》执行，得到各个时刻的累积产水量、累积产油量和见水时间等数据，再计算出岩样的油、水相对渗透率和对应的含水饱和度，绘制油水相对渗透率曲线。

表2　岩心基础相渗参数

岩心号	造缝前渗透率/$10^{-3}\mu m^2$	渗透率增加率/%	束缚水饱和度/%	残余油饱和度/%	无水采出程度/%	采出程度/%	见水时间/s	裂缝性质
A-1	0.176	0.0	38.3	28.4	46.2	54.0	684	无裂缝
A-2	0.235	2.1	35.6	24.6	45.3	57.5	719	有裂缝
A-3	0.316	4.0	33.9	25.5	52.6	62.4	851	
A-4	0.766	7.9	30.2	27.8	46.8	49.7	737	
A-5	1.150	16.2	29.1	30.2	42.3	45.4	543	

从表2中可以观察到，随着造缝后渗透率的增加，岩心束缚水饱和度降低，岩心能饱和进入更多的油，说明动态裂缝的增加在一定程度上改造了储层的物性。但是随着渗透率增加，最后两相区范围、等渗点的饱和度以及采出程度都呈现先增加后减小的趋势，表明动态裂缝的开启在一定程度上能提高驱油效率；但是动态裂缝开启程度过高，在驱油过程中主要进行裂缝驱油[18]，这样会造成水沿裂缝窜流，大量的残余油滞留在基质孔隙中，导致采出程度降低。从图5的相渗曲线中也能看出，A-1不存在裂缝，主要是基

质孔隙驱油，所以水相渗透率上升较慢；A-2、A-3 无水采出程度中的动态裂缝相当于较大的孔隙，能增大流体通道，进行裂缝驱油、裂缝-部分基质孔隙驱油，所以见水时间推迟，而水相渗透率逐渐增加，油相渗透率下降变缓，对储层的改善效果较好；A-4、A-5 渗透率增加较高，见水时间最早，无水采出程度和最终采出程度相差不大，分析原因是注水主要先沿裂缝突破，造成大量残余油滞留在基质孔隙中，导致最终采出程度逐渐降低。

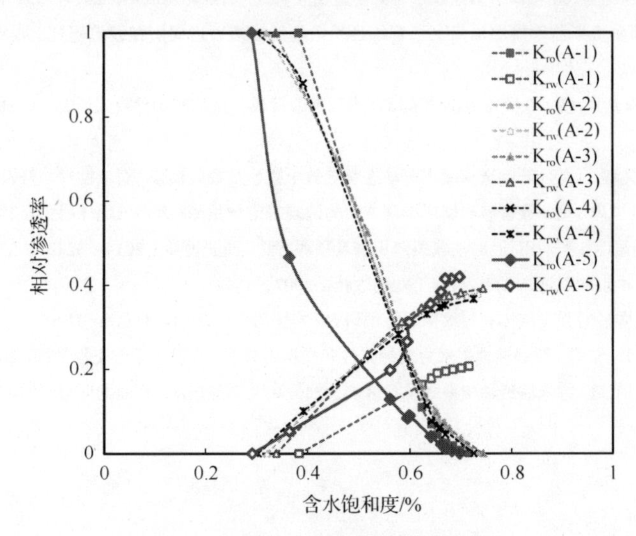

图 5　不同动态裂缝油水相渗曲线

3　结论

(1) 通过对三轴应力系统造缝后的岩心进行注入实验，得到渗透率随注入压力变化的曲线，针对渗透率出现突变点，提出了一种测定岩心裂缝开启压力的方法。其中动态裂缝的岩心，随着注入压力的增加，渗透率曲线出现先保持稳定而后速度增加的趋势，渗透率变化的拐点为动态裂缝开启压力；而贯穿缝岩心由于岩心内部已经形成了裂缝优势通道，渗透率曲线随注入压力呈线性增长，不存在拐点，很容易出现裂缝开启的情况。

(2) 在相同驱替压力梯度下，随着渗透率增加，即动态裂缝的发育能在一定程度上提高储层中流体的流动性，有助于提高采出程度，但过于发育的动态裂缝，会造成大量残余油滞留，影响注水开发效果。

参 考 文 献

[1] Tabatabaei M, Mack D J, Daniels N R. Evaluating the performance of hydraulically fractured horizontal wells in the bakken shale play.Society of Petroleum Engineers, 2009.

[2] 李宪文，张矿生，樊凤玲，等. 鄂尔多斯盆地低压致密油层体积压裂探索研究及试验 OJO. 石油天然气学报，2013，35(3)：142-146.

[3] 王晓东，赵振峰，李向平，等. 鄂尔多斯盆地致密油层混合水压裂试验. 石油钻采工艺，2012，34(5)：80-83.

[4] 王文东，赵广渊，苏玉亮，等. 致密油藏体积压裂技术应用. 新疆石油地质，2013，34(3)：345-348.

[5] 杜金虎，刘合，马德胜，等. 试论中国陆相致密油有效开发技术. 石油勘探与开发，2014，41(2)：198-205.

[6] 王友净，宋新民，田昌炳，等. 动态裂缝是特低渗透油藏注水开发中出现的新的开发地质属性. 石油勘探与开发，2015，42(2)：222-228.
[7] 杨永明，鞠杨，陈佳亮，等. 三轴应力下致密砂岩的裂纹发育特征与能量机制. 岩石力学与工程学报，2014，33(4)：691-698.
[8] 张阳，任晓娟，李展峰. 覆压对致密砂岩人工闭合裂缝渗透率的影响. 天然气勘探与开发，2015，38(2)：56-58.
[9] 王周红，何学文. 裂缝型致密油藏分段压裂水平井伤害实验研究. 石油化工应用，2014，33(5)：4-7.
[10] 王瑞飞，孙卫. 鄂尔多斯盆地姬塬油田上三叠统延长组超低渗透砂岩储层微裂缝研究. 地质论评，2009，55(3)：444-448.
[11] 王文环，彭缓缓，李光泉，等. 长庆特低渗透油藏注水动态裂缝及井网加密调整模式研究. 石油钻探技术，2015，43(1)：106-110.
[12] 范天一，宋新民，吴淑红，等. 低渗透油藏水驱动态裂缝数学模型及数值模拟. 石油勘探与开发，2015，42(4)：496-501.
[13] 高帅，曾联波，马世忠，等. 致密砂岩储层不同方向构造裂缝定量预测. 天然气地球科学，2015，26(3)：427-434.
[14] 吴吉元. 鄂尔多斯盆地红河油田长 8 油藏裂缝识别及预测方法. 新疆地质，2014，32(3)：351-355.
[15] 杨胜来，魏俊之. 油层物理学. 北京：石油工业出版社，2007.
[16] 杨圣奇. 断续三裂隙砂岩强度破坏和裂纹扩展特征研究. 岩土力学，2013，34(1)：31-39.
[17] 赵金洲，任岚，胡永全，等. 裂缝性地层水力裂缝张性起裂压力分析. 岩石力学与工程学报，2013，32(S1)：2855-2862.
[18] 熊维亮，潘增耀，王斌. 特低渗透油田裂缝发育区剩余油分布及调整技术. 石油勘探与开发，1999，26(5)：46-48.

低渗透储层压敏效应对油水两相渗流特征的影响

黄小荷[1]　龙运前[2]　宋付权[1]

（1.浙江海洋学院石化与能源工程学院，舟山，316022；2.浙江海洋学院创新应用研究院，舟山，316022）

摘要：低渗透油藏在开采过程中，由于地下物质亏空导致地层有效应力升高，岩石骨架变形，地层的一些物性参数，特别是渗透率和孔隙度发生改变，呈现出应力敏感的特征。取用天然低渗岩心，以地层油样和地层水为孔隙流体，进行油水两相的应力敏感实验，研究压敏条件下油水两相渗流特征。研究表明：在相同含水比例下，随着有效围压增大，岩样水相和油相渗透率均逐渐降低；在相同有效围压下，随着含水/油比例增大，岩样水/油相渗透率逐渐增大，但含油比例的变化对油相渗透率的影响比对水相渗透率影响大；在相同有效围压下，随着含水比例减小，水相的渗流阻力增大，流动速度变小，油相规律基本一致；有效围压的增大会导致水相和油相渗流阻力均加大。

关键字：低渗透；应力敏感性；油水两相；渗流

Influence of stress sensitivity effect on two-phase flow characteristics of oil-water in low permeability reservoir

Huang Xiaohe[1]　Long Yunqian[2]　Song Fuquan[1]

(1.School of Petrochemical & Energy Engineering, Zhejiang Ocean University, Zhoushan, 316022; 2.Innovation Application Institute, Zhejiang Ocean University, Zhoushan, 316022)

Abstract: In the mining process of the low permeability oil reservoir, with the recovery of the fluid, the effective stress will increase, resulting the deformation of the rock framework and the change of the permeability and porosity. This phenomenon called "stress sensitivity". Experimental study on the stress sensitivity was carried out using cores taken from natural low-permeability reservoir. The formation oil-water mixture is used as the fluid medium. The results show that: water phase permeability and oil phase permeability is inversely proportion to effective confirming pressure under constant water content; water/oil

---

基金项目：国家重点基础研究发展计划(2013CB228002)；国家自然科学基金项目(11472246)。

作者简介：黄小荷，讲师，研究方向为油气渗流力学，hxh_0258@163.com。

龙运前(通讯作者)，助理研究员，研究方向为油气田开发和提高采收率技术，longyunqian@163.com。

phase permeability is proportional to water/oil content under constant effective confirming pressure; percolation resistance of water/oil phase is inversely proportion to water/oil content under; percolation resistance of water/oil phase is proportional to constant effective confirming pressure.

Key words: low permeability; stress sensitivity; oil-water two-phase; flow

引言

深埋于地下上千米处的油气藏，其储层岩石受上覆岩层压力和周围侧压力及孔隙流体压力的作用。在油气藏未开发之前，这个应力系统是处于平衡状态的。在油田开发过程中，由于地下物质亏空或地应力释放，地层孔隙流体压力下降，岩石骨架受到的有效应力增大，岩石骨架变形。这样就使得地下岩石的一些物性参数发生改变，特别是渗透率和孔隙度。这种储层物性由于应力场的改变而改变的现象，就叫做应力敏感性。

早在 20 世纪 40 年代，国外就开始研究孔隙度、渗透率随围压的变化情况[1~5]。研究表明，随着储层应力的变化，岩石的渗透率会发生变化，但孔隙度随有效应力变化而变化的幅度并不大。国内对储层应力敏感性的广泛研究出现在 80 年代末[6]，通过大量的实验研究表明[7~9]，储层主要的两个物性参数即孔隙度和渗透率会随着有效应力的增加而降低，这种应力敏感效应在低渗透储层中更加显著。前人的研究大多针对单相液体进行[10~16]，很少关注压敏条件下油水两相的渗流特征。本文进行了压敏条件下油水两相渗流实验，得到了低渗透油藏压敏条件下油水两相渗流特征。

1 实验条件与方法

1.1 材料与仪器

主要实验设备为多功能驱替装置，岩心为天然岩心，基本参数见表 1。实验用油、水黏度分别为 1.2336mPa · s、0.8978mPa · s。

表 1 油水两相应力敏感性实验岩心基本参数

样号	长度/cm	直径/cm	气测渗透率/mD	孔隙度/%	密度/(g/cm^3)
1	5.395	2.514	3.35	15.3	2.582
2	5.930	2.510	3.23	15.6	2.596
3	5.736	2.557	3.34	15.3	2.586
平均	5.687	2.527	3.31	15.4	2.588

1.2 实验方法

1.2.1 储层应力敏感性实验

参照最新版中国石油天然气行业标准 SY/T5358-2010 设计室内评价试验进行储层

敏感性流动试验。采用改变围压的方式来模拟有效应力变化对岩心物性参数的影响。液体应力敏感实验以地层油样和地层水为孔隙流体，对实取的3块岩心开展实验。

在不同水油比下进行油水两相的应力敏感实验：驱替压差定为1MPa，有效围压分别保持在40MPa、30 MPa、20MPa下，水油比分别为0、0.2、0.3、0.5、0.7、0.8、1时进行油水两相的应力敏感实验，记录实验中流量Q的变化，根据达西公式计算渗透率K。

1.2.2 储层油水两相渗流实验

水油比分别为0、0.2、0.3、0.5、0.7、0.8、1时，选择性质相近的3块岩心进行试验：有效围压为20MPa、30MPa、40MPa，保持平均内压15MPa不变[改变注入压力和出液压力：(15±0.05)MPa、(15±0.1)MPa、(15±0.2)MPa、(15±0.3)MPa、(15±0.5)MPa、(15±1.0)MPa、(15±2.0)MPa、(15±3.0)MPa、(15±5.0)MPa]，分别进行不同水油比下水油两相渗流实验，记录实验数据(流量和压差)。

2 实验结果与分析

2.1 压敏效应对水油两相渗透率的影响

2.1.1 不同油水比下水相渗透率变化特征

在含水比例为0.2、0.3、0.5、0.7、0.8、1下，岩样水相渗透率随有效围压变化的曲线见图1。由图1可知，在相同含水比例下，随着有效围压增大，岩样水相渗透率逐渐降低；与单相水相比，只要驱替介质中有油出现，水相渗透率会急剧降低，但随着含水比例减小，岩样的水相渗透率下降变化不大。当含水比例分别为0.2、0.3、0.5、0.7、0.8、1时，有效围压由20MPa增大到40MPa，岩样的水相渗透率分别降低了41.69%、57.47%、53.27%、35.89%、38.96%、32.54%。说明随着含水比例减小，有效围压的变化对水相渗透率的影响增强。

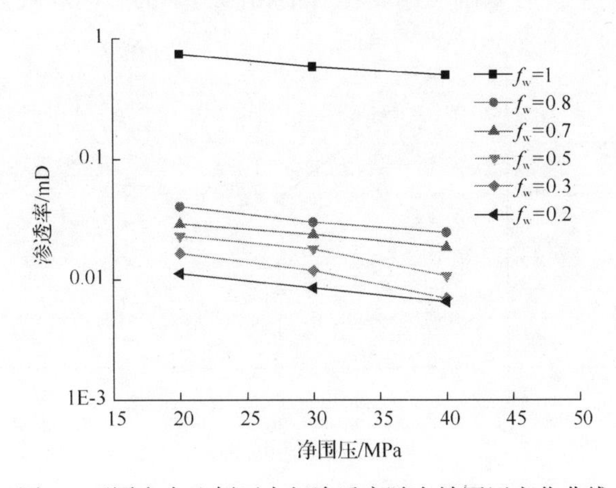

图1 不同含水比例下水相渗透率随有效围压变化曲线

在有效围压为20MPa、30MPa、40MPa下，岩样水相渗透率随含水比例变化的曲线见图 2。由图 2 可知，在相同有效围压下，随着含水比例增大，岩样水相渗透率逐渐增大，当含水比例由 0.8 增大到 1 时，岩样的水相渗透率急剧增大。当有效围压分别为 20MPa、30MPa、40MPa 时，含水比例由 0.2 增大到 0.8 时，岩样的水相渗透率分别增大了 3.93%、3.66%、3.62%；而当含水比例由 0.8 增大到 1 时，岩样的水相渗透率分别增大 94.55%、94.87%、95.07%。可见，油水混合流动时，含水比例的变化对水相渗透率的影响较小。

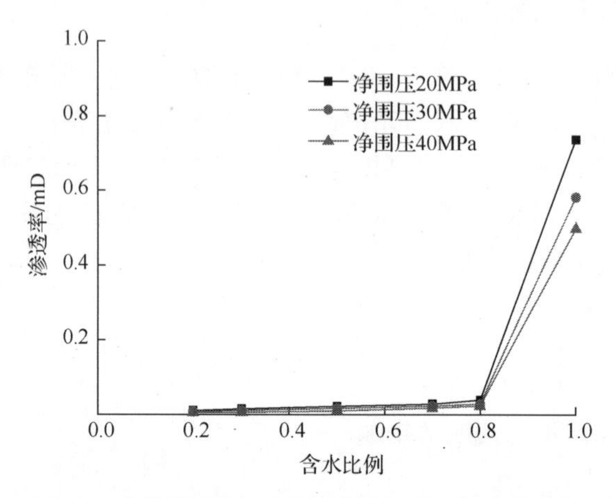

图 2　不同围压下水相渗透率随含水比例变化曲线

2.1.2　不同油水比下油相渗透率变化特征

在含油比例为 0.2、0.3、0.5、0.7、0.8、1 下，岩样油相渗透率随有效围压变化的曲线见图 3。由图 3 可知，在相同含油比例下，随着有效围压增大，岩样油相渗透率逐渐降低。当含油比例分别为 0.2、0.3、0.5、0.7、0.8、1 时，有效围压由 20MPa 增大到 40MPa，岩样的油相渗透率分别降低了 41.10%、35.89%、53.27%、57.47%、41.69%、43.88%。说明在不同含油比例下，有效围压的变化对油相渗透率的影响均较大。

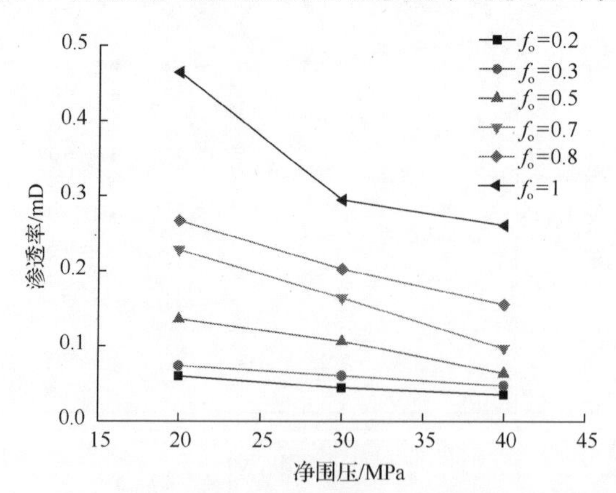

图 3　不同含油比例下油相渗透率随有效围压变化曲线

在有效围压为 20MPa、30MPa、40MPa 下，岩样油相渗透率随含油比例变化的曲线见图 4。由图 4 可知，在相同有效围压下，随着含油比例增大，岩样油相渗透率逐渐增大，相比水相渗透率的变化，当含油比例由 0.2 增大到 1 时，岩样的油相渗透率变化幅度较为平缓。当有效围压分别为 20MPa、30MPa、40MPa 时，含油比例由 0.2 增大到 0.8 时，岩样的油相渗透率分别增大了 44.58%、53.76%、46.18%；而当含油比例由 0.8 增大到 1 时，岩样的水相渗透率分别增大 42.56%、31.17%、40.33%。可见，与水相渗透率变化相比较，油水混合流动时，含油比例的变化对油相渗透率的影响较大。

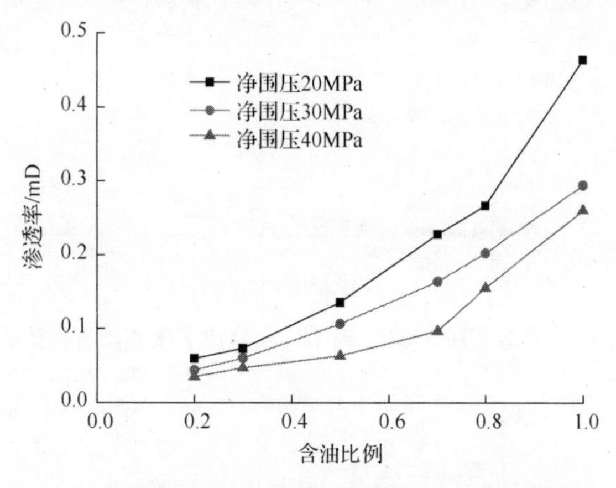

图 4 不同围压下油相渗透率随含油比例变化曲线

2.2 压敏条件对水油两相渗流特征的影响

2.2.1 水相的渗流特征

有效围压 20MPa、30MPa、40MPa 下，不同水油比下水相渗流规律曲线见图 5~图 7。由图可知，在相同有效围压下，随着两相中水相比例减小，水相的渗流规律曲线越偏向于横坐标轴，说明水相比例越小，在相同的驱替速度下需要的驱替压力梯度越大，即随着水相比例减小，水相的渗流阻力增大，流动速度变小。三种有效围压下水相渗流规律

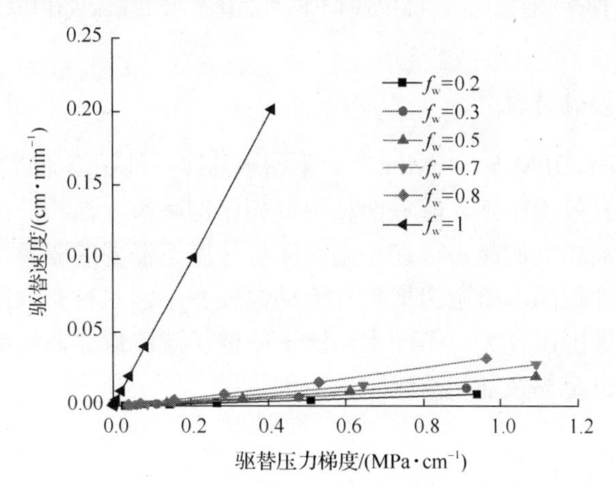

图 5 有效围压 20MPa 时不同水油比下水相渗流规律曲线

曲线对比发现，有效围压越大，不同水油比下的水相渗流规律曲线离横坐标轴越近，说明有效围压的增大会导致水相渗流阻力加大。

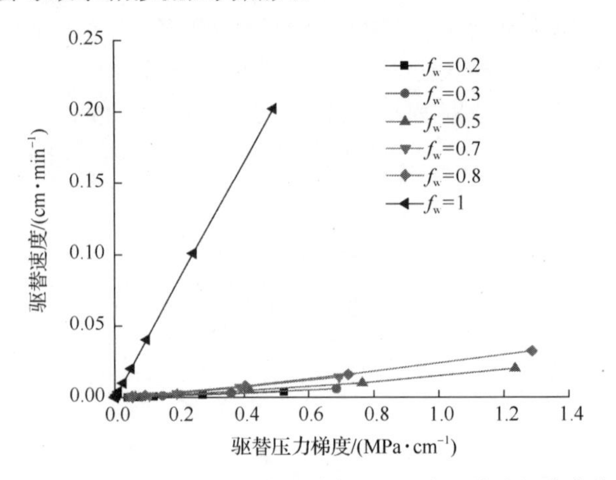

图 6　有效围压 30MPa 时不同水油比下水相渗流规律曲线

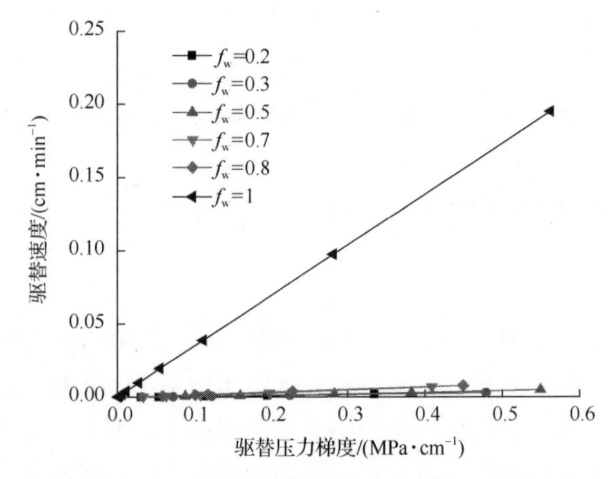

图 7　有效围压 40MPa 时不同水油比下水相渗流规律曲线

2.2.2　油相的渗流特征

有效围压 20MPa、30MPa、40MPa 下，不同水油比下油相渗流规律曲线见图 8~图 10。由图可知，在相同有效围压下，随着两相中油相比例减小，油相的渗流规律曲线越偏向于横坐标轴，说明油相比例越小，在相同的驱替速度下需要的驱替压力梯度越大，即随着油相比例减小，油相的渗流阻力增大，流动速度变小。三种有效围压下油相渗流规律曲线对比发现，有效围压越大，不同水油比下的油相渗流规律曲线离横坐标轴越近，说明有效围压的增大也会导致油相渗流阻力加大。

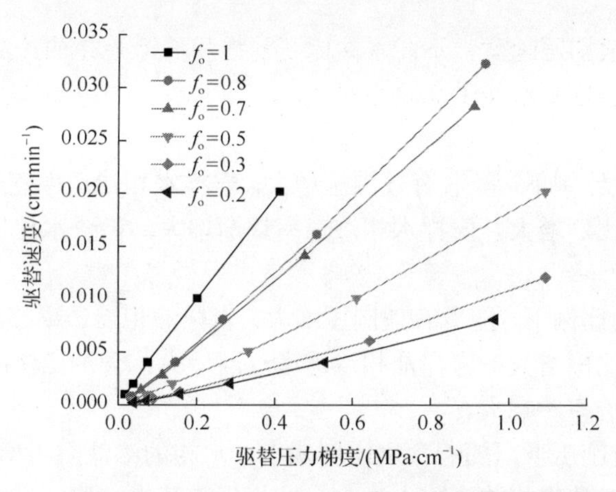

图 8 有效围压 20MPa 时不同水油比下油相渗流规律曲线

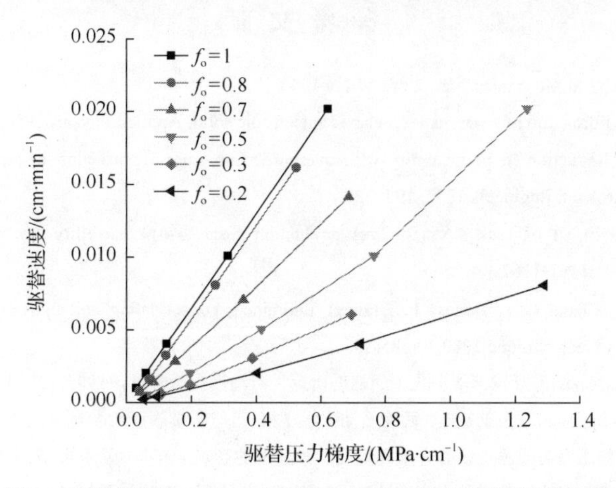

图 9 有效围压 30MPa 时不同水油比下油相渗流规律曲线

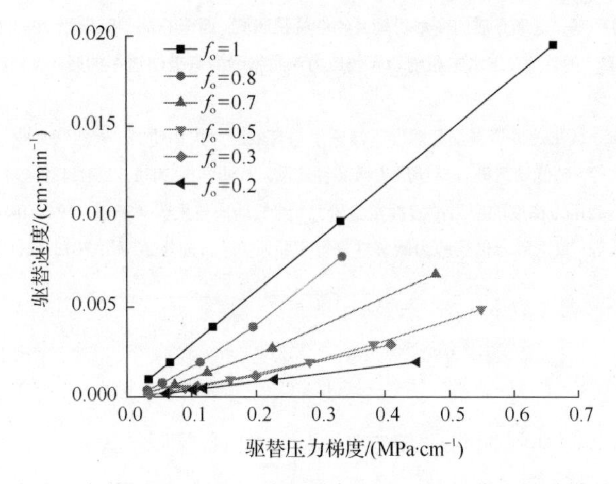

图 10 有效围压 40MPa 时不同水油比下油相渗流规律曲线

3 结论

(1)在相同含水比例下，随着有效围压增大，岩样水相渗透率逐渐降低；在相同有效围压下，随着含水比例增大，岩样水相渗透率逐渐增大，但含水比例的变化对水相渗透率的影响较小。

(2)在相同含油比例下，随着有效围压增大，岩样油相渗透率逐渐降低；在相同有效围压下，随着含油比例增大，岩样油相渗透率逐渐增大，含油比例的变化对油相渗透率的影响比对水相渗透率影响大。

(3)在相同有效围压下，随着含水比例减小，水相的渗流阻力增大，流动速度变小；有效围压的增大会导致水相渗流阻力加大，油相规律基本一致。

参 考 文 献

[1] Terzaghi K.Theoretical Soil Mechanics. New York:Wiley,1943.

[2] Biot M A.Theory of deformation of a porous viscoelastic anisotropic solid. Applied Physics,1956,(27):457-467.

[3] Fatt L，Davis D H. Reduction in permeability with overburden pressure. Transaction of American Institute of Mining, Metallurgical, and Petroleum Engineers,1952, 195: 329.

[4] Juris C，Hearn L． Effect of rock stress on gas production from low-permeability reservoirs. Journal of Petroleum Technology,1971,23(9):1161-1167.

[5] Zienkiewiewicz O C, Chang C T, Bettess P. Drained, undrained, consolidating and dynamic behaviour assumptions in soils.Limits of Validity Geotechnique,1980,30:385-395.

[6] 贾文瑞，李福垲. 低渗透油田开发部署中几个问题的研究. 石油勘探与开发，1995，22(4)：47-51.

[7] 阮敏. 压敏效应对低渗透油田开发的影响. 西安石油大学学报(自然科学版)，2001，16(4)：40-41.

[8] 刘建军，刘先贵. 有效压力对低渗透多孔介质孔隙度、渗透率的影响. 地质力学学报，2001，7(1)：41-44.

[9] 王秀娟，赵永胜，文武，等. 低渗透储层应力敏感性与产能物性下限. 石油与天然气地质，2003，24(2)：162-165.

[10] 向阳，向丹，杜文博. 致密砂岩气藏应力敏感的全模拟试验研究. 成都理工大学学报，2002，29(6)：617-619.

[11] 郝春山,李治平,杨满平,等. 变形介质的变形机理及物性特征研究. 西南石油学院学报,2003,25(4):19-21.

[12] 游利军，康毅力，陈一健，等. 含水饱和度和有效应力对致密砂岩有效渗透率的影响. 天然气工业，2004，24(12)：105-107.

[13] 代平，孙良田，李闽. 低渗透砂岩储层孔隙度、渗透率与有效应力关系研究. 天然气工业，2006，26(5)：93-95.

[14] 焦春艳,何顺利,谢全,等. 超低渗透砂岩储层应力敏感性实验. 石油学报,2011,32(3):489-494.

[15] 刘丽. 低渗透油藏启动压力梯度的应力敏感性实验研究. 油气地质与采收率,2012, 19(2):81-83，116-117.

[16] 祁丽莎,王雨,张承洲,等. 致密砂岩储层应力敏感性评价实验研究. 石油化工应用,2013,32(10):18-21.

疏松砂岩稠油油藏径向钻孔压裂后裂缝扩展规律实验研究

邹国栋[1] 岳 明[1] 朱维耀[1] 郝爱刚[2] 张玉林[3]

（1.北京科技大学土木与资源工程学院，北京, 100083； 2.胜利油田鲁胜石油开发有限责任公司，东营, 257077；3.胜利油田东辛采油厂地质研究所，东营, 257094）

摘要：针对目前国内缺乏对疏松砂岩水力压裂的相关研究以及实验开展的不足，本文在模拟疏松砂岩油藏条件下，采用恒速恒压泵向岩样中注入压裂液，通过收集进口端压力数值及观察岩样表面和内部的变化来对其进行研究。结果表明，随着压裂液注入速率的增加，致裂时间会越短，渗流带所在区域的面积越大。

关键词：疏松砂岩；径向钻孔；水力压裂；裂缝

Experimental investigation on crack extension law of radial bore fracturing in loose sandstone heavy oil reservoir

Zou Guodong[1] Yue ming[1] Zhu Weiyao[1] Hao Aigang[2] Zhang Yulin[3]

（1.University of Science & Technology Beijing, Beijing, 100083; 2.Shengli Oilfield Lu Sheng Petroleum Development Co, Ltd, Dongying, 257077; 3.Institute of Geology, Dongxin Oil Production Plant, Shengli Oilfield, Dongying, 257094）

Abstract： Aiming at the lack of research on the hydraulic fracturing of unconsolidated sandstone and the shortcomings of the experiment, this paper uses the constant speed and constant pressure pump to inject the fracturing fluid into the rock sample under the conditions of simulating the unconsolidated sandstone reservoir. By collecting the inlet pressure value as well as the observation of surface and internal changes in rock samples to study. The results show that with the increase of fracturing fluid injection rate, the fracturing time will be shorter and the area of seepage area will be larger.

Key words： unconsolidated sandstone; radial drilling; hydraulic fracturing; crack

引言

随着我国东部油气田开发进入中后期，且新增探明储量逐年下降，未动用储量大部分属于特低渗透油藏、裂缝性油气藏及薄层稠油油藏，资源品位越来越低。近几年径向水射流技术已在开发复杂油气藏中显示了诸多独特优势，尤其在低渗透油藏领域，已成为油井增产、水井增注的有效技术手段，大幅度提高了该类油藏采收率，但在薄层敏感性稠油油藏领域应用较少。径向水射流技术作为目前提高单井产能的有效手段，在低渗透油藏上应用较为广泛，但作为薄层稠油油藏热采开发的技术及理论方法未见有报道。疏松砂岩具有复杂的物性特征，对水力压裂作业条件的要求较为严格，疏松砂岩水力压裂裂缝的起裂和扩展延伸机理一直是研究的热点问题。我国目前的研究仅仅局限于压裂充填防砂工艺，对其力学机理研究较少。张卫东等人从疏松砂岩的物理机制着手，对其裂缝形成机理进行了探究，在疏松砂岩水力压裂裂缝起裂扩展过程中裂缝一系列变化情况方面得出了初步结论。

近年，胜利油田优选了某井进行了径向水射流技术实验，并取得了成功。这反映了采用该项技术能够实现薄层稠油油藏的产能提升，且该项一旦成功，将为此类油藏的有效开发提供有力的技术支持。本文针对径向钻孔水力压裂后的裂缝为对象，主要通过实验研究的方法，利用人工岩样模型，在模拟疏松砂岩薄层稠油油藏条件下展开裂缝扩展规律的研究。

1　实验材料与方法

1.1　实验材料

①实验模拟用油；②压裂液；③人工岩样原料。

1.2　实验仪器

人工岩样模型(尺寸为 105mm×105mm×95mm)、恒速恒压泵、中间容器(图 1)。

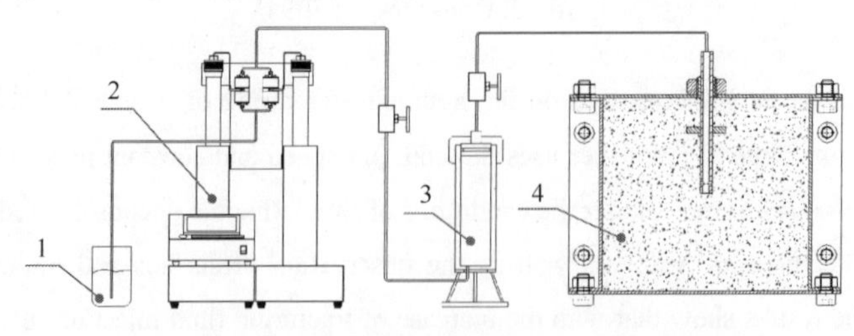

1-水；2-恒速恒压泵；3-压裂液；4-人工岩样模型

图 1　实验仪器连接示意图

1.3 实验方法

①将石英砂、黏土、水泥和水混合后，填装到人工岩样模型中；

②用筛网来模拟预设径向孔，将其连同管线埋至人工岩样的中间；

③制作完成，将人工岩样模型放入干燥箱中烘干；

④向人工岩样中泵入实验模拟用油来模拟储层；

⑤采用不同的注入速率向人工岩样中泵入压裂液，观察进口端压力值和岩样表面的变化。

2 实验结果与讨论

实验主要分两类，一是研究不同径向孔方向对裂缝分布的影响；二是研究不同压裂液注入速率对致裂时间和渗流区域的影响。

2.1 径向孔分布研究

实验过程中，用筛网来模拟预设径向孔时，将径向孔分别水平和垂直放置，压裂结果如图 2 和图 3 所示。

两组实验中，压裂结束后，人工岩样侧面都产生了明显的水平方向宏观裂缝，裂缝都使人工岩样裂成了两块，微裂缝主要分布的平面均垂直于模型的侧面。

2.2 压裂液注入速率研究

压裂液的注入过程中，压力在短时间内就达到了峰值，并且很快回落至一个较低值，之后的压裂过程压力一直保持在这个值的附近。压裂结束后，在人工岩样表面可见比较明显的椭圆形渗流带，人工岩样侧面则出现明显的水平方向宏观裂缝。

实验共进行三组，压裂液的注入速率分别为 10mL/min、15mL/min、20mL/min。各组的压力变化曲线以及压裂后岩样横截面的渗流区域如图 4~图 6 所示。

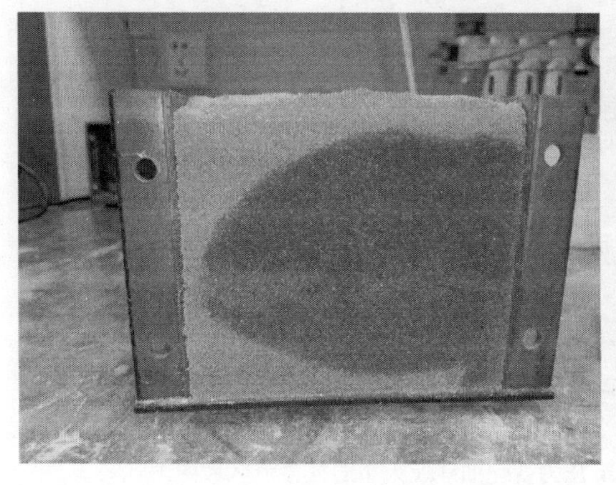

图 2　径向孔水平放置压裂后的裂纹

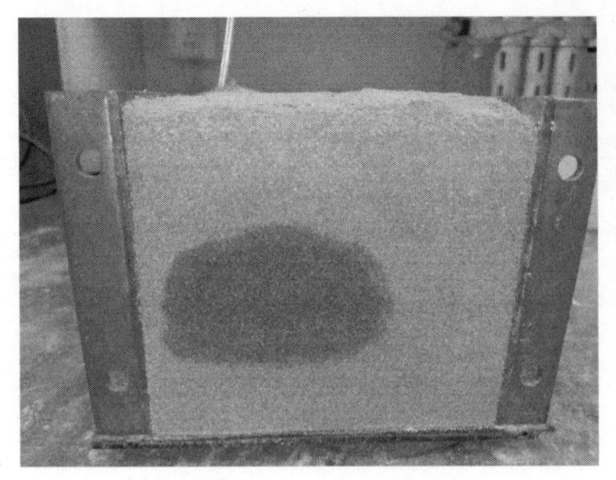

图 3　径向孔垂直放置压裂后的裂纹

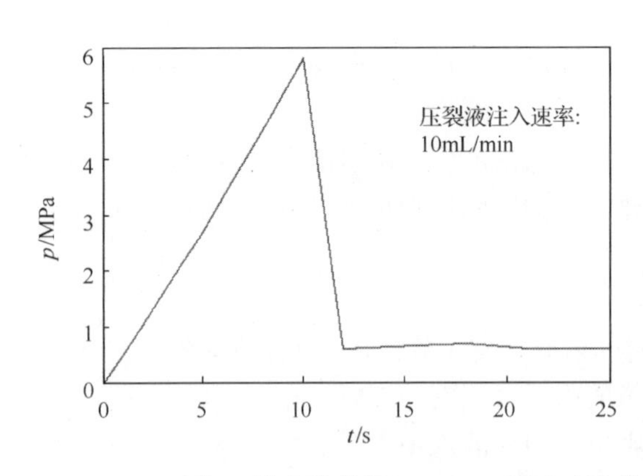

图 4　注入速率为 10mL/min 压力变化曲线及人工岩样渗流区域图

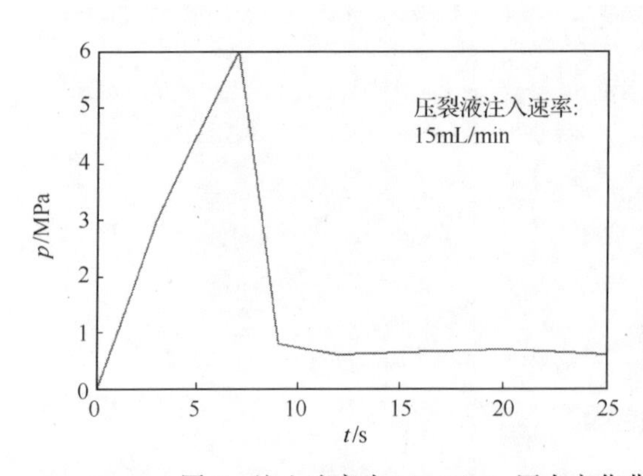

图 5　注入速率为 15mL/min 压力变化曲线及人工岩样渗流区域图

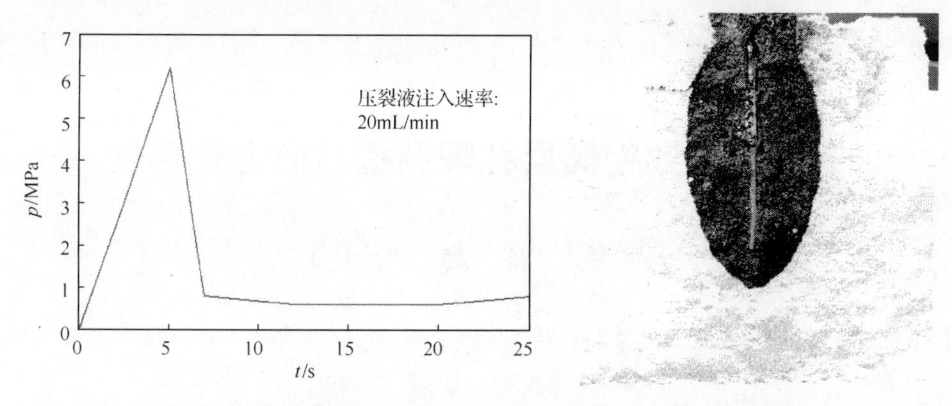

图 6　注入速率为 20mL/min 压力变化曲线及人工岩样渗流区域图

3　结论

从压裂结果来看，径向孔水平或者垂直放置，压裂产生的微裂缝主要分布的平面均垂直于模型的侧面。说明在疏松砂岩中径向孔压裂产生的微裂缝的所处方位与径向孔的布置方向无关。

分析进口端压力值数据可知，三组实验中岩样内部径向孔附近发生压裂时压力值均为 6.0MPa 左右，而且随着压裂液注入速率的提高，到达压裂峰值的时间会越短。压力回落后，压力值均停在 0.6~0.7MPa。通过观察压裂后的岩样，发现随着压裂液注入速率的提高，渗流带所在区域的面积越大。

参 考 文 献

[1]　张卫东,杨志成,魏亚蒙. 疏松砂岩水力压裂裂缝形态研究综述. 力学与实践, 2004, 4:396-402.

[2]　曲连忠. 疏松砂岩脱砂压裂实验与数值模拟研究.北京：中国石油大学博士学位论文, 2009.

[3]　常琨. 疏松砂岩人工裂缝起裂及延伸规律研究.山东：中国石油大学(华东)硕士学位论文, 2013.

[4]　卞晓冰,张士诚,王雷. 海上疏松砂岩稠油油藏压裂充填优化设计. 油气井测试, 2012, 1:39-41, 77.

[5]　卞晓冰,张士诚,张景臣,等. 疏松砂岩稠油油藏压裂井裂缝参数优新方法. 中国科学:技术科学, 2012, 6:680-685.

长 6 低渗致密储层孔隙结构与应力敏感性

刘学伟[1]　滕　起[2]　肖朴夫[2]

（1.中国石油天然气股份有限公司勘探开发研究院廊坊分院，廊坊，065007； 2.中国科学院大学(中国科学院研究生院)，北京，100049）

摘要：应力敏感性是影响油藏开发效果的重要因素，而低渗致密油藏是否具有较强的应力敏感性仍不明确。因此，对低渗致密油藏应力敏感性进行探究，分析其敏感性变化的机理具有重要的意义。本文通过三轴应力物理模拟系统，对长 6 储层露头岩样及井下岩样应力敏感性对比分析，结果表明，渗透率相似的露头岩样应力敏感性低于储层岩样应力敏感性；对比微裂缝的岩心，发现长 6 低渗致密岩心应力敏感性主要来源于微裂缝孔隙，形成的原因是三轴应力下的应力差。

关键词：长 6 储层；应力敏感性；孔隙结构；微裂缝；致密储层

Pore structure and stress sensitivity of permeability of Chang6 tight reservoir

Liu Xuewei[1]　Teng Qi[2]　Xiao Pufu[2]

（1.Langfang Branch, PetroChina Research Institute of Petroleum & Development, Langfang, 065007; 2.Institute of Seepage Flow Fluid Mechanics, Chinese Academy of Sciences, Langfang, 100049）

Abstract: Stress sensitivity of permeability is one of major factors affecting reservoir development, but it still not clear that whether the tight reservoir has a strong stress sensitivity. So it is important to study the stress sensitivity of tight reservoir, and to analyze the mechanism of stress sensitivity of tight reservoir. In this article, compares the stress sensitivity of core samples getting from downhole and outcrop of Chang6 tight reservoir by experiments under the condition of three axis stress, it shows that the stress sensitivity of outcrop samples is lower than the reservoir rock with similar permeability, the stress sensitivity of Chang6 reservoir comes mainly from micro fracture, and the most important influence factor of stress sensitivity is not the value of stress, but the three axis stress difference.

Key words: Chang6 reservoir; stress sensitivity; pore structure; micro fracture; tight reservoir

引言

应力敏感性是影响油田开发的重要影响因素，很多学者已经针对应力敏感性，展开了大量的实验研究及理论计算[1~3]。实验研究表明，低渗致密储层往往具有较强的应力敏感性；部分专家认为低渗致密储层具有较强应力敏感性的主要原因是孔隙细小；西南石油大学李传亮教授利用形变量推理认为低渗致密储层不具有应力敏感性，而现场大量油藏工程人员利用油藏流体压力变化和实验应力敏感性曲线，建立了油藏产能计算方法，计算结果表明，储层产能随储层压力下降而大幅度降低，其中应力敏感性是重要的原因之一。

然而，至今一些应力敏感性的关键问题仍未得到很好的解决，如：低渗致密储层是否一定具有强的应力敏感性？敏感性的主要影响因素是什么？常规的应力敏感计算方法是否合理？本文针对以上问题，利用长 6 露头岩样和储层岩样进行对比分析，利用露头岩样进行微裂缝制作，利用露头平行样进行对比实验，对以上问题进行了系统研究，明确了长 6 低渗致密岩心应力敏感性主要原因。

1 露头岩样与储层岩样应力敏感性对比研究

实验采用的露头岩心取自陕北北部大套的长 6 露头砂岩，露头厚度较大，最大厚度可达 20m 以上。露头分布稳定，可视范围内无明显裂缝。由于露头所处的地质环境没有经历较强的应力条件，可以看作裂缝不发育储层。实验使用的储层岩样取自 2000m 深的井下，根据现场数据，储层裂缝较发育。

分别获取一块露头岩样与储层岩样，岩心数据见表 1，进行了常规应力敏感性对比实验分析，见图 1，分析表明：露头岩样 L1 在应力增加过程中，渗透率缓慢变化，达到 25MPa 时，渗透率只降低 28.5%，属于弱应力敏感性；而储层岩样 D1 随应力增加，渗透率下降迅速，应力增加到 25MPa 时，岩样渗透率下降了 60%以上，达到了中等偏强应力敏感程度。综上所述可知，并非低渗致密岩样一定具有强应力敏感性。

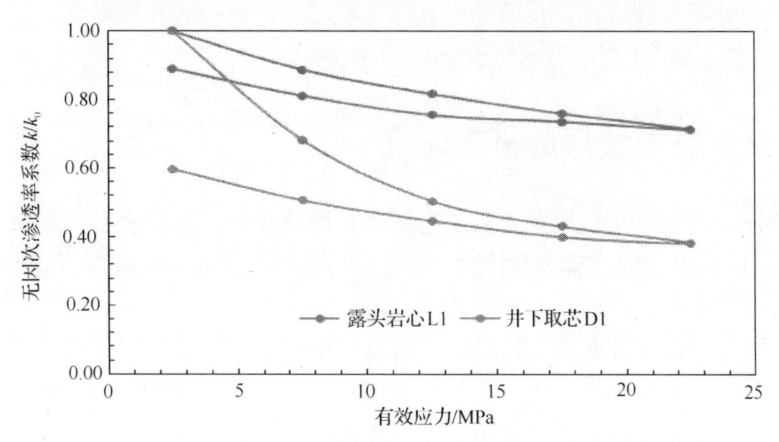

图 1 露头岩心 L1、井下露头岩心 D1 应力敏感性曲线

表 1　露头与储层应力敏感性对比实验岩心基础数据表

岩心号	长度 / cm	直径 / cm	孔隙度 / %	渗透率 / mD
L1	5.23	2.50	10.25	0.27
D1	5.65	2.50	9.86	0.24

根据岩样获取条件认为，造成 D1 岩样应力敏感性强于 L1 岩样主要原因是储层岩样较露头岩样微裂缝更加发育。为了解释上述现象，利用上述岩样的平行样品 L2、D2 进行了恒速压汞分析，图 2 给出了两块岩样的恒速压汞数据。

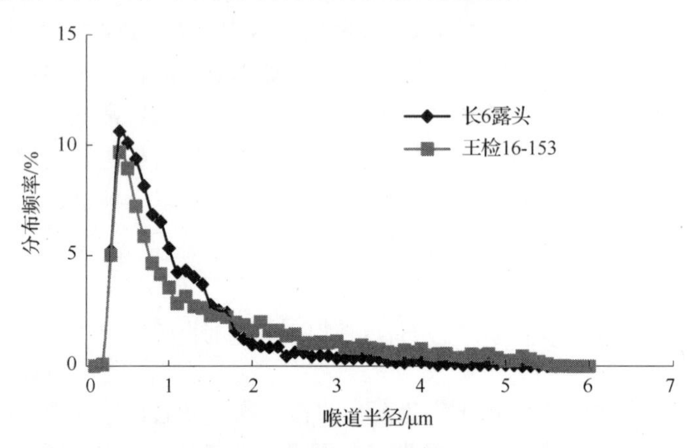

图 2　露头岩样与地下岩样恒速压汞对比曲线

两块岩样渗透率、孔隙度接近，恒速压汞曲线也很接近，因此，两块岩样实验结果具有可对比性。图中两块岩样小孔隙区域基本重合，在曲线靠右部分，曲线发生交叉，L2 岩样在喉道小于 1.7μm 范围时，孔隙体积明显多于 D2，而在喉道大于 1.7μm 时，孔隙体积少于 D2。分析认为，储层岩样在储层应力条件下，砂岩颗粒胶结部分脱离，形成的微小裂缝孔隙，微裂缝宽度与孔隙尺度接近或更小，只是在压汞过程中，汞通过微裂缝需要的压力小于相同尺度喉道压力，因此在反演时，微裂缝孔隙对应的喉道较大，因此，相对于裂缝不发育岩样，反演的小孔隙体积减少，而较大孔隙增多。正是微裂缝的影响，使 D1 岩心较 L1 岩心具有较强的应力敏感性。

2　长 6 储层微裂缝形成机理研究

为了验证上述分析，利用长 6 露头岩样进行造缝实验。露头岩心为取自同一露头位置的平行样，以确保实验具有可对比性，实验岩心渗透率为 0.2~0.5mD，孔隙度为 12.5%。图 3 为造缝实验流程。

实验采用了一台三轴应力夹持器。实验过程中，控制实验围压不变，逐步增加轴向压力，每个压力保持相同的时间。同时，利用 N_2 在小压力下驱替岩心，观察气体流速的变化。图 4 给出了岩心造缝过程渗透率变化数据。

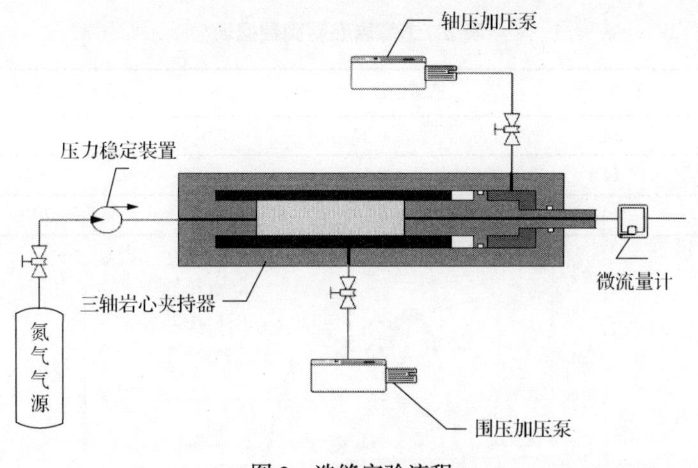

图 3 造缝实验流程

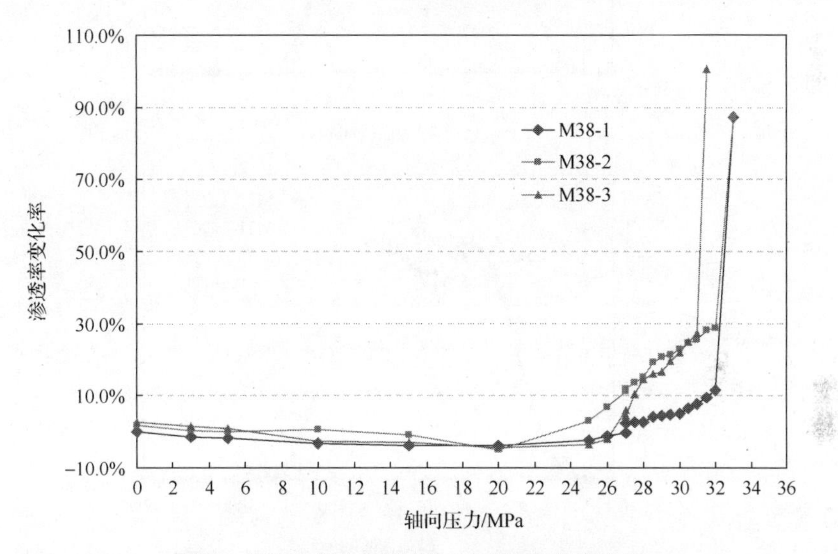

图 4 岩心在轴向压力增加时渗透率变化过程

从图 4 可以发现，在轴向压力增加过程中，初期有效渗透率随轴向应力增加而降低，满足随应力增加，孔隙被压缩，渗流能力降低的规律。当应力达到 20MPa 后，渗透率不降反升。分析认为，随着轴向应力的增加，岩样颗粒胶结物在剪切应力条件下发生破裂，形成剪切微裂缝，从而使岩样有效渗透率增加，在相同应力条件下，渗透率的增加幅度可以作为评价裂缝发育的指标。

为了判断造缝前后孔隙结构的变化特征，利用 3 块岩样进行不同程度造缝，在造缝前后，饱和水进行水核磁共振信号测量，通过对比造缝前后核磁共振 T2 变化，判断孔隙结构变化程度。表 2 给出了 3 块岩心基础数据，图 5 为三块岩样造缝前后，核磁共振 T2 谱对比图像。

表 2　造缝岩心基础数据表

岩心编号	孔隙度/%	造缝前渗透率/mD	造缝后渗透率增长率/%
L2-1	14.3	0.27	6.24
L2-2	14.4	0.24	8.34
L2-3	14.6	0.30	20.89

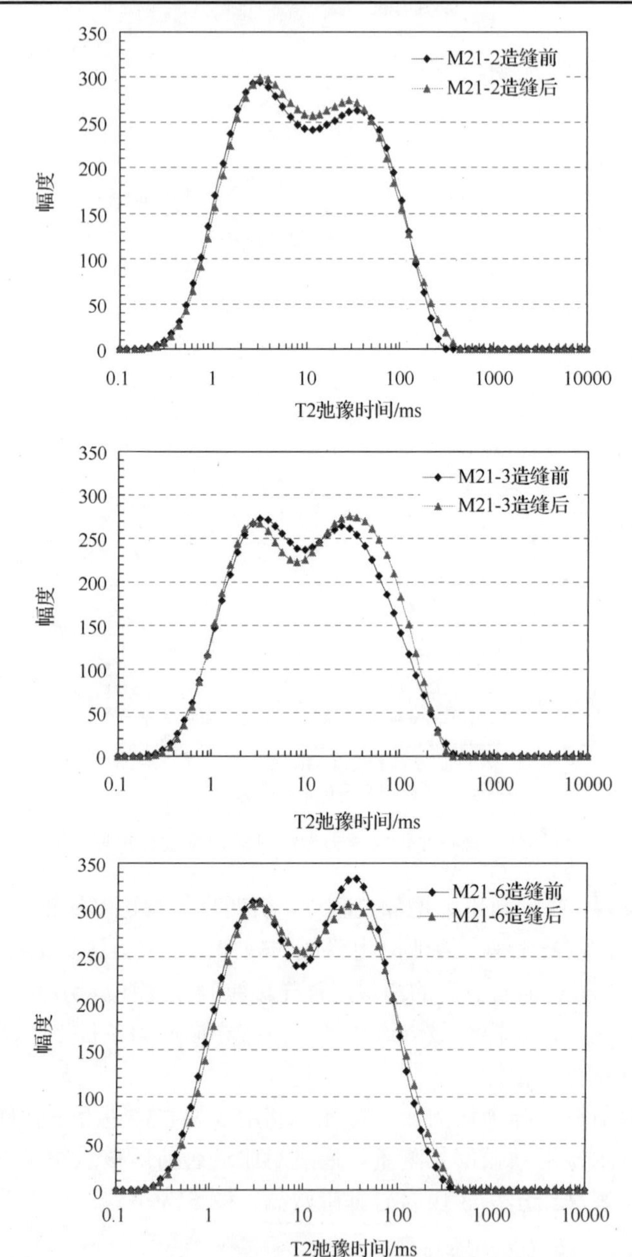

图 5　三块岩样造缝前后饱和水核磁信号变化图谱

三块岩样造缝后，岩样表面没有可见裂缝出现。从图 5 可以发现，造缝后图像与造缝前变化不大，只是有少量信号右移。分析认为，造缝只是使少量孔隙在胶结物破坏的情况下，形成连通孔道，从而增加有效渗流能力，没有形成更大的孔隙，因此，核磁共振 T2 曲线没有发生大幅度右移，只是少量信号右移。该现象与图 2 分析结果一致。

3 微裂缝对储层应力敏感性的影响研究

利用三块岩样，在不同条件下，进行了不同条件下应力敏感性测试。利用实验，研究了不同应力条件下的油藏渗透率变化规律，分析了应力变化对油藏渗流能力的影响。

3.1 常规应力敏感性研究

利用 L1 岩心和造缝后的 L2-1 和 L2-3 岩心，按照 SY/T5358— 2002 标准，进行了改变环压条件下应力敏感性测量，测量结果见图 6。

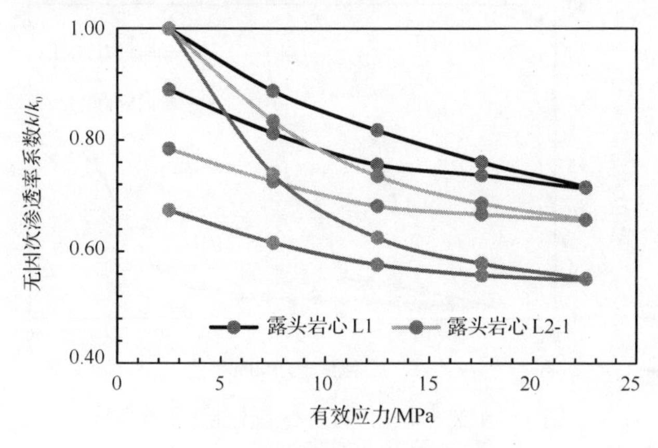

图 6 三块岩样应力敏感性实验

从图 6 可以发现，L2-1 和 L2-2 岩心造缝后，其应力敏感性明显高于 L1 岩样。说明微裂缝孔隙结构是应力敏感性加强的主要原因之一。当地层应力增加，裂缝孔隙由于缺少支撑物，极易产生变形，较小的变形会产生很大的渗透率变化，因此导致微裂缝发育储层随应力增加，渗透率快速下降，从而导致油藏渗流能力降低，产能下降。从长 6 储层露头可以看出，长 6 露头应力敏感性属于弱应力敏感性，而储层岩样属于中等到强应力敏感性，因此，储层的强应力敏感性很大程度来源于储层成岩后的应力变化导致的大量微裂缝。

3.2 应力与动态缝研究

在增加地层应力条件下，研究岩心渗透率变化规律基础上，设计了两个实验，研究当油藏流体压力上升后，储层渗透率变化规律。

第一个实验在 SY/T5358— 2002 标准流程上，安装了出口回压装置，实验流程见图 3。实验采用环压为 25MPa，利用水作为流动介质，在压差为 2MPa 条件下，驱替岩心，通过改变回压，改变岩心内的流体压力，从而获得不同净应力条件下的岩心有效渗流能力。

第二个实验在第一个实验的基础上，将岩心夹持器改变为三轴应力夹持器，环压设定为 25MPa，轴向应力设定为 35MPa，利用水作为流动介质，在压差为 2MPa 条件下，驱替岩心，通过改变回压，改变岩心内的流体压力，从而获得不同净应力条件下的岩心有效渗流能力。

实验采用造缝后的露头岩样，实验岩心基础数据见表 3。

表 3　造缝岩心基础数据表

岩心编号	孔隙度/%	造缝前渗透率/mD	造缝后渗透率增长率/%
L3-1	14.3	0.28	7.24
L3-2	14.4	0.30	8.34

改变流体压力后岩心渗流能力变化曲线见图 7。

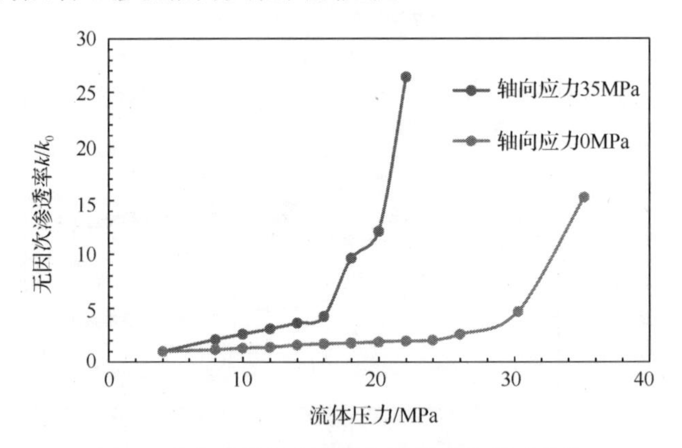

图 7　改变流体压力对岩心渗流能力影响曲线

图 7 给出了加载轴向应力和不加载轴向应力条件下的实验曲线。

不加载轴向应力时，随着流体压力的增加，岩心渗透率缓慢线性增加，当流体压力大于环压时，渗透率大幅度增加。不加载轴向应力条件下，实验过程模拟了单轴应力条件下的应力敏感对渗透率的影响过程，此时，只有流体压力大于环压，才能在岩心与橡胶套筒之间产生缝隙，使驱替流量大幅度增加，而并非岩心内部裂缝开启，因此，不加载轴向应力条件下，流体压力大于环压后没有意义。该条件下渗透率随流体压力变化可以用线性公式近似表示，即

$$k / k_i = 1 + a\Delta p \tag{1}$$

当加载轴向应力后，曲线发生了明显变化。此时，无因次渗透率可以看做是两段线性曲线。流体压力上升初期，无因次渗透率缓慢上升，虽上升速度高于无轴向应力条件实验，但趋势相同，说明此时岩心虽然渗透率有所增加，但微裂缝还没有开启；当流体压力大于 16MPa 后，无因次渗透率急剧线性上升，说明岩心内部的微裂缝开启，造成渗流能力增加。流体压力上升的整个过程，就是动态风产生的过程，对比两条曲线，说明应力差是动态缝产生的主要原因。加载轴向应力后的曲线可以用以下方程表示：

$$
\begin{aligned}
k / k_i &= 1 + a\Delta p \mid P < P_{\mathrm{q}} \\
k / k_i &= b + c\Delta p \mid P > P_{\mathrm{q}}
\end{aligned} \tag{2}
$$

式中，a 为流体压力小于动态裂缝开启压力时线性系数；b 为流体压力等于动态裂缝开启压力时无因次渗透率；c 为流体压力大于动态裂缝开启压力时线性系数。

对比图 7 中两条曲线可以发现，应力敏感性与绝对应力有关，单轴应力实验证明，随着净应力的变化，无因次渗透率缓慢变化；拟三轴应力实验表明，三轴应力差对无因次渗透率的影响远远高于净应力值的影响，因此，在应力计算过程中，需要考虑应力差，只考虑某一方向的应力，无法还原地层渗流能力的变化规律。因此，实际地层条件下，式(2)更能代表储层应力敏感过程。

4 分析及结论

(1)低渗致密储层不一定都具有强的应力敏感性，长 6 储层岩样具有较强的应力敏感性主要来源于地层长期应力条件下形成的微裂缝；而且长 6 储层微裂缝越发育，应力敏感性越强；

(2)储层三轴应力差是影响储层应力敏感性的主要因素,因此，利用单一方向的应力大小无法描述储层应力敏感性，利用上覆应力计算储层实际渗流能力的计算方法无法有效表达储层实际情况；

(3)考虑动态裂缝的储层应力敏感性可以用两段直线段表示，两段线段的交点就是动态缝的重张压力。

参 考 文 献

[1] 滕起.裂缝性特低渗透油藏物理模拟实验方法及其应用.北京：中国科学院研究生院博士学位论文, 2014.

[2] 罗瑞兰. 关于低渗致密储层岩石的应力敏感问题——与李传亮教授探讨. 石油钻采工艺，2010，32(2)：126-130.

[3] 张志强,师永民,李鹤.致密油气藏储层应力敏感各向异性及其微观机制——以鄂尔多斯盆地安塞油田长 6 油层为例.石油与天然气地质，2016，37：117-124.

不同润湿性油藏环境下自扩散剂驱油微观渗流实验研究

刘静文　朱维耀　宋智勇

（北京科技大学土木与资源工程学院，北京, 100083）

摘要:针对目前不同润湿条件下，自扩散剂驱替原油对石油采收率的影响研究不足，本文在不同润湿性模型条件下，利用微观可视渗流模型对自扩散剂驱油的微观渗流机理进行研究，结果表明，保证其他条件相同的情况下，水湿性条件下石油采收率相对较高，主通道和边界区分别达到50.5%和45.1%。

关键词：润湿性；微观渗流模型；驱替效率

Experimental study on microscopic seepage of self - dispersant oil displacement under different wettability reservoirs

Liu Jingwen　Zhu Weiyao　Song Zhiyong

（School of Civil and Resource Engineering, University of Science and Technology Beijing,Beijing, 100083）

Abstract：In view of the different wetting conditions, self-dispersant oil displacement of crude oil on the impact of oil recovery. In this paper, microscopic model flow was used to study the micro-percolation mechanism of self-dispersant flooding under different wettability models. The results show that under the same conditions, the oil recovery is relatively high under water-wet conditions, and the main channel and boundary area are 50.5% and 45.1%.

Key words：wettability；microscopic percolation model；displacement efficiency

引言

微观透明模型实验技术[1]的特点一是可视性，可直接观察水驱油及各种提高采收率驱替剂驱油的过程，验证驱油机理；二是仿真性，可以模拟油藏天然岩心的孔隙结构特征，实现几何形态和驱替过程的仿真[2]。这些都使自扩散剂采油微观渗流机理的研究变的可能。

近年来，我国利用微观透明模型实验已经在微观驱油机理研究中得到了较广泛的应用。早在 1994 年，俞理和于大森[3]就利用玻璃微观仿真模型对产气微生物提高原油采收率微观机理进行了研究。1995 年，冯庆贤等[4]应用微观透明模型直观地观察水、气和水/气交替驱油过程中诸相流体的渗流机理及残余油水分布状况，详细地描述了三相流体在多孔介质中的流动状态，应用图像处理技术监视实验过程并定量分析驱油效率和残余油量。因此，实验采用微观可视模型，引入了自扩散剂，以自扩散剂作为驱替液，在一次水驱后注入作用，观察效果，了解自扩散剂在驱替过程中，对采收率的贡献情况。而驱替剂在石油开采领域的微观驱油机理研究并不明朗，因此本文在研究微观驱油效果的同时，在驱油机理的研究中，微观模型的实验应用上起到承受载体的作用，也就是模拟地层的岩石孔隙结构，保证实验的可视化，已直观的分析各个驱替过程的微观机理，使得实验结果更加直观明朗。

同时油藏岩石润湿性对采收率的影响是油藏工程师长期争论的问题[5,6]。但是,油藏岩石的润湿性并不只限于强水湿和强油湿两种状态,而是覆盖着接触角从 0° 到 180° 的一个很广泛的范围。从目前的研究结果来看，是否强水湿状态时的驱油效率最高，结论并不一致[7]。因此本文利用不同润湿性(水湿、油湿和混合润湿性)的微观模型，采用自扩散剂为驱替剂，在模拟不同润湿性条件下，展开驱油机理和效率方面的研究。

1 实验材料与方法

1.1 实验材料

(1) 所用原油来自胜利油田邵家沾 3 块，实验用油为人工混合油：胜利原油+煤油，23℃时黏度为 2017mPa · s；

(2) 自扩散剂浓度为 1000ppm①；

(3) 微观模型驱替水为除氧模拟地层水，pH=7.0。

1.2 实验仪器

Brookfield 黏度计、显微镜、微观仿真可视模型、高温高压微观驱替系统(包括微量泵、模型夹持器、加压系统、图像采集系统等)。

1.3 微观驱替实验方法

常温常压下，注入速度 0.008mL/min，观察并记录实验过程。实验步骤：微观模型抽真空饱和水；模型饱和油；一次水驱 1.5 PV；三个不同润湿性模型中分组注入自扩散剂 0.5PV，同期观察剩余油变化；后续水驱 1.5PV；分析实验图片及数据。

① $1ppm=10^{-6}$。

2　实验结果与讨论

为了细致的了解不同润湿性模型中自扩散剂的驱油机理，本研究在不同润湿性模型中分别进行分析，观察各驱替阶段的剩余油流动变化规律，利用采集的微观渗流图像结合分析剩余油像素灰度值定量计算他们各自所提高采收率。

2.1　油湿性模型微观驱油实验

由图 1 和图 2 可知，水驱后，模型内剩余油饱和度较大，多数以柱状剩余油、膜状剩余油的形式残留在模型内，采收率较低，自扩散剂驱替后，驱替效果明显改善，主通道区和边界区的驱替效率分别提高了 8.4%和 9.6%，孔喉内剩余油的到重新启动，模型内部分区域剩余油发生运移，原本驱替干净的喉道内再次发生“堆积”，原本“堆积”的喉道被清洗干净，剩余油的活动性增强，并且经过后续水驱，剩余油被进一步驱替出来，说明随着自扩散剂的注入并在其作用下，剩余油会发生“重新分布”，更有利于下一步驱替，并且边界区的驱替效率提高优于主通道，说明在油湿性模型中，自扩散剂的注入扩大了驱替波及范围，原本未波及或波及效果不明显的边界区剩余油，对采收率的提高有较大贡献，同时，自扩散剂有良好的改善剖面效果。

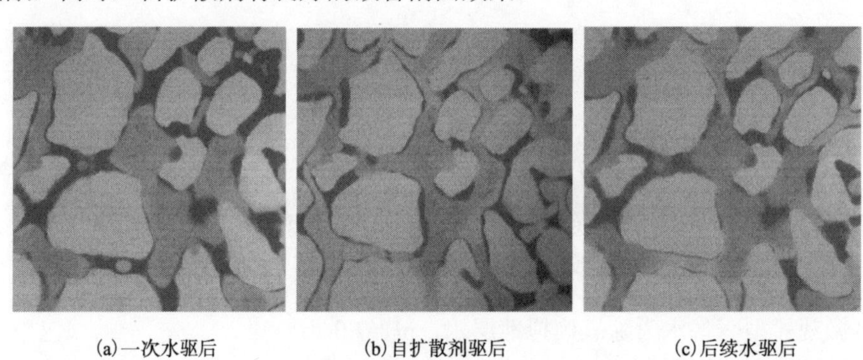

(a) 一次水驱后　　(b) 自扩散剂驱后　　(c) 后续水驱后

图 1　油湿性模型不同驱替阶段效果图（Ⅰ）

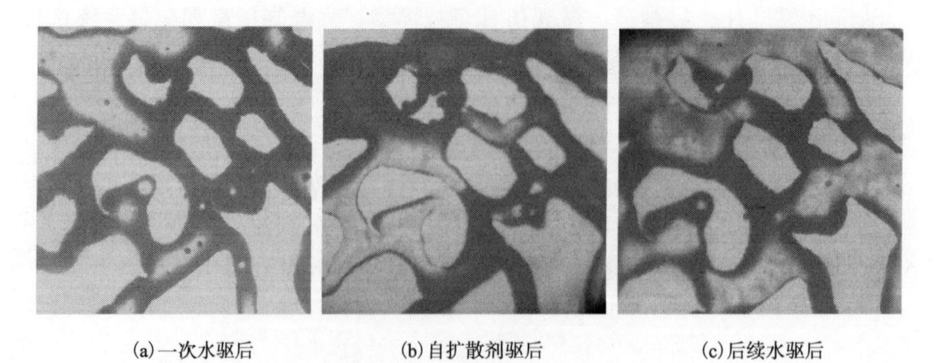

(a) 一次水驱后　　(b) 自扩散剂驱后　　(c) 后续水驱后

图 2　油湿性模型不同驱替阶段效果图（Ⅱ）

2.2 水湿性模型微观驱油实验

由图 3 可知，水湿性模型中，饱和油后进行一次水驱，一次水驱不易表现出整体驱替的现象，也就是说，在水湿性模型中，是由于亲水性表现出沿壁驱替，先流通的一侧更容易作为“优势通道”，从而驱替液绕道通过剩余油，而不发生驱替。由于模型的强水湿性，使得水驱喉道的壁面相当干净，并无油膜附着。同时孔道的不规则性影响水驱过程的分流率，因此水驱过程呈现不规则指进，影响采收率。即使如此，在一次水驱后，主通道和边界区的驱替依然达到了 44.6%和 36.8%，远高于油湿和混合润湿性模型的同期驱替效率。

扩散剂驱替剩余油时，以乳化作用将剩余油滴剥离变小，剥离脱落的剩余油以小油珠形式运移，散布在孔隙内，且现象明显，驱替过程中出现被乳化的残余油，从而增强了剩余油的流动性。这种情况下，乳化作用能辅助自扩散剂驱油的移动。因此经历过后续水驱的水湿性模型，主通道和边界区的总体驱替效率分别达到了 50.5%和 45.1%。

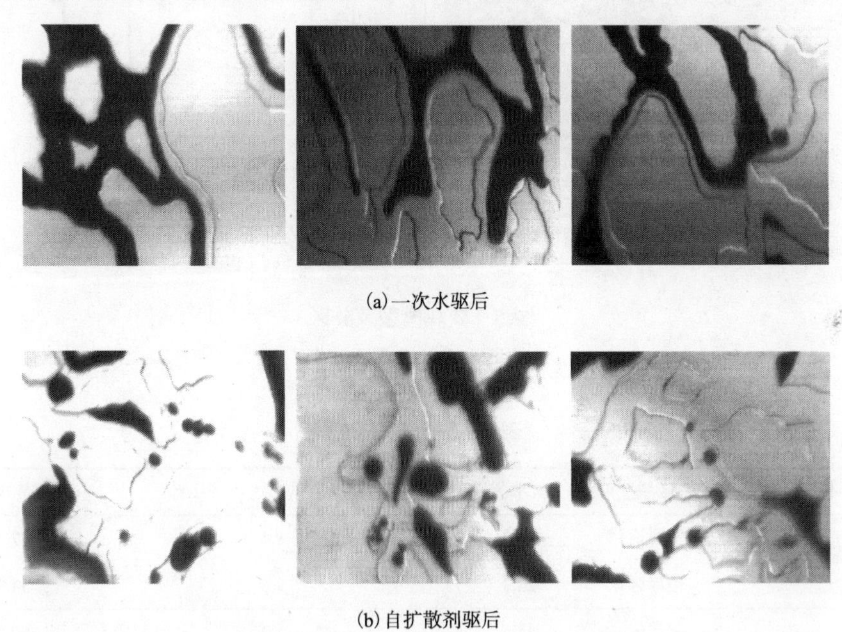

(a)一次水驱后

(b)自扩散剂驱后

图 3 水湿性模型不同阶段驱替效果图

2.3 混合润湿性模型微观驱油实验

对于混合润湿性模型，有着部分区域水湿和油湿双重性质，一次水驱后进行自扩散剂驱替，驱替后空隙内，一些原本驱替干净的位置再次“浸润”油，部分剩余油发生运移，剩余油重新堆积，颜色变深。后续水驱后，主通道和边界区的驱替效率分别提高了 8.4%和 9.3%，总的说，边界区的驱替效率增加效果优于主通道驱替，总驱替效率分别达到了 47.2%和 41.0%(图 4)。微观模型分区及模型驱替效率见图 5 和表 1。

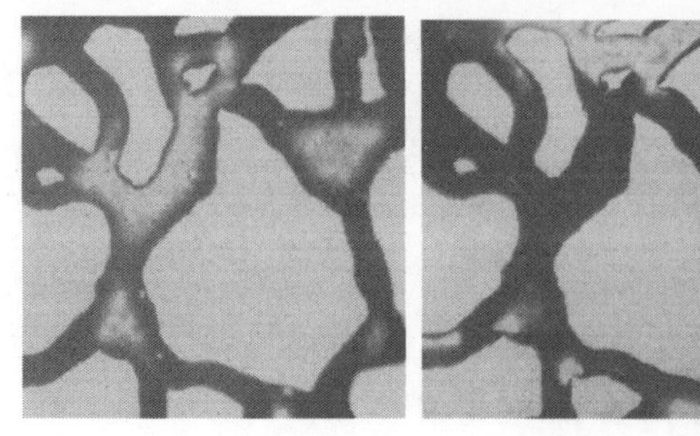
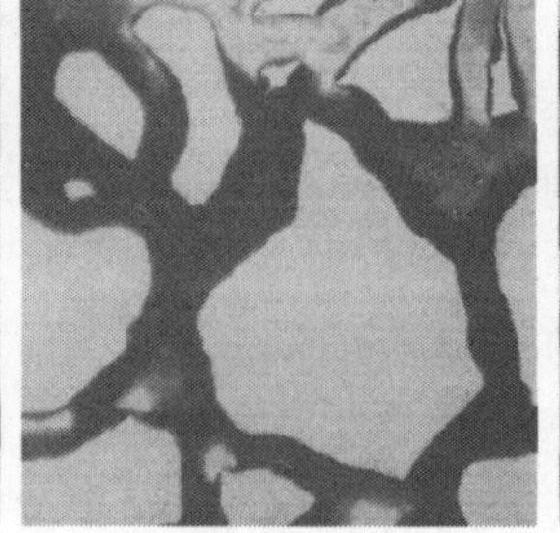
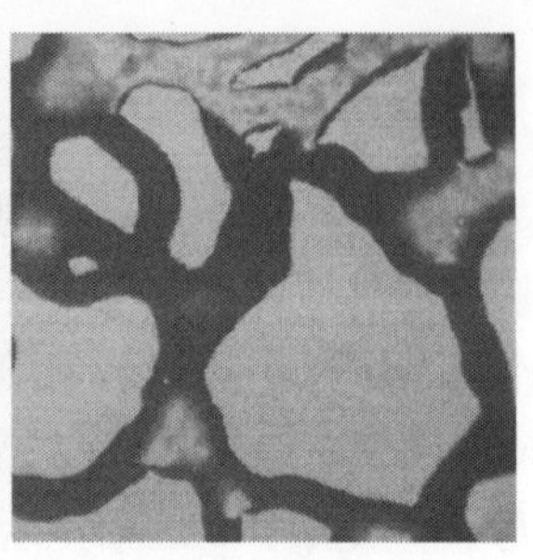

(a)一次水驱后　　(b)自扩散剂驱后　　(c)后续水驱后

图 4　混合润湿性模型不同驱替阶段效果图

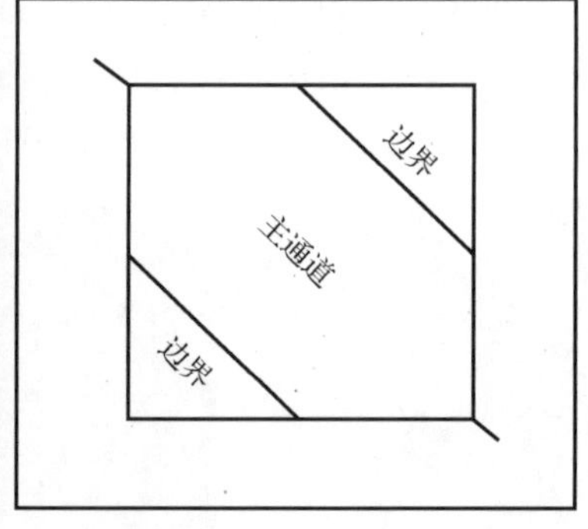

(a) 实际模型　　(b) 简化模型

图 5　微观模型及分区

主通道：75%；边界区：25%

表 1　模型驱替效率

模型	区域	一次水驱/%	(扩散剂驱+后续水驱)/%	总驱替效率/%
油湿性模型	主通道	28.7	8.4	37.1
	边界区	25.3	9.6	34.9
水湿性模型	主通道	44.6	5.9	50.5
	边界区	36.8	8.3	45.1
混合润湿性模型	主通道	38.6	8.6	47.2
	边界区	31.7	9.3	41.0

3　结论

(1)根据驱替实验各步骤的剩余油形态及分布：自扩散剂能够使模型内剩余油的贮存形态发生改变，增强剩余油的流动性，从而增加驱替效果，自扩散剂注入后，油湿性模型、水湿性模型和混合性润湿性模型的驱替效率分别提高了 8.4%和 9.6%、5.9%和 8.3%、

8.6%和 9.3%。

(2)根据模型不同区域的采收率数据：自扩散剂能够在微观尺度上扩大水驱波及范围，主通道与边界区驱替效率都有提高的情况下，边界区驱替效率提高更明显，对整体驱替效率做出主要贡献。

参考文献

[1] 于明旭，朱维耀，宋洪庆. 低渗透储层可视化微观渗流模型研制. 辽宁工程技术大学学报(自然科学版)，2013，32(12):1646-1650.

[2] 冯庆贤，郃庐山. 应用微观透明模型研究微生物驱油机理. 油田化学, 2001, 18(3):260-263.

[3] 俞理,于大森.产气微生物提高原油采收率微观实验研究.油田化学,1994,11(2): 149-151.

[4] 冯庆贤,唐国庆,陈智宇,等.水气交替驱微观实验研究.油气采收率技术,1995,2(4):6.

[5] 崔志松. 低渗透油层润湿性对采收率的影响研究.大庆：大庆石油学院硕士学位论文,2009.

[6] 王所良,汪小宇,黄超,等. 改变低渗透油藏润湿性提高采收率技术研究进展. 断块油气田,2012,4:472-476.

[7] 李俊刚. 改变岩石润湿性提高原油采收率机理研究. 大庆：大庆石油学院硕士学位论文,2006.

水溶液中甲烷气体的吸附作用

寇建龙[1,2]　姚　军[1]

（1.中国石油大学(华东)石油与工程学院，青岛，257061；2.浙江师范大学凝聚态物理研究所，金华，321004）

摘要：无论页岩气还是可燃冰，它们的存在及开采都伴随在多相的环境下，要想清楚地认识早期气体的形成、吸附行为，有必要考虑更多的条件。本文通过分子动力学方法，观察了在水溶液环境下，甲烷分子的吸附和积聚行为。通过分子动力学模拟研究发现，在水溶液环境下，水分子会积聚并吸附在固体表面。另外，本文研究了不同气体浓度下的吸附及积聚行为，发现了气体浓度越大，吸附和积聚行为越容易。此外，本文研究了静电场对气体的吸附和积聚，发现不同的电场方向，气体在固体表面上的吸附和积聚明显不同。通过微观情况下对甲烷气体在水环境下研究，可更加清楚地对多相环境下气体的吸附及积聚进行深入了解。

关键词：甲烷；水溶液；吸附；积聚

Adsorption of methane gas in water solution

Kou Jianlong[1,2]　Yao Jun[1]

（1. School of Petroleum Engineering, China University of Petroleum（East China）, Qingdao, 257061；
2. Institute of Condensed Matter Physics, Zhejiang Normal University, Jinhua，321004）

Abstract：Existence and exploitation of both shale gas and flammable ice are under multi-phase environment. It is necessary to consider more conditions in understanding formation and adsorption of early gas. The paper investigated adsorption and enrichment of methane gas in water solution by molecular dynamics simulation method. It is found that methane gas can adsorb and enrich on the solid surface in water solution. Research of different gas concentrations in water solution showed that the higher gas concentration is easier in adsorption and enrichment on solid surface. In addition, the behavior of adsorption and enrichment with an external electrostatic field showed that adsorption and enrichment on solid surface is sensitive with the director of electrostatic field. Microscopic studies in multi-phase environment for adsorption and enrichment could improve understand in multi-phase environment of gas.

Key words：methane gas；water solution；adsorption；enrichment

引言

无论是页岩气还是可燃冰，它们的存在及开采都伴随在多相的环境下，且气体的存在及开采直接与气体与固体表面的相互作用有关，因此理解接近固体表面的分子吸附、积聚等微观结构是非常重要的，且固体表面结构直接影响固体在液体溶液中的物理和化学性质[1,2]。对水分子的吸附层和水接近固态表面的溶气的研究方面，已收到了广泛的研究。研究发现，接近固体表面非规则的水结构直接影响疏水偶极相互作用以及水在纳米孔道内的滑移现象[3,4]。由于在真空压下气体溶解在水溶液中是个普遍现象，而研究气体溶解在水溶液中的效率是非常重要的，例如，气体进入孔隙获被驱替时，疏水的相互作用展现出了明显的差别，气体分子形成的气滴在纳米孔道内减少水输运的滑移长度[5]。在非常小的纳米孔道内，由于气-水的挑选吸附作用导致纳米孔道内水输运的堵塞。尽管气体溶解在水中能明显的影响纳米行为，气体接近固体表面的分布行为还没有学习。

通过不同的模拟方法，接近疏水表面的高密度气体已经被学习。Dammer 和 Lohse 使用分子动力学方法学习了在固体表面气-水混合时的气体的密度分布[6]。他们使用 Lennard-Jaones（LJ）颗粒去模拟了水和气体分子。他们指出接近气体表面的气体密度依赖表面的疏水性质。Bratko 和 Luzar[7]发现，使用更加精确气-水模型来取代 LJ 颗粒模型发现，固体表面性质对气体的聚集的密度影响并不大。然而对表面最基本的物理还没进行研究。为了观察这些特点，我们执行了分子动力学模拟，研究了不同浓度下气体的聚集以及在外场下气体的聚集行为。

1 模拟系统与方法

我们执行了分子动力学方法，研究了气体在水溶液中的聚集效应，模型参见图 1。一单层无修饰的石墨烯将甲烷和水的混合溶液分割为两部分。我们考虑了不同气水比例下的聚集行为，重点对气水比例为 1:100 和 1:30 两种情况进行了比较分析。另外，我们考虑了电场对水溶液中气体的聚集行为。在电场对气体的聚集行为研究时，我们主要研究了电场方向对聚集形成的影响，即在平行和垂直石墨烯表面方向。在模拟水溶液中气体的聚集行为时，我们使用了 SPC/E 水模型[8]。在本模拟中，我们考虑了 6-12 势，即范德瓦尔斯(LJ)相互作用，水的 LJ 参数和电相互作用等参数参考了文献[9]。为了防止石墨烯的抖动影响气体的聚集，模拟系统中的石墨烯将被固定在原始的位置，无修饰石墨烯上的碳原子的力学参数参考文献[10]。由于石墨烯周期而无凹凸的完美的规则六角排列平面，石墨烯表面粗糙度对气体聚集的影响可以被排除。我们应用了 Lorentz-Berthelot 混合规则,即 $\sigma_{ij}=(\sigma_{ii}+\sigma_{jj})/2, \varepsilon_{ij}=(\varepsilon_{ii}\varepsilon_{jj})1/2$，计算了不同分子之间的范德华相互作用。在计算 LJ 势时，我们选择了 1.2nm 的截断半径。电相互作用通过 PME 方法进行计算[11]。由于分子动力学模拟计算能力的限制，系统的三个方向都采用了周期边界条件。系统的控温采用了 V-rescale 控温方法[12]，并在整个模拟过程中都控制在 300K。

图 1　模拟系统图

图中中间深灰色的表面为石墨烯，圆球为碳原子；中间灰色圆球链接的四个白色的球体分子为甲烷分子；其他红白链接的分子为水分子

我们采用 Parrinello-Rahman 方法对模拟系统进行了压强控制，并且仅在垂直于固体表面方向进行了压强控制。整个模拟压强控制为一个大气压，并且系统的压缩系数选择为水的压缩系数，即 $4.5\times10^{-5}\text{bar}^{-1}$。为了获得可信的结果，首先我们放入甲烷分子在 NVT 系统下模拟 0.5ns，再在系统中加入水分子，固定甲烷分子进行 NVT 系统模拟 1ns。在此模拟状态下，在 NPT 系统下模拟 50ns 观察其结果。整个模拟我们使用 GROMACS 4.0.7 分子动力学程序模拟[13]。

2　研究结果与讨论

基于分子动力学方法，我们以气-水混合物状态图 2(a)为起始状态，经过 50ns 的模拟，发现甲烷分子会聚集在固体表面上，并形成一层气体薄层，如图 2(b)所示。通过观察模拟过程，首先，在水中的气体分子会凝结成团，靠近固体表面的气体会在固体表面上进行凝结，固体表面上的气体更容易凝结成团，由于固体表面上气体的凝结的形成，远离固体表面上的凝结气也越易凝结与固体表面，在足够的长的模拟时间下，大部分气体会凝结在固体表面，如图 2(b)所示。这是因为在水溶液中，水水之间以氢键相连，形成一个稳定的氢键网络结构。外来的气体分子，如甲烷分子，与水分子不会产生氢键结构，水分子会排除甲烷分子而形成稳定的氢键结构，导致甲烷分子被排出到溶液中，容易在固体表面上形成气体凝结团。另外，我们模拟了在低密度甲烷下的气体积聚行为，如图 3 所示。通过模拟发现在低甲烷情况下，气体相对高密度甲烷下，不易凝结，这恰好符合了上面的解释。由于气体分子比较少，分子之间无法感应，只能在周围发生自由运动，而靠近固体表面的分子还是很容易聚集于固体表面上。

(a) 模拟的起始状态

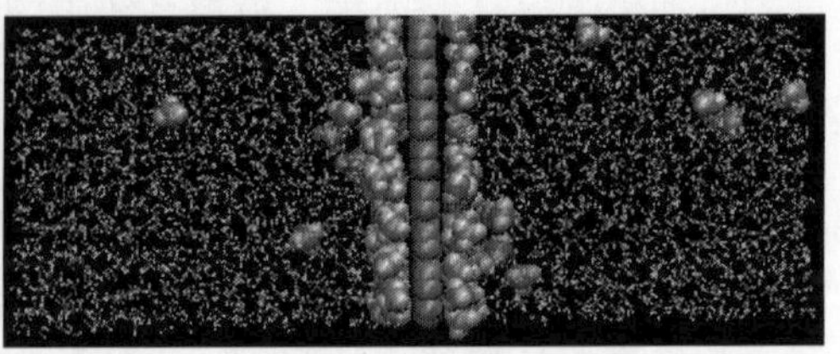

(b) 经过 50ns 后，模拟的稳定状态

图 2　模拟系统在高密度甲烷的初始和稳定状态

在当前气体开采时，常需要利用水裂压裂方法来压裂岩石，从而开排气体。由于存在水，必然存在上述气体凝结现象，但要容易将气排出。因此，需要寻找一种方法来实现上述相反过程，即将吸附在固体表面上的气体进行解吸。

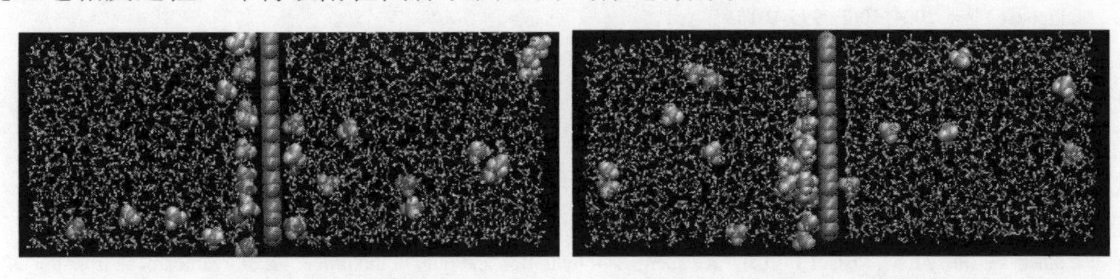

(a) 模拟的起始状态 (b) 经过 50ns 后，模拟的稳定状态

图 3 模拟系统在低密度甲烷的初始和稳定状态

图 4 模拟了在静电场下的气体积聚行为。通过模拟发现，施加平行于固体表面的静电场容易使气体分子更加积聚在固体表面，见图 4(a)，而垂直于固体表面的静电场导致溶液中的气体不易积聚，见图 4(b)。该现象可能是由于在极性分子溶液中，电场又到固体现象导致，目前正在深入探讨产生上述现象的内在机理。

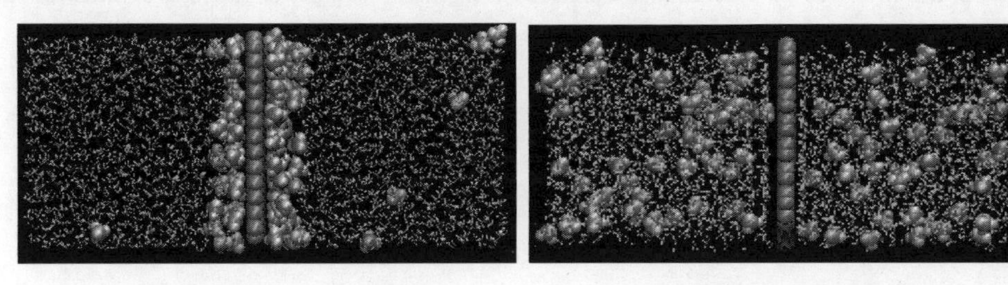

(a) 电场方向平行于固体表面 (b) 电场方向垂直于固体表面

图 4 在施加电场情况下的模拟最终状态

3 结论

本文通过分子动力学模拟的方法研究了甲烷气体在水溶液中的聚集行为。通过长时间的模拟发现，气体很容易在溶液中发生聚集，当溶液中存在固体表面时，固体表面更加容易聚集。通过改变气体的浓度，发现气体浓度越大，气体越容易聚集在固体表面。另外，我们研究了静电场干扰下气体在溶液中的积聚行为，我们发现垂直于固体表面的电场不易使气体发生积聚，而平行于固体表面的电场可加速气体在溶液中的积聚。

参 考 文 献

[1] Tyrrell J W G, Attard P. Images of nanobubbles on hydrophobic surfaces and their interactions. Physical Review Letters, 2001, 87(17): 176104.

[2] Doshi D A, Watkins E B, Israelachvili J N, et al. Reduced water density at hydrophobic surfaces: Effect of dissolved gases. Proceedings of the National Academy of Sciences of the United States of America, 2005, 102(27): 9458-9462.

[3] Chandler D. Interfaces and the driving force of hydrophobic assembly. Nature, 2005, 437: 640-647.

[4] Granick S, Zhu Y, Lee H. Slippery questions about complex fluids flowing past solids. Nature Materials, 2003, 2(4): 221-227.

[5] Kotsalis E M, Walther J H, Koumoutsakos P. Multiphase water flow inside carbon nanotubes. International Journal of Multiphase Flow, 2004, 30(7): 995-1010.

[6] Dammer S M, Lohse D. Gas enrichment at liquid-wall interfaces. Physical review letters, 2006, 96(20): 206101.

[7] Bratko D, Luzar A. Attractive surface force in the presence of dissolved gas: a molecular approach. Langmuir, 2008, 24: 1247-1253.

[8] Jorgensen W L, Chandrasekhar J, Madura J D, et al. Comparison of simple potential functions for simulating liquid water. The Journal of chemical physics, 1983, 79(2): 926-935.

[9] Kaminski G, Duffy E M, Matsui T, et al. Free energies of hydration and pure liquid properties of hydrocarbons from the OPLS all-atom model. The Journal of Physical Chemistry, 1994, 98(49): 13077-13082.

[10] Bhethanabot V R, Steele W A. Molecular dynamics simulations of oxygen monolayers on graphite. Langmuir, 1987, 3: 581-590.

[11] Lindahl E, Hess B, Van Der Spoel D. GROMACS 3.0: A package for molecular simulation and trajectory analysis. Molecular Modeling Annual, 2001, 7(8): 306-317.

[12] Bussi G, Donadio D, Parrinello M. Canonical sampling through velocity rescaling. The Journal of Chemical Physics, 2007, 126(1): 014101.

[13] Hess B, Kutzner C, Van Der Spoel D, et al. GROMACS 4: Algorithms for highly efficient, load-balanced, and scalable molecular simulation. Journal of Chemical Theory and Computation, 2008, 4(3): 435-447.

页岩饱和水前后力学性能变化特征

胡　箫　宋付权

（浙江海洋大学石化与能源工程学院，浙江舟山，316022）

摘要：为研究含气页岩在饱和水前后力学特性的变化，通过岩石切割机和抛光机加工页岩岩心，分析页岩的组成成分，利用 VHX-5000 超景深显微镜观察饱和水后岩心裂缝的发育情况；通过单轴压力试验机、应变测试分析系统，比较饱和水页岩和未饱和水页岩的压裂后的破坏形式和抗压强度。岩心成分分析表明：龙马溪组页岩脆性矿物含量高，属于可压性较高的储层；页岩抗压强度实验结果表明：水的作用会促进页岩产生大量裂纹，页岩饱和前后的抗压强度差距较大，水的作用会降低页岩的抗压强度，更容易被压裂产生裂缝。

关键词：页岩；饱和水；孔隙度；力学特性

The variation characteristics of mechanical properties of shale before and after saturated water

Hu Xiao　Song Fuquan

(Zhejiang Ocean University, School of petrochemical and energy engineering, Zhoushan, 316022)

Abstract: Research on the mechanical properties changes about Shale gas before and after saturated water, through the rock cutting machines and polishing machining Shale cores, Shale component analysis, observed the rock fracture development after saturated water by VHX-5000 super depth of field microscopy; through the analysis of uniaxial compression testing machine, strain testing system, comparied Shale fracturing failure modes and rupture strength of water saturated and unsaturated. Core component analysis showed that the Longmaxi formation shale mineral content is high, belong to the higher pressure reservoir; Shale fracture strength test results showed that water would contribute to generate a large number of crack, the compressive strength gap was larger comparied with saturated and unsaturied Shale , water would reduce the compressive strength of the Shale ,and more likely to generate the cracks.

Key words: shale; saturated water; porosity; mechanical properties

---

基金项目：本项目得到国家自然基金(11472246)，国家 973 重大基础研究项目(2013CB228002)的资助。

作者简介：宋付权，1970 年生，教授，博士，主要研究微流动和低渗透多孔介质中的渗流，songfuquan@ zjou.edu.cn。

引言

截至2015年，据EIA数据显示，中国页岩气可采资源量$31.57\times10^{12}m^3$[1]，资源丰富，开发潜力、经济价值、社会价值巨大。5年来，中国页岩气勘探开发实现了跨越式发展，成为继美国、加拿大之后，第三个实现工业化生产的国家。截至2015年，已建立四川长宁—威远国家级页岩气产业示范区，四川威远，长宁和涪陵等页岩气田已经成为投入开发地区主要集中区，其中蜀南—川东—川东北地区五峰组—龙马溪组为万亿立方米级海相页岩气大气区。虽然储量巨大，但是中国的页岩气勘探开发整体尚处在发展初期[1]。页岩所处地层结构复杂，储集层较深。页岩气主要依靠水力压裂法进行生产，但是水进入地层时，引起黏土矿物会发生膨胀，分散，转移，会减少或堵塞地层孔隙和吼道，对页岩裂缝结构产生影响，影响渗透率和孔隙度。吸水后造成页岩的强度降低，岩石的力学参数和结构进一步恶化，使得页岩地层的井壁失稳问题非常严重，而且页岩储层的力学性质对钻完井设计、压裂施工等都极为重要[3]，所以研究水对页岩力学性质具有重要的意义。

国内外学者就岩石的破裂特征进行了大量研究：Paterson和Wong[4]总结岩石的脆性破坏主要有单剪切面破坏、双剪切面破坏和劈裂式破坏等多种形式；梁冰、兰波等通过不同围压、不同水化时间的三轴压缩实验，研究水对油页岩的影响，得出水化对油页岩的峰值强度和弹性模量都有明显影响[5]；张慧梅、杨更社等通过将页岩试样干燥后进行饱和水及冻融循环试验测量力学特性，结果表明水分及冻融循环使岩石结构弱化，摩擦特性增强，力学性质劣化，但最终会趋于稳定[6]；时贤、程远方等通过划痕实验、单轴实验对页岩的抗压强度进行测试，并得到页岩的弹性模量和泊松比[7]；贾长贵、陈军海等通过岩石力学试验机进行页岩层理面不同角度取芯的力学实验，得出不同角度取芯，抗压强度存在较大差异[8]。

本文主要通过页岩成分分析矿物组成，利用VHX-5000超景深显微镜，观察分析裂缝发育情况，利用抽真空加压饱和装置，单轴压力试验机、应变测试分析系统，比较水对页岩的力学性能的影响。

1 页岩岩心的制备与组分分析

本次实验所用的页岩岩心取自南方海相龙马溪组露头黑色页岩，制备页岩岩心，并进行页岩岩心成分分析。

1.1 岩心制备

利用岩石切割机和抛光机制备页岩岩心，对每个页岩岩心进行检查，如果发现有缺陷或损伤时，做好记录，当发现页岩岩心损坏严重时，则应舍去该岩心[9,10]。

1.2 岩心矿物组成分析

页岩的矿物组成对岩心的抗压强度具有较大的影响，实验利用龙马溪组页岩岩心进行 X 衍射测定仪(XRD)页岩矿物组分特征分析(图 1、图 2)。结果表明：石英、长石和黄铁矿占 27%～41%，平均为 35.7%；碳酸盐矿物含量为 17%～43%，平均为 27.3%；黏土矿物含量为 30%～44%，平均为 37%。龙马溪组页岩所含脆性矿物约占总矿物组成的 63%，属于可压性较高的储层，利于储层后期增产和压裂改造作业。

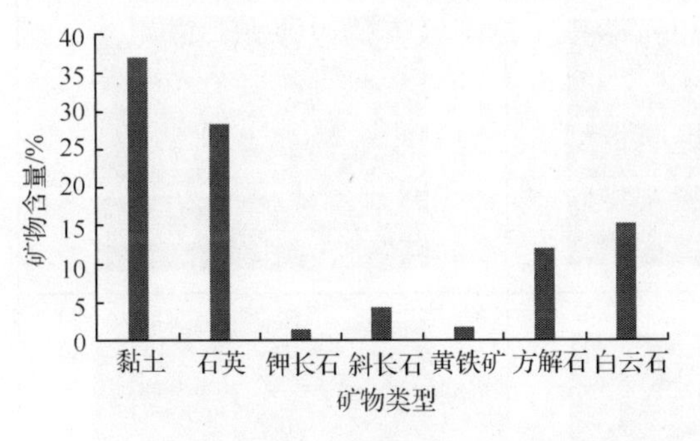

图 1 页岩全岩矿物平均组分

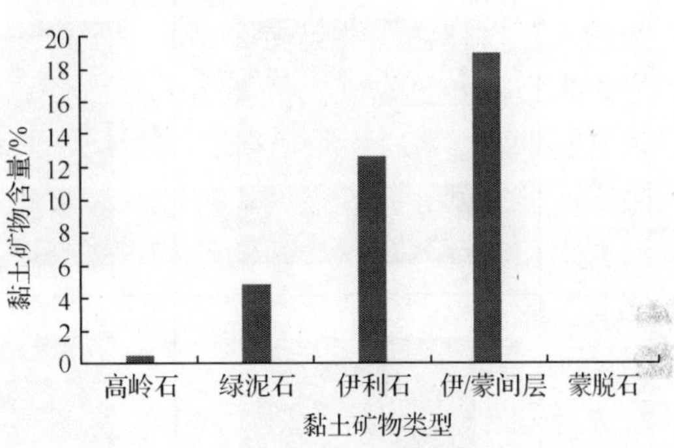

图 2 页岩黏土矿物平均组分

2 水对页岩抗压强度的影响

利用 BH-3 型岩心抽真空加压饱和装置，取每组中一半的岩心饱和水，利用数码显微系统 VHX-5000 超景深显微镜，观察岩心饱和前后的裂缝发育情况对照；采用 YES-2000J 单轴压力试验机和 DH3818 静态应变测试系统，比较饱和水和未饱和水页岩的抗压强度。

2.1 饱和水前后岩心表面裂缝发育变化

选取岩心 4-5 为例，如图 3 所示，定性判断水对页岩作用效果非常明显，饱和水可以使页岩中的胶结物充分溶解，形成较大的孔隙，促进页岩裂缝的形成。

2.2 页岩破坏形式分析

未饱和水与饱和水页岩岩心单轴压缩的破坏形式多为顺层理面的劈裂破坏，如图 4 所示，说明页岩内部的层理面和微裂缝影响压裂的方式，引起强度及变形的各向异性变化。从压裂后岩心的破碎程度看，加压饱和水后的岩心更容易产生裂缝，且破裂程度也越高。

	饱和前	饱和后	裂缝放大图
上底	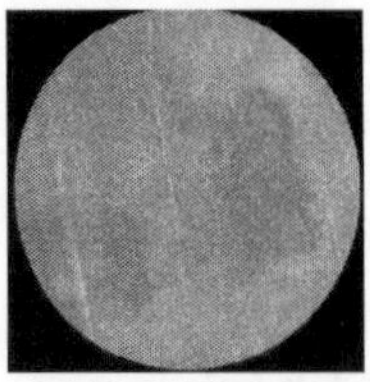	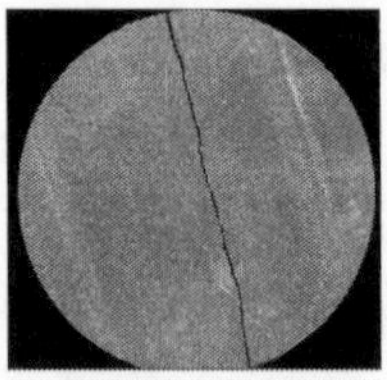	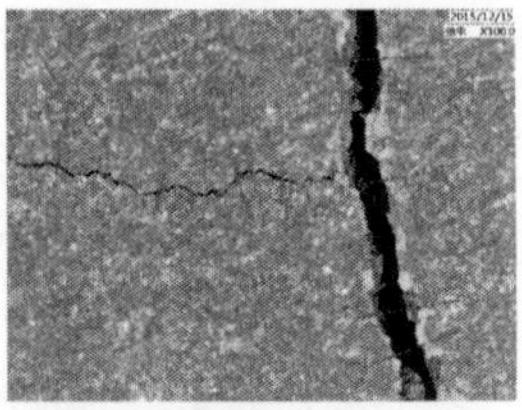
下底	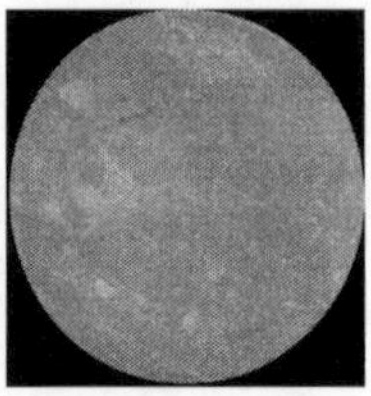	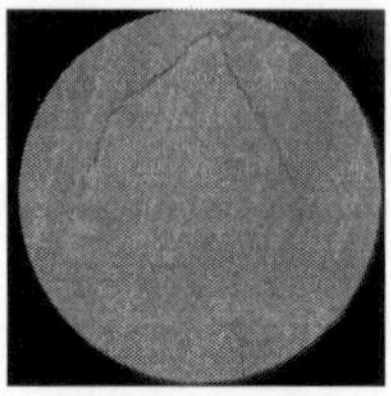	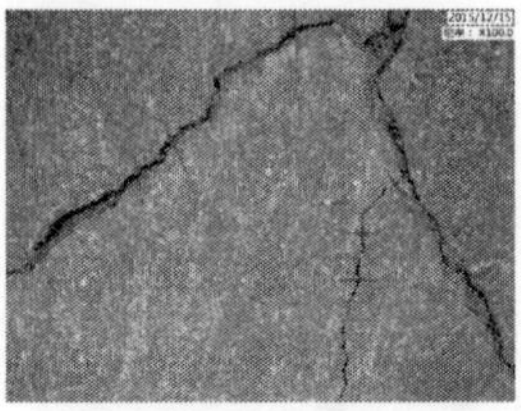
左面		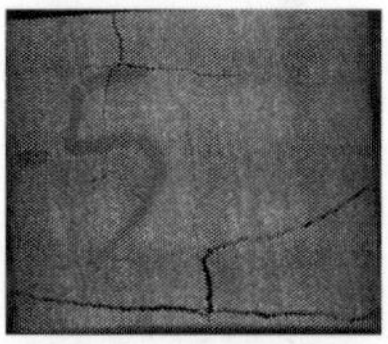	
右面		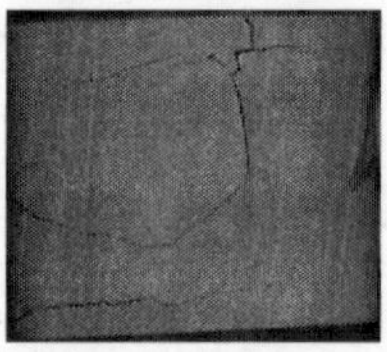	

图 3　吸水后页岩表面裂缝形貌

图 4　未饱和岩心与饱和岩心劈裂破坏

2.3　抗压强度与应变关系分析

页岩岩心属于脆性材料，脆性材料在压裂过程中，随着应力的不断增加，页岩岩心会达到抗压强度极值点，超过屈服极限值，岩心进入破坏阶段，表面产生大量的裂纹。

应力与应变关系见图 5。

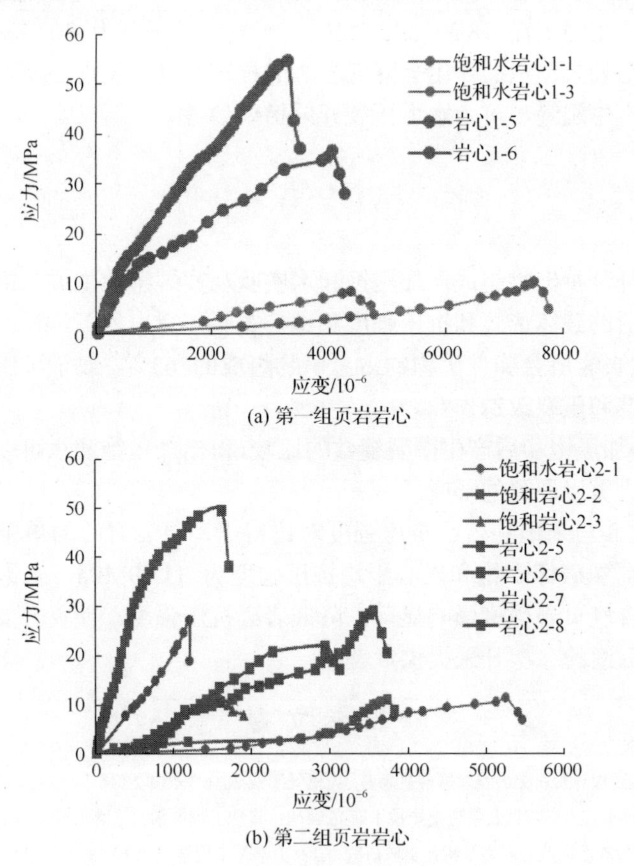

(a) 第一组页岩岩心

(b) 第二组页岩岩心

图 5 单轴压裂应力与应变关系

2.4 抗压强度变化分析

根据抗压强度与应变关系图，可以确定抗压强度值，并根据抗压强度值绘制如图 6 所示。

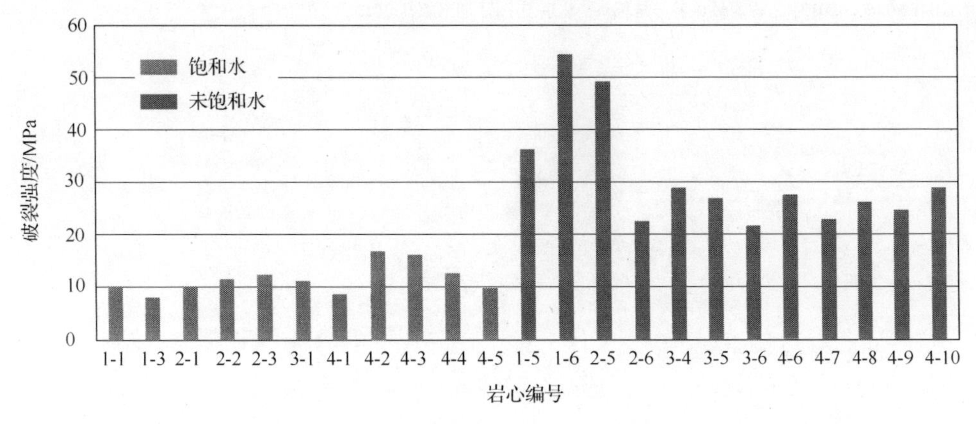

图 6 页岩岩心饱和前后最大抗压强度比较

可以得出：饱和水的岩心抗压强度在 8.16~16.94MPa，平均抗压强度为 11.69MPa；未饱和水的岩心抗压强度在 18.35~54.35MPa，平均抗压强度为 30.57MPa；岩心饱和前后的抗压强度差距较大，水的作用会降低岩心的抗压强度，使岩心变脆，在相同的压力作用下，更容易产生裂缝，可为水力压裂开采提供参考。

3 结论

通过页岩成分分析矿物组成，加压饱和水实验观察裂缝的生成，饱和水页岩和未饱和水页岩的压裂后的破坏形式和抗压强度测试等实验，得出如下结论：

(1) 龙马溪组页岩所含脆性矿物约占总矿物组成的 63%，属于可压性较高的储层，利于储层后期增产和压裂改造作业。

(2) 页岩岩心加压饱和后产生微裂缝数的比较，得出加压饱和水可以使页岩中的胶结物充分溶解，促进页岩裂缝的形成。

(3) 从饱和岩心与未饱和岩心抗压强度对比得出，页岩岩心的单轴压缩的破坏形式多为顺层理面的劈裂破坏，饱和岩心平均抗压强度为 11.69MPa，未饱和岩心抗压强度 30.57MPa，水对含气页岩强度影响显著，降低岩心抗压强度，使页岩变脆，容易被压裂产生裂缝，可为后续的二次开采提供参考。

参 考 文 献

[1] 董大忠.中国页岩气勘探开发新突破及发展前景思考. 天然气工业,2016,36: 19-25.
[2] 王俊光. 水作用下油页岩力学特性及巷道支护技术研究.锦州：辽宁工程技术大学博士学位论文, 2011.
[3] 时贤程,远方. 页岩微观结构及岩石力学特征实验研究. 岩石力学与工程学报,2014,33: 3439-3443.
[4] Paterson M S,Wong T F. Experimental Rock Deformation-Thebrittle Field. 2nd ed. New York:Springer-Verlag,2005.
[5] 梁冰,兰波. 水影响下油页岩三轴压缩力学特性试验研究. 山东大学学报, 2011,41: 82-85.
[6] 李庆辉,陈勉. 含气页岩破坏模式及力学特性的试验研究. 岩石力学与工程学报,2012,31: 3763-3765.
[7] 张慧梅,杨更社. 水分及冻融效应对页岩力学特性影响的试验研究. 武汉理工大学学报,2014,36: 95-97.
[8] 贾长贵,陈军海. 层状页岩力学特性及其破坏模式研究. 岩石力学,2013,34: 57-59.
[9] GB/T 23561—2009, 煤和岩石物理力学性质测定方法. 北京:中国标准出版社,2009.
[10] GB/T 50266—2013, 工程岩体试验方法标准. 北京:中国计划出版社,2013.

水对页岩微裂缝导流能力影响

周子恒 朱维耀 宋智勇 马东旭

（北京科技大学土木与环境学院，北京，100083）

摘要： 针对清水对非支撑剂微裂缝导流能力影响的问题，采用四川龙马溪组页岩，将岩心置于清水做浸泡实验，同时取同批次岩样磨碎成20~40目、40~60目、60~80目粉末做对比实验；分析浸泡前后渗透率的变化，并与含支撑剂微裂缝页岩导流能力实验做对比。研究结果表明：浸泡过程中，随着页岩与清水的接触表面积的增大，离子交换作用越大，且岩心在清水中离子水化作用很微弱，主要为渗透水化膨胀；注气过程中，渗透率呈增高的总体趋势，且主要在后期升高幅度较大，至最后气测渗透率稳定，其测渗透率增高了约 8 倍。与含支撑剂微裂缝导流实验对比，本实验中岩样水化前后渗透率下降幅度更大，达到了90%。

关键词： 微裂缝；非支撑剂；导流能力；清水压裂

Water impact on shale micreo fracture conductive capacity

Zhou Ziheng Zhu Weiyao Song Zhiyong Ma Dongxu

(University of Science and Technology Beijing，Beijing, 100083)

Abstract： Aiming at the influence of wateron the shale micro fracture, the study put the shale core located in sichuanprovince in water immersion experiment, meanwhile use the batch sample grind into 20~40 mesh, 40~60 mesh, 60~80 mesh powder to do comparative experiments; Analyzing the change of the permeability before and after soaking, and contain proppant micro shale fracture conductive capacity comparing experiment. Research results show that the soaking process, with the increase of shale surface area of contact with the water, the greater the role of ion exchange, and core ion hydration is very weak in the water, which is mainly for the osmotic hydration expansion.Permeability in the process of gas injection is a higher overall trend, and the rise mainly in the late is bigger, to the last stable gas logging permeability, the permeability increased by about 8 times.And compare with related experiment of proppant micro fracture, this experiment sample permeability declines more after hydration, reaching 90%.

Key words： micro cracks；non-proppant；conductive capacity；hydraulic fracturing

引言

在油气田的各种增产措施中，水力压裂技术已经逐渐成为油气田开发时油藏改造的重要措施之一。在页岩气藏缝网压裂过程中,主要将大量清水压裂液和相对较少的支撑剂注入地层中,从而开启天然裂缝并形成大规模的裂缝网络,获得最大的储层改造体积，但清水压裂液黏度低,携砂能力有限, 支撑剂并不能在大规模裂缝网络中均匀分布，主要以砂堤、断续的支柱或单层局部等形式分布[1]，并随着缝网复杂性增加支撑剂平均浓度显著降低，远小于 0.5kg /m^2 或支撑面积远远小于 10%[2]。大部分裂缝网络尤其是微裂缝中并没有支撑剂充填，其中有很大一部分在闭合后仍有不俗的导流能力，对页岩气藏缝网压裂方案的制订及压裂后的产能预测有着重要影响。

非支撑剂裂缝的导流机理有别于常规填砂裂缝, 压裂过程中，黏土矿物以及裂缝基于吸水膨胀、溶水流失塌陷、离子交换反应等相互作用都会最终影响到其导流性能。页岩对水的敏感性已经在钻井工程及底层损害领域有所研究，在注水过程中由于砂岩储层中的黏土膨胀、分散及运移的损害已经被验证，另外一个储层受到损害的机制是因为黏土水化作用时产生的颗粒运移。有研究表明[3~5]，页岩的水化作用能降低页岩的岩石强度，且页岩岩石力学性能的变化取决于岩石矿物、流体成分以及测试条件。目前,国内外针对该方面的研究成果较少,对非支撑剂微裂缝导流能力的影响机理的认识不够充分。为了探究清水对非支撑剂裂缝导流性能的影响，选取四川龙马溪组页岩作为岩心，通过岩心浸泡实验后，注气吹干，记录此过程流速并计算岩心克氏渗透率的变化。

1　实验方法

1.1　实验准备

实验选取四川龙马溪组地处 770~780m 页岩，制作岩心为长 4.37cm，直径为 2.50cm，采用巴西实验对岩心进行压裂，然后置于烘箱内，为避免黏土矿物中束缚水被排除造成黏土性能的改变，设置烘箱的温度为 45℃，持续烘干 72h，测定长度、直径，将岩心侧面缠上防水胶带后称重，在围压 10MPa 下测得岩心初始渗透率，置于干燥器中备用。取同批次岩样，磨碎后筛取 20~40 目、40~60 目、60~80 目三种粉末。

1.2　浸泡实验

取四个烧杯，加自来水，分别将 20~40 目、40~60 目、60~80 目规格样品及岩心分别放入 1~4 号烧杯浸泡 5 天，确保岩样水化作用完全。

浸泡完过滤完粉末，取出岩心，将各烧杯水样以及所用自来水进行离子检测；取出的岩心进行渗透率测定实验。

1.3 导流能力测定实验

采用的实验方法为“压差-流量法”，使用氮气作为模拟天然气的实验气体。围压设备使用高精度柱塞驱替泵，围压设定为10MPa，实验放置于恒温箱40℃下进行，设置完实验条件后开始注气，至氮气将岩心内裂缝中自由水吹干，即流速48h稳定，停止注气，记录数据并计算此过程气测克氏渗透率。最后取出岩心称重。实验流程图如图1所示。

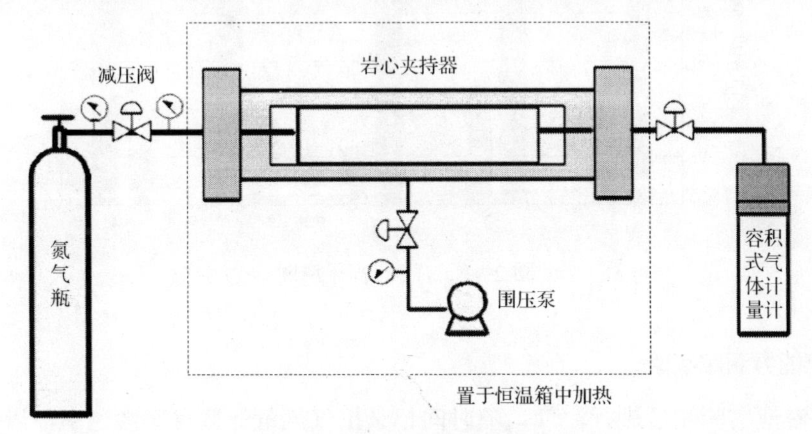

图1 导流能力测定实验流程图

2 实验结果与讨论

2.1 浸泡实验

1~4号各烧杯水样及所用清水进行离子检测，结果见表1。

表1 水质样品检验结果

样品名称	分析项目/(mg/L)							
	Cl^-	SO_4^{2-}	CO_3^{2-}	HCO_3^-	Na^+	K^+	Mg^{2+}	Ca^{2+}
1#	16.9	54.14	2.04	43.02	46.24	17.01	6.05	19.52
2#	17.84	62.24	1.88	47.17	48.6	18.91	6.44	19.67
3#	32.02	74.79	1.86	39.62	62.76	29.29	4.5	12.63
4#	19.18	57.32	1.08	44.53	18.53	2.87	18.18	43.59
清水	15.65	46.26	未检出	51.89	11.84	1.81	15.97	49.84

从表1可以看出，在进行浸泡实验后，与清水相比较1#~3#水样离子变动幅度最大的是Ca^{2+}和Na^+。如图2所示，粉末更细的3#相较于其他样品变化幅度更高，有非常明显的Na^+增多，Ca^{2+}减小，而浸泡岩样的4#与清水相比较，则只有很小的变化，即随着粉末变细，岩样表明与水的接触面积的增大，岩样水化作用中发生的阳离子交换反应量也随之增大，这与Roshan等中的观点一致，而岩心4#中Ca^{2+}、Na^+离子变动幅度很小，说明此规格下岩心中裂缝与水接触的面积很有限，发生的离子水化反应很微弱，主要为

渗透水化膨胀。此外，四个样品与清水相对应，多出了 CO_3^{2-}，说明整个水化过程中页岩中有微量可溶物溶于水中。

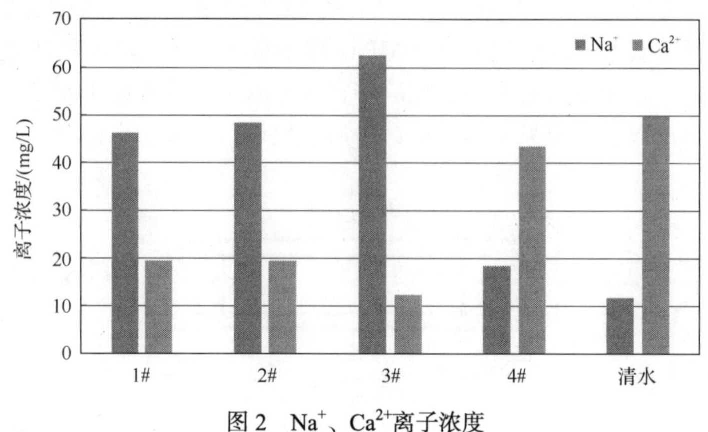

图 2　Na^+、Ca^{2+}离子浓度

2.2　导流能力测定实验

岩心浸泡实验完后进行注气，随时间记录出气流量计算克氏渗透率，渗透率稳定后与初始渗透率进行比对；注气完毕后，称量计算岩心与初始质量差，实验结果如表 2 所示。

表 2　实验前后岩心质量变化

岩心初始质量/g	注气后岩心称重/g	重量差/g
60.7125	60.6716	0.0409

从图 3 可以看出，注气初期，岩心的气测渗透率变化幅度很小，后期气测渗透率有了显著增高，尤其是从 100h 开始到 125h，增长了约 1 倍。说明随着氮气初期逐步将岩心内部水分吹干带出，后期裂缝中的空隙形成更好的通道，渗透率明显升高，整个注气过程中气测渗透率增高了约 7 倍。

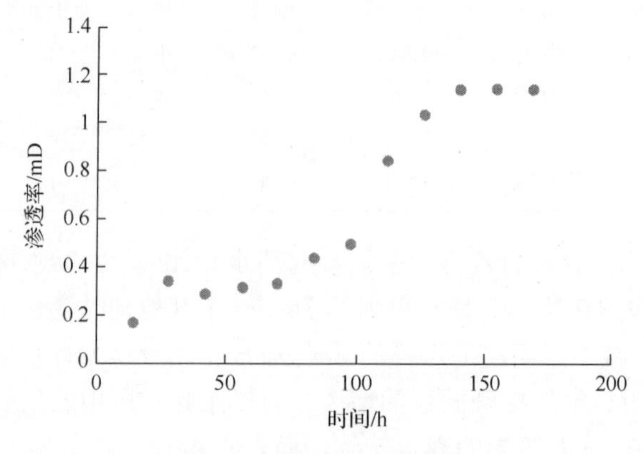

图 3　渗透率随时间变化

如图4所示，取浸泡实验前岩样的渗透率与岩样被吹干注气稳定后渗透率相比较，受水化膨胀作用后，渗透率下降了约90%。Zhang等[6]在实验中，以Barnett页岩为岩样，采用獾砂作为支撑剂，在25MPa围压下，通过注水过程后，注气吹干后对比的前后渗透率变化，同样得到渗透率下降的结果，其渗透率下降了约77%。与之相对比，本实验针对非支撑剂裂缝，水化作用采用浸泡实验，减少水流速度对裂缝表面的影响，最终实验测得渗透率下降幅度大于Zhang等实验中支撑剂裂缝。

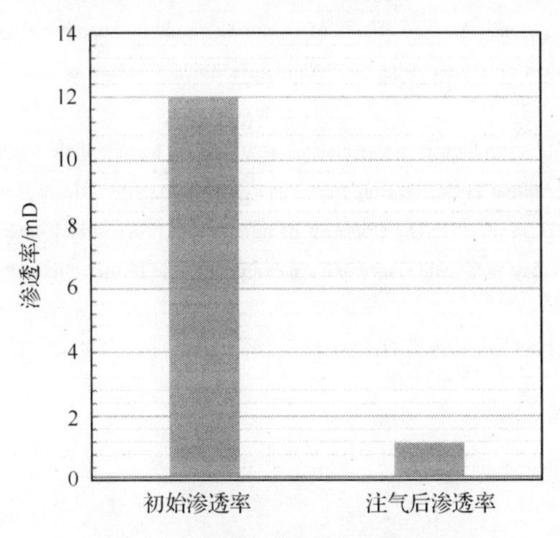

图4　导航能力测定实验流程图

此外，如表2实验中岩样注气完，称重质量减小，但离子质量浓度增加的极其微弱，同冒海军和郭印同[7]实验所得结论相同，页岩黏土矿物丰富，在发生水化作用时发生掉渣现象。掉渣被带出后裂缝通道可能会得到改善，但在水化膨胀的共同作用，最终岩样的渗透率仍有很大幅度的降低。

3　结论

(1) 页岩浸泡过程中，页岩表面于清水接触面积越大，则发生的离子水化作用越明显，离子交换量越大。无支撑剂微裂缝中的离子水化作用有限，以渗透水化膨胀为主。同时随着水化膨胀的过程，裂缝内部存在微量的颗粒物脱落现象。

(2) 经过浸泡实验后岩心注气吹干的过程，随着微裂缝中水分不断带出，气测渗透率不断升高，初期渗透率变动幅度不大，着重在后期随着水分的带出形成更好的通道后，渗透率升高显著。

(3) 实验前后岩样质量有微量减少，微量掉渣被带出岩心，但在水化膨胀的共同作用下，最终渗透率有所下降；注气渗透率稳定后，相较初始渗透率下降幅度达90%，与含支撑剂裂缝的注水实验相比较降低幅度更大。

参 考 文 献

[1] Vincent M C. Examining our assumptions-have oversimplifications jeopardized ability to design optimal fracture treatments.

Paper SPE 119143 presented at the SPE Hydraulic Fracturing Technology Conference, The Woodlands, Canada, 2009.

[2] Cipolla C L，Warpinski N R，Lolon E P，et al. The relationship between fracture complexity，reservoir properties， and fracture-treatment design. Paper SPE 115769 presented at the SPE Annual Technical Conference and Exhibition , Denver, Colorado, USA, 2008.

[3] LaFollette R F, Carman P S. Comparison of the impact of fracturing fluid compositional pH on fracture wall properties in different shale formation samples. Paper SPE 166471 presented at the SPE Annual Technical Conferenceand Exhibition, New Orleans, Louisiana, USA, 2013.

[4] Akrad O M, Miskimins J L, Prasad M. The effects of fracturing fluids on shaleRock mechanical properties and proppant embedment. Paper SPE 146658 presented at the SPE Annual Technical Conference and Exhibition, Denver,Colorado, USA, 2011.

[5] Lin S, Lai B. Experimental investigation of water saturation effects on barnett shale's geomechanical behaviors. Paper SPE 166234 presented at theSPE Annual Technical Conference and Exhibition, New Orleans, Louisiana, USA,2013.

[6] Zhang J, Kamenov A, Zhu D, et al. 2015.Development of new testing procedures to measure propped fractureconductivity considering water damage in clay-rich shale reservoirs: An example of the Barnett Shale. Petroleum Science and Engineering, 2015, 135: 352-359.

[7] 冒海军,郭印同.黏土矿物组构对水化作用影响评价. 岩土力学, 2010, 31(9):2723-2728.

龙马溪组页岩吸附特征实验研究

刘伟欣　宋洪庆　朱维耀

（北京科技大学，北京，100083）

摘要：页岩的吸附行为是页岩气藏含气量评价和高效开发的基础。为了研究页岩吸附甲烷的机理，利用页岩气高温高压吸附实验装置，对龙马溪组页岩样品进行了高温高压吸附实验，得到了样品在30℃与45℃下、最高压力到 8MPa 的吸附等温线。采用朗缪尔(Langmair)模型，BET 多分子层吸附模型及 Freundlich 吸附模型对吸附等温线进行拟合，并对拟合结果进行分析。研究表明:页岩样品具有较高的吸附气能力，Langmuir 吸附模型较好地拟合了吸附数据。

关键词：页岩；吸附等温线；朗缪尔模型；Freundlich 吸附模型；BET 多分子层吸附模型

Experimental research on shale gas adsorptiong characteristics from longmaxi formationg

Liu Weixin　Song Hongqing　Zhu Weiyao

（University of Science & Technology Beijing, Beijing, 100083）

Abstract：The adsorption behavior of shale gas is the basis for the evaluation of gas content and the efficient production in shale gas reservoir. In order to investigate the mechanism of the methane adsorption in shale, the adsorption experiment on the shale samples from Longmaxi Formation was carried out, which attains the adsorption isotherms with the temperature of 30℃ and 45℃, and the highest pressure of 8 MPa. Using the Langmuir adsorption model, the BET multilayer adsorption model, and the Freundlich adsorption model to fit and analysis the adsorption isotherms. The research shows that the shale sample has a high adsorption capacity, and the Langmuir adsorption model can well fit the adsorption data.

Key words：shale；adsorption isotherm；langmuir adsorption model；freundlich adsorption model；BET multilayer adsorption model

---

基金项目：国家自然基金(51404024)、国家重点基础研究发展计划(2013CB228002)。

Email：songhongqing@ustb.edu.cn。

引言

页岩气[1~4]作为一种资源潜力巨大的非常规天然气，其赋存方式与常规天然气不同。页岩气除少部分呈溶解状态赋存于有机质和结构水以外，绝大部分以游离状态存在于孔隙[5]和裂缝之中，或者以吸附状态赋存于矿物颗粒和有机质的表面。吸附作用是页岩气赋存的重要机理之一，从统计来看，页岩中的吸附气量所占的比例可达50%以上。研究页岩对甲烷的吸附特性，确定页岩储层[6]的吸附等温线是页岩气储量评价的基础，对页岩气的勘探开发具有重要意义。页岩的吸附等温线是研究页岩气吸附解吸机理的基础性数据，国外研究者已经获得了许多不同地区页岩的吸附等温线数据，相比较，国内这方面的数据极其欠缺。本文通过页岩气高温高压吸附实验装置，获得了实验压力达 8MPa 的页岩气吸附等温线，针对吸附所得数据，采用朗缪尔(Langmair)模型，BET 多分子层吸附模型及 Freundlich 吸附模型对吸附等温线进行拟合对比，并对拟合结果进行了分析研究。

1　实验方法

1.1　实验装置及原理

针对页岩的吸附实验[7~13]包含容量法与重量法两种测量方法。其中容量法是依据吸附发生之前和达到平衡后气体压力值的改变来计算吸附量，重量法则是通过高精度及高灵敏度的天平测定吸附剂吸附气体后的增重。容积法可以通过延长吸附时间，使吸附过程完全达到平衡，同时实验消耗的气体量少，仪器装置相对简单。容积法具体原理为在一定温度与压力条件下，处于参考缸内的待吸附气体将自由进入含有待测样品的样品缸，在等待 12h 或以上待吸附平衡后，通过对比吸附前后的压力变化及气体所在容器的体积变化从而计算出样品的吸附量。

通过对甲烷进行等温吸附实验，可以获知其具体的吸附规律，实验结果对于评价研究区内页岩对甲烷气吸附能力、分析页岩孔隙微观构造及页岩资源量开采评价和储量评价都具有重要的意义。

1.2　实验样品

实验所用样品为川南地区龙马溪组盐津 1-2 井页岩[14]。现场取深度为 1490~1493m 岩样，用保鲜膜密封防止页岩中的水分流失，然后运到实验室进行破碎，实验用岩样粒度为 60~80 目，实验前至少烘干 12h。

1.3　实验方法

由于页岩气的解吸吸附实验目前还没有国家标准，实验参照 GB/T 19560—2004《煤的高压容量法等温吸附实验方法》规定实验规则，并采用 KDXJ-1 型高压等温吸附仪进行实验，实验温度为30℃、45℃。高压等温吸附仪如图1所示，图2为实验原理示意图。

图1 高压等温吸附仪

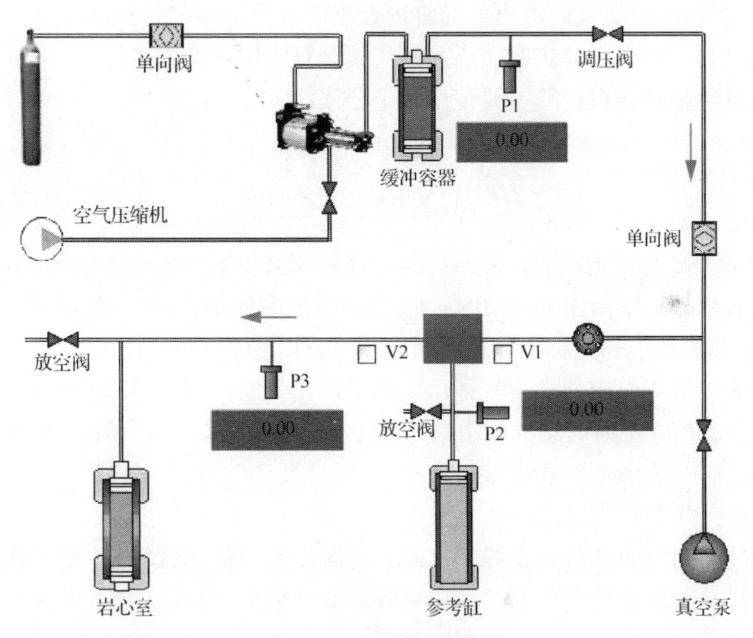

图2 实验原理示意图

1.4 实验步骤

1.4.1 设备密封性检测

气密性检测为所有实验操作开始前的必须步骤。进行气密性操作时，将He通入到整套实验装置中并保持一定的压力，压力值应高于最高实验压力值1MPa。待数值稳定后记录当前各压力表读数，若6h后压力表读数仍未变化则可视为气密性良好。

(1)将粉碎后的页岩样品加入样品缸，密封后放到恒温箱中。

(2)打开进气管口的各个阀门，将 He 充入到参照缸与样品缸中，当两个缸中的压力达到一定值后，关闭进气阀门。

(3)保持 6 h 后，观察各个缸内的压力是否有明显的变化：若有明显的变化，则检测设备是否漏气；若无明显变化，继重复步骤(2)，继续给各个缸充入气体增加压力，直到充气压力达到实验所需的高于最高压力为止。

1.4.2 样品缸、参考缸体积标定

为了避免由于样品缸清理未达要求或其他原因造成的误差，需要在吸附实验开始前对样品缸及参考缸体积进行标定[15]。其具体操作步骤如下。

(1)将所有标定块装入至样品缸中。

(2)使用真空泵使整个系统达到真空状态，待真空度稳定后，向参考缸内通入一定压力的氦气并待其压力读数稳定后记录。

(3)打开参考缸与样品缸间的阀门并待压力读数稳定后记录其数值。

(4)排空系统内的氦气后取出样品缸内最小的一个标块。

(5)重复(2)、(3)、(4)步直至样品缸内剩余最大的一个标块。

样品缸及参考缸体积计算主要使用以下公式：

$$\frac{P_1V_1}{Z_1RT}=\frac{P_2V_1}{Z_2RT}+\frac{P_3(V_2-V_3)}{Z_3RT} \tag{1}$$

式中，P_1 为参考缸的初始压力，MPa；P_2 为连通阀开启后参考缸平衡压力，MPa；P_3 为连通阀开启后样品缸平衡压力，MPa；V_1 为参考缸的体积，cm^3；V_2 为样品缸的体积，cm^3；V_3 为样品缸内已知的标块体积，cm^3；Z_1 为该压力下对应的真实气体压缩因子，无量纲；Z_2 为该压力下对应的真实气体压缩因子，无量纲；Z_3 为该压力下对应的真实气体压缩因子，无量纲；R 为理想气体常数，8.3144 J/(mol·K)；T 为实验温度，K。

1.4.3 自由体积标定

使样品缸自由空间体积是指样品缸装入待测样品后样品颗粒之间的空隙、样品内部微细空隙、样品缸剩余的自由空间、连接管和阀门内部空间的体积之总和。确定样品缸的自由空间体积的原理为在一定的温度和压力下，选用吸附量可以忽略的氦气，通过气体膨胀来探测样品缸自由空间体积，即用氦气的体积来表征样品缸系统中的自由空间体积。具体步骤如下。

(1)将包括参照缸、已装入待测页岩的样品缸以及连接管线在内的吸附解吸系统抽真空至少半个小时以上，待真空度稳定；

(2)将一定压力的氦气(纯度＞99.999%)充入参照缸，计算压力读值稳定时参照缸内含 He 的物质的量。

(3)打开参考缸与样品缸之间的阀门，待平衡后分别记录参照缸和样品缸的压力，假定 He 不被待测样品吸附，则可根据气体状态方程计算；

(4)再次充入高压氦气，并重复步骤(2)、(3)得出样品缸另一气体状态方程；

(5) 重复步骤(4)；

(6) 应用气体状态方程构成的方程组，求得样品缸的自由空间体积。

样品缸的自由空间体积表达式为

$$V_0 = V_1\left(\frac{P_1T_2Z_2 - P_2T_1Z_1}{P_3T_1Z_1 - P_1T_3Z_3}\right) \tag{2}$$

式中，V_0 为自由空间体积，cm^3；V_1 为参考缸体积，cm^3；P_1 为平衡后压力，MPa；P_2 为参考缸初始压力，MPa；P_3 为样品缸初始压力，MPa；T_1 为平衡后温度，K；T_2 为参考缸初始温度，K；T_3 为样品缸初始温度，K；Z_1 为平衡条件下气体的压缩因子，无量纲；Z_2 为参考缸初始气体的压缩因子，无量纲；Z_3 为样品缸初始气体的压缩因子，无量纲。

1.4.4 等温吸附实验流程

(1) 将待测样品装入样品缸中并开启真空泵以抽去系统内已有气体，等待一定时间后待真空度不再变化开始向参考缸内通入甲烷(纯度>99.99%)。

(2) 通过调整气瓶压力阀使参考缸压力表读数达到目标压力并记录压力值。

(3) 打开参考缸与样品缸之间的阀门，并保持开启 12h 以上直到达到吸附平衡。

(4) 记录此时的样品缸与参考缸压力表读数。

(5) 通过调整气瓶压力阀使参考缸压力表读数达到下一个压力点的数值并做记录。

(6) 重复步骤(3)、(4)。

(7) 具体计算以气体状态方程为主：

$$pV = nZRT \tag{3}$$

式中，p 为气体压力，MPa；V 为气体体积，cm^3；n 为气体的摩尔数，mol；Z 为气体的压缩因子，无量纲；R 为摩尔气体常数，$J \cdot mol^{-1} \cdot K^{-1}$；$T$ 为平衡温度，K。

通过上式可得出在平衡前后系统中气体的物质的量，从而通过对比可得出被吸附的气体的摩尔数。

各压力点吸附气体总体积为

$$V = n \times 22.4 \times 1000 \tag{4}$$

式中，V 为吸附气体的总体积，cm^3；n 为吸附气体的摩尔数，mol。

各压力点的吸附量为

$$V_{吸} = V / m \tag{5}$$

式中，$V_{吸}$ 为吸附量，$cm^3 \cdot g^{-1}$；m 为待测页岩样品的质量，g。

2　实验结果与分析

2.1　实验结果

通过页岩高温高压实验，得到了样品分别在 30℃、45℃下的吸附量，实验结果如图 3 与图 4 所示。

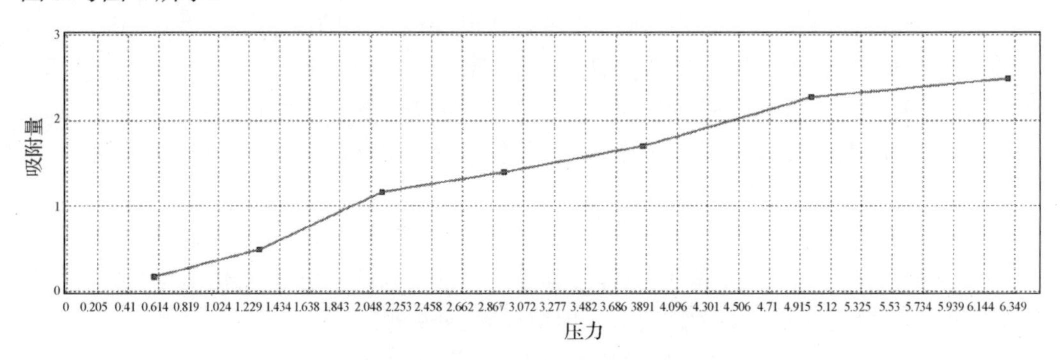

图 3　30℃页岩吸附测量数据图

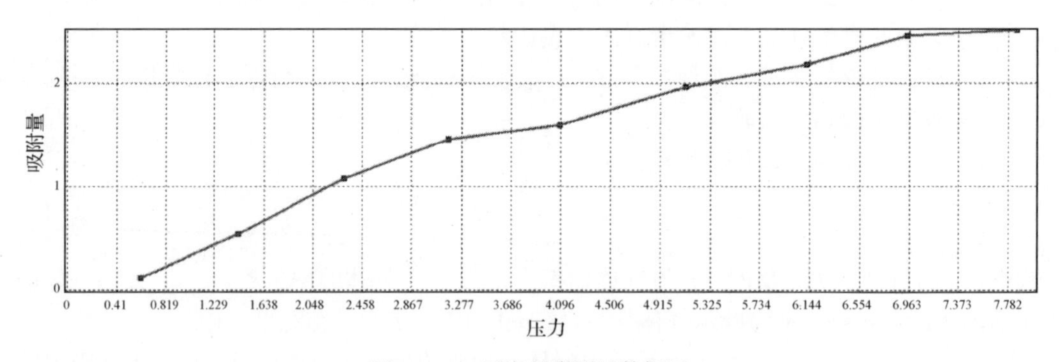

图 4　45℃页岩吸附测量数据图

2.2　实验曲线拟合

2.2.1　Langmuir 等温吸附方程拟合

Langmuir[16]从动力学观点出发，在研究固体表现吸附特征时，提出了单分子层吸附的状态方程。其基本假设条件为：①吸附平衡时，体系中气体的吸附速度与脱附速度相等，吸附和脱附之间没有滞后发生；②吸附剂表面均匀光洁，固体表面的吸附势能呈均质状态，活化能为 0；③被吸附的气体分子间没有相互作用力；④固体表面吸附平衡仅形成单分子层。Langmuir 模型的数学表达式如下。

$$V = V_{\mathrm{m}} \frac{bp}{1+bp} \tag{6}$$

式中，V 为气体的吸附量，m^3/t；V_m 为 Langmuir 体积，表示最大吸附量，m^3/t；b 为 Langmuir 结合常数，反映了吸附速率与脱附速率的比值；p 为气体压力，MPa。

由实验数据用 MATLAB 拟合 Langmuir 曲线，如图 5 所示。Langmuir 模型拟合参数值见表 1。

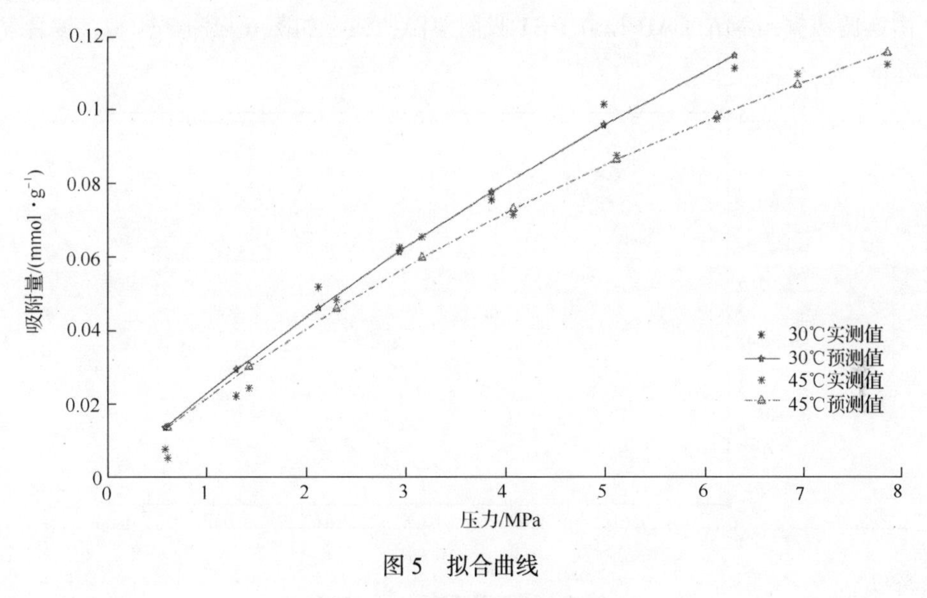

图 5　拟合曲线

表 1　Langmuir 模型拟合参数值

样品	拟合 V_m	拟合 b	拟合度 R^2
30℃	0.4778	0.0502	0.9808
45℃	0.3166	0.0733	0.9855

2.2.2　BET 等温吸附方程拟合

在物理吸附中，不仅吸附剂与吸附质之间有范德华引力，而且吸附质分子之间也有范德华引力，因此气相中的分子若碰撞到已被吸附的分子上时也可能被吸附，所以吸附层可以是多分子层的。这一点不同于朗缪尔的假设，但 BET 模型也假设固体表面是均匀的。

BET 公式可写成直线形式：

$$\frac{p/p_0}{V(1-p/p_0)}=\frac{1}{V_m C}+\frac{C-1}{V_m C}(p/p_0) \tag{7}$$

式中，V 为气体的吸附量，m^3/t；V_m 为 Langmuir 体积，表示最大吸附量，m^3/t；C 为常数，其物理意义为 $C \approx \exp\left(\frac{Q_1-Q_L}{RT}\right)$，求出 C，从表中查得吸附质的液化热 Q_L，就可计算出第一层的吸附热 Q_1；p 为气体压力，MPa；p_0 为饱和蒸气压，p/p_0 为气体的相对压力；R=8.314J·mol^{-1}·k^{-1}；T 为绝对温度。

根据实验数据用 $\frac{p/p_0}{V(1-p/p_0)}$ 对 p/p_0 作图，若得直线，说明该吸附规律符合 BET 公式，且通过直线斜率和截距可计算出 V_m 和 C 的值。

由实验数据用 MATLAB 拟合 BET 吸附等温曲线，如图 6 与图 7 所示。拟合参数见表 2。

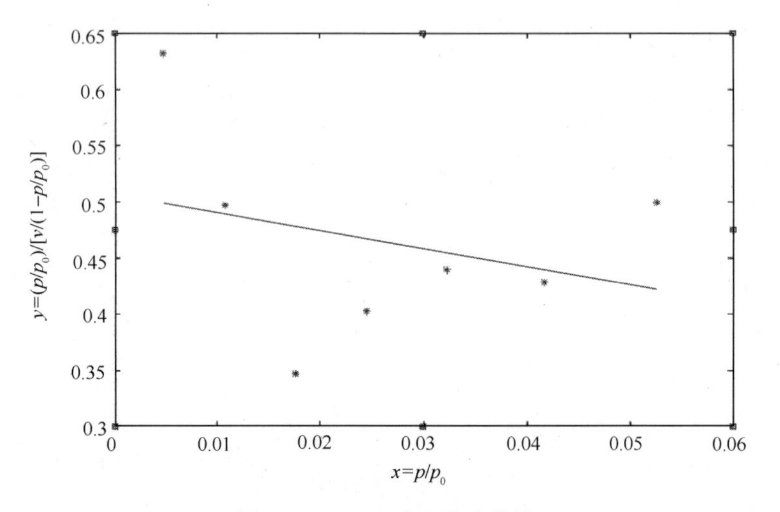

图 6　30℃BET 方程拟合曲线

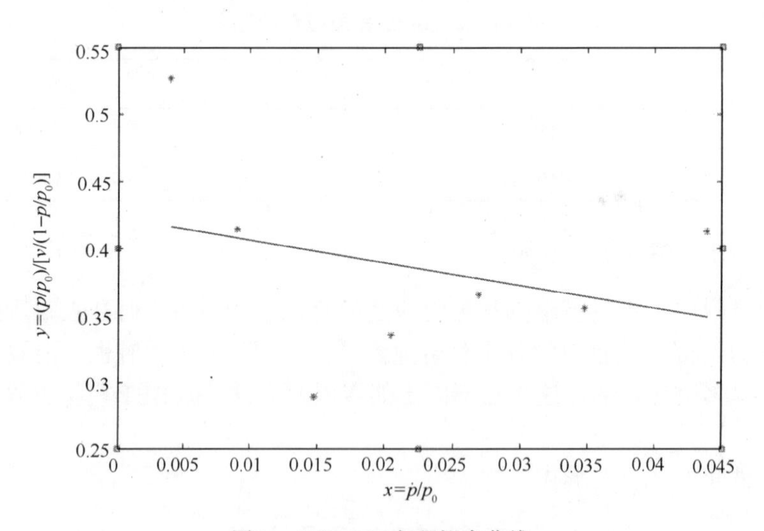

图 7　45℃BET 方程拟合曲线

表 2　BET 模型拟合参数值

样品	拟合 C	拟合 V_m	拟合度 R^2
30℃	−2.12	−0.92	0.08901
45℃	−2.98	−0.80	0.09841

从拟合结果来看，BET拟合的拟合度很低，基本不可以用来描述低温条件下页岩等温吸附的过程。说明低温条件下页岩的等温吸附是单分子层的。

2.2.3 Freundlich 等温吸附方程拟合

拟合结果见图8、图9。

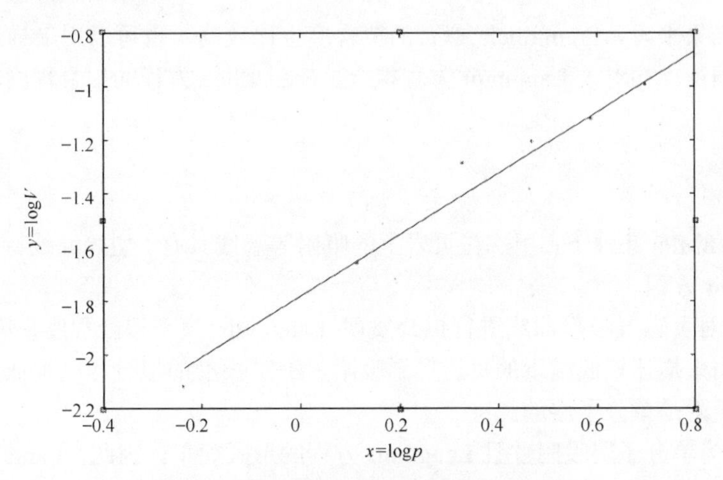

图8 30℃Freundlich等温吸附拟合曲线

拟合曲线如图9所示。Freundlich等温吸附方程最初为经验吸附方程，考虑了固体表面的不均一性质，后来证实该方程可以通过热力学的方法推导出来。Freundlich等温吸附方程描述了多层吸附的特点：

$$V = ap^b \tag{8}$$

式中，a 为Freundlich系数；b 为Freundlich指数。

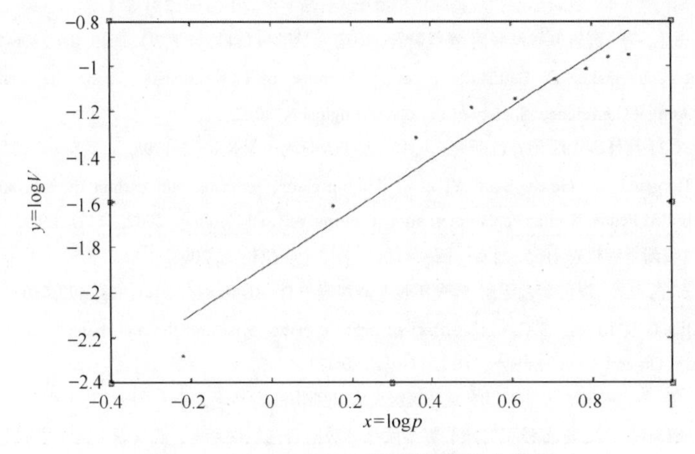

图9 45℃Freundlich等温吸附拟合曲线

根据实验数据用lg$V$对lg$p$作图，观察是否为一条直线。由实验数据用MATLAB拟合Freundlich吸附等温曲线，拟合参数见表3。

表 3 Freundlich 模型拟合参数值

样品	拟合 a	拟合 b	拟合度 R^2
30℃	0.4778	–4.1	0.9729
45℃	1.146	–4.31	0.9468

从拟合结果来看，Freundlich 拟合的拟合度也比较高，也可以用来描述页岩等温吸附的过程，但是，相对于 Langmuir 方程拟合，Freundlich 方程的拟合程度较低。

3 结论

(1) 在 0~8MPa 条件下，甲烷在页岩上的吸附等温线具有 I 型等温线特征，吸附模型符合 Langmuir 方程。

(2) 通过对页岩气吸附曲线进行拟合发现 Langmuir 模型拟合程度最高，Freundlich 模型也可以用来描述较低温下的页岩等温吸附，BET 模型的拟合程度很低，说明较低温度下的页岩吸附是单分子层的。

(3) 页岩为单分子层吸附并且 Langmuir 方程的形式简单，因此，Langmuir 方程更适于描述页岩气的吸附过程。

参 考 文 献

[1] 李建忠, 董大忠, 陈更生, 等. 中国页岩气资源前景与战略地位. 天然气工业, 2009, 05: 11-16，134.

[2] 张金川, 徐波, 聂海宽, 等. 中国页岩气资源勘探潜力. 天然气工业, 2008, 28(6): 136-140.

[3] 戴春雷, 付晓飞, 陈哲. 浅析松辽盆地北部青山口组页岩气资源潜力. 科学技术与工程, 2012, 12(17): 4134-4140.

[4] 张抗, 谭云冬. 世界页岩气资源潜力和开采现状及中国页岩气发展前景. 当代石油石化, 2009, 17(3): 9-12.

[5] 杨峰, 宁正福, 张世栋, 等. 基于氮气吸附实验的页岩孔隙结构表征. 天然气工业, 2013, 33(4): 135-140.

[6] 杨峰, 宁正福, 胡昌蓬, 等. 页岩储层微观孔隙结构特征. 石油学报, 2013, 02: 301-311.

[7] 郭为, 熊伟, 高树生, 等. 页岩气等温吸附/解吸特征. 中南大学学报(自然科学版), 2013, 07: 2836-2840.

[8] Khosrokhavar R, Schoemaker C, Battistutta E, et al. Sorption of CO_2 in shales using the manometric set-up. SPE Europec/EAGE Annual Conference. Society of Petroleum Engineers, 2012.

[9] 李明. 甲烷在 AX-21 活性碳上吸附特性研究. 天津：天津大学硕士学位论文, 1998.

[10] Krooss B M, Bergen F V, Gensterblum Y, et al. High-pressure methane and carbon dioxide adsorption on dry and moisture-equilibrated Pennsylvanian coals. International Journal of Coal Geology, 2002, 51(2): 69-92.

[11] 马东民. 煤层气吸附解吸机理研究. 西安：西安科技大学博士学位论文, 2008.

[12] 马东民, 张遂安, 蔺亚兵. 煤的等温吸附-解吸实验及其精确拟合. 煤炭学报, 2011, (3): 477-480.

[13] Zhang T W, Ellis G S, Ruppel S C, et al. Effect of organic-matter type and thermal maturity on methane adsorption in shale-gas systems. Organic Geochemistry, 2012, 47(6): 120-131.

[14] 陈乔, 刘洪, 王森, 等. 重庆地区下志留统龙马溪组页岩基础物性实验研究. 科学技术与工程, 2013, 15: 4148-4152.

[15] 解晨, 郑青榕, 廖海峰, 等. 标定体积对超临界温度气体吸附等温线的影响. 武汉理工大学学报(交通科学与工程版), 2012, 36(1): 158-160.

[16] Langmuir I. The adsorption of gases on plane surfaces of glass, mica and platinum. Journal of the American Chemical Society, 1918, 40(9): 1361-1403.

绥中县海水养殖场地下盐水开采方式分析

闫佰忠[1,2]

（1.河北地质大学水资源与环境学院，石家庄，050031；
2.河北省水资源可持续利用与开发重点实验室，石家庄，050031）

摘要：绥中县蕴含着丰富的地下盐水资源，为盐水养殖的天然场所。本文的研究目的是从绥中县两块场地——张监港地块(西场地)和南山港地块(东场地)中选择较为合适的三文鱼养殖场地，进而根据盐水开采量从常规开采井和辐射井两种开采方式中确定较为合适的地下盐水开采方式。研究结果表明：①两块场地均具有较好的盐水富水条件，根据海洋功能区划的要求，绥中县三文鱼海水养殖场确定为东场地，即南山港地块；②常规开采井方式条件下，需要较多的开采井，单井影响半径较大，并且难以实现方案Ⅲ的需求；③辐射井开采方案条件下，需要考虑填海造地，增加垂向和侧向的补给量，方案Ⅱ和方案Ⅲ均只需布设两眼辐射井，单井影响半径分别为150m和210m；④南山港地块(东场地)靠近海域一侧填海造地布设辐射井进行开采为较好的开采方案。

关键词：地下盐水；开采方式；常规开采井；辐射井；绥中县

Analysis of salt groundwater exploitation patterns for sea farming area in suizhong county

Yan Baizhong[1,2]

（1. School of Water Resources & Environment, Hebei GEO University, Shijiazhuang, 050031；
2. Hebei Province Key Laboratory of Sustained Utilization & Development of Water Resources, Shijiazhuang, 050031）

Abstract：There are abundant salt groundwater resources stored in Suizhong County which is a natural place of salt farming area. The research purpose of this paper is to determine the Salmon farming area between ZhanJiangang and Nanshangang; and determine the suitable mining method from the conventional mining wells and radial wells. The results showed that, Both of the farming area have good rich salt conditions, and

---

作者简介：闫佰忠（1988—），男，河南省新乡人，博士，讲师，主要从事水资源与水环境、地下水方面的研究，E-mail：jluybz@126.com。

the Nanshangang was determined as the Salmon farming area according to the marine function zoning; the way of conventional mining wells was needed more mining wells with the bigger single well influence radius, and was difficult to realize the demand of scheme III; the way of radial wells need to consider landfill which was increase the vertical and lateral recharge. The scheme II and III were just need 2 radial wells with the influence radius of 150 m and 210 m; It was a better mining scheme of setting radial wells considering landfill close to the sea side in Nanshangang.

Key words: salt groundwater; mining way; conventional mining wells; radial wells; Suizhong County

引言

绥中县位于环渤海经济带，海岸线长达 105km，多处滩涂蕴藏着丰富的地下盐水资源，发展工业化盐水养殖有着得天独厚的区位优势，且海水养殖尚有较大的发展潜力。但由于海水养殖等一系列的地下水开采活动导致了地下水位下降、海水入侵等环境问题[1]。如何能够合理利用咸淡水资源，又不加剧海水入侵的程度，或者能够缓解海水入侵恶化的趋势成为现阶段研究的热点问题，其中，地下咸淡水的开采方式是关键的环节。

目前，地下水的开采方式包括多种类型，包括常规管井集中或分散开采和利用廊道、辐射井、渗流井等水平井取水工程开采[2]。与管井相比，非管井集水建筑物在地下水开发利用及水环境修复中的应用日益增多并以其高产、高效、低耗、好管理、供水总体成本相对较低等众多优势，凸现在人们面前，但非管井取水工程结构复杂，建设成本较高，技术不成熟[3~8]。开采方式的选择需要综合考虑多方面的因素，在符合当地水文地质条件的情况下，最终选取的开采方式不仅仅在经济上要合理，技术上可行，能够满足地方现在及未来发展的需求，而且还必须避免因过量开采导致的环境问题及次生灾害[9]。本文研究工作旨在为绥中县拟建三文鱼养殖场区科学选址提供依据，并探讨在场区抽取地下盐水能否引起海水入侵的加剧；采用地下水动力学中影响半径等参数计算方法，对常规井和辐射井两种方式开采地下盐水进行分析和论证，选取养殖场运行后对海水入侵影响较小或减缓海水入侵趋势的开采方式。

1　取水场地概况

三文鱼养殖场拟选地点分别为位于绥中县沿海公路南面的张监港地块(简称西场地)以及位于尚家村沿海公路南面的南山港地块(简称东场地)(图 1)。东场地和西场地均临近大海，地势平缓，松散含水介质厚度在 20m 以上，富水性好且有优越的海水补给条件；松散含水介质中的水量充足且水温及水质适宜三文鱼生长，基本满足三文鱼养殖条件的要求。根据海洋功能区划的要求，东场地南山港地块可实施填海造地；西场地不允许填海造地，只能在海潮带以外陆域建设三文鱼养殖场。

图 1 研究区分布位置图

东场地和西场地两处含水层岩性以中细砂、中粗砂、粗砂为主，间有亚黏土、亚砂土薄层，松散岩类孔隙水主要赋存于第四系各类砂层、卵砾石层中，含水层厚度向海方向逐渐变厚，最厚达 30m，最薄为 10m，平均厚度 20m。第四系孔隙潜水含水层水量较丰富，渗透性较好，单井涌水量 1000~3000m^3/d。东场地和西场地两处 40%的面积为海潮淹没区，受涨落潮影响无相对稳定的地下水位。水温受含水层空间分布影响，局部区域水温变化幅度较大，并呈现出随季节性变化的规律。两块场地地下盐水天然状态下主要以地表海水垂向入渗为主，地下径流滞缓，以潜水蒸发和人工开采为主要排泄方式，地下盐水与淡水交换较缓慢。

2 地下盐水开采方案与对比

根据三文鱼养殖对地下盐水水量、水质和水温的要求，东场地拟定三种不同养殖规模，对应三种开采方案，西场地拟定两种不同的养殖规模，对应两种开采方案(表 1)。这里所指的地下盐水开采量，为养殖场由于采用国际先进养殖技术，在完成首次养殖用水的储备后，利用循环水技术，而开采地下盐水用于补充每日的消耗水量，补水量为总养殖水体的 5%~10%，例如，当养殖规模为 0.1 万 t 时，总养殖水体为 6000 m^3，则日最大取水量为 600 m^3。

根据海洋功能区划的要求，东场地可实施填海造地，西场地不允许填海造地，只能在海潮带以外陆域建设三文鱼养殖场。根据实地调研，东场地拥有较优越的水文条件，可在东场地考虑修建水系连通和景观湿地，实现拦蓄洪水、净化水质和回补地下水以改善和提升三文鱼养殖场周边水景观环境等多种功效。因此，拟选用东场地南山港地块作为养殖场场址。下文对东场地布设常规井与辐射井两种开采方式对于海水入侵的影响进行对比分析。

表 1　不同养殖规模情境下的开采方案

场地	养殖规模/万 t	开采方案	开采量/(m^3/d)
东场地	0.1	Ⅰ	600
	1.0	Ⅱ	6000
	1.5	Ⅲ	9000
西场地	0.1	Ⅰ	600
	1.0	Ⅱ	6000

3　地下盐水开采方式对比分析

3.1　常规开采井方式

根据东场地水文地质条件，确定开采井影响半径时可采用稳定流计算方法。根据抽水试验等综合确定的渗透系数和拟定的养殖规模，采用岸边抽水的裘布依公式[10]计算不同开采方案下的影响半径及确定东场地不同开采规模的单井影响半径。根据裘布依公式(1)，计算单井出水量，具体计算结果见表 2。

$$Q = 1.366K\frac{(2H_0 - S_w)S_w}{\lg\frac{R}{r_w}} \tag{1}$$

式中，R 为影响半径，m；r_w 为抽水井半径，m；K 为渗透系数，m/d；H_0 为有效含水层厚度，m；S_w 为抽水孔水位降深值，m；Q 为出水量，m^3/d。

表 2　东场地不同开采方案下单井影响半径计算结果

开采方案	开采量/(m^3/d)	井数/眼	单井出水量/(m^3/d)	渗透系数/(m/d)	含水层厚度/m	井半径/m	降深/m	单井影响半径/m
Ⅰ	600	1	600	25	20	0.1	1	16.59
Ⅱ	6000	6	1000	25	20	0.1	2	39.39
		4	1500	25	20	0.1	3.5	80.99
Ⅲ	9000	5	1800	25	20	0.1	5	97.30

注：表中各项水文地质参数由地矿部葫芦岛工程勘察院在绥中县现代渔业园区开展的抽水试验成果及参考《水文地质手册》综合确定，下同。

由表 2 可知，方案Ⅰ需水量很小，只需一眼开采井即可满足。方案Ⅱ单井最大影响半径为 80.99m，开采所需井的数量为 4 眼，不会对区域地下水补给-排泄平衡关系产生不利的影响。当开采量增加时，开采井的数量也相应增加，单井影响半径也由原来的 39.39m 增加至 80.99m。开采方案Ⅲ，若采用常规开采井，由于受项目区场地范围的限制，开采井布置将过于密集，可能造成各开采井之间相互干扰，导致各井出水量减少且形成较大的开采漏斗，对区域地下水补-径-排关系可能产生不利的影响。此外，在沿海陆域一侧布井确保单井出水量达到 1800m^3/d 也具有一定的困难。

3.2 辐射井方式

辐射井的水平集水管呈辐射状分布，辐射井的渗流运动与常规井完全不同。根据辐射井取水时含水层的释水补给方式，辐射状的集水过程大致可分为两个阶段：第一阶段以上部释水为主，抽水初期，在集水管控制范围内的含水层中的水，在水头差的作用下，从上到下，再由两侧进入集水管；第二阶段以侧向补给为主。降落漏斗形成以后，水量主要来自集水管控制范围外的含水层。水从四周流向中心，再由各个方向汇入集水管。因此，辐射井的渗流运动是典型的多孔介质中的三维运动。其计算方法见公式(2)[11]。

$$Q = 1.366K\frac{S_0(2H - S_0)}{\lg\frac{R}{r_f}} \tag{2}$$

式中，Q 为辐射井出水量，m^3/d；K 为渗透系数，m/d；S_0 为水位降深，m；H 为含水层厚度，m；R 为辐射井影响半径，m，计算公式 $R = 10S_0\sqrt{K} + L$；r_f 为等效大口井半径，m，当水平辐射管等长度时，$r_f = 0.25^{\frac{1}{n}}L$，当水平辐射管不等长度时，$r_f = \frac{2\sum L}{3n}$；$n$ 为水平辐射管根数；L 为单根水平辐射管长度，m[12]。

根据场地实际条件，可采用两层辐射管，每层 8 根，选用“等效大口井法”经验公式[13~15]进行计算，经计算辐射井的等效井径为 9.17m。根据辐射井潜水完整井公式(2)，可确定辐射井在不同开采量条件下的影响半径(表 3)。

表 3 东场地不同方案下辐射井出水量及影响半径计算结果

开采方案	开采总量/(m^3/d)	井数/眼	单井出水量/(m^3/d)	渗透系数/(m/d)	含水层厚度/m	等效井径/m	降深/m	单井影响半径/m
II	6000	3	2000	25	20	9.17	3	150
II	6000	2	3000	25	20	9.17	4.2	210
III	9000	3	3000	25	20	9.17	4.2	210

由表 3 可知，辐射井单井出水量为 3000 m^3/d 时，单井影响半径为 210m，当开采总量为 6000m^3/d 时，需布两眼辐射井；当开采总量为 9000m^3/d 时，需布设三眼辐射井。而东场地在有限的养殖场陆域内难以满足该布井要求，因此，考虑可以填海造地，在临海一侧向海延伸布设辐射井，使得海水可从垂向和侧向两种途径补给含水层，以有效增加辐射井出水量。根据同类区域辐射井开采的实践经验，参考《水文地质手册》等技术资料，结合东场地海域含水层透水性较好和垂向补给的特点，在海域含水层处辐射井单井出水量能比在沿海滩涂处的出水量大 1.5~2 倍。按沿海滩涂处辐射井单井出水量的 1.5 倍计算，具体计算结果见表 4。

表 4　考虑垂向补给的辐射井影响半径计算结果

方案	开采总量 /(m^3/d)	井数 /眼	单井出水量 /(m^3/d)	单井影响半径 /m
II	6000	2	3000	150
III	9000	2	4500	210

由表 4 可知，在考虑了垂向补给后，当开采总量为 6000 m^3/d、单井出水量为 3000 m^3/d 时(陆域含水层辐射井单井出水量为 2000m^3/d 的 1.5 倍)，单井影响半径为 150m；当开采总量为 9000 m^3/d 时、单井出水量为 4500 m^3/d 时(陆域含水层辐射井单井出水量为 3000m^3/d 的 1.5 倍)，单井影响半径为 210 m。以上两种情况均只需布设两眼辐射井即可满足要求。

3.3　对比分析

(1) 地下盐水开采量保证。根据以上计算结果，应用常规井开采，随着开采量逐渐增大，所需井的数量增多，则影响半径增大，开采井布置趋于密集，可能造成各开采井之间相互干扰，导致各井出水量减少而无法保证生产供水；应用辐射井开采，实行填海造地后，在临海一侧向海延伸布设辐射井，使得海水可从垂向和侧向两种途径补给含水层，以有效增加辐射井出水量，且在海域含水层处辐射井单井出水量能比在沿海滩涂处的出水量大 1.5~2 倍，能够有效保障养殖场由于养殖规模的扩大对地下盐水量的需求。

(2) 运行维护。由于辐射井基本没有水跃值产生，减小了水泵扬程，也就减少了耗电量，辐射井单位出水量的管理费用较管井低得多。另外，辐射井机电设备比较集中，减少了田间电力网的布设，既减少了电力投资，又减少管理费用，便于管理维护。

(3) 对海水入侵趋势的影响。应用常规井开采，布井密集时易形成开采漏斗，对区域地下水补—径—排关系可能产生不利的影响，从而引起海水入侵程度的加剧；辐射井可以有效地减少抽水引起的浓度升锥，从而减缓海水入侵。

(4) 东场地靠近海域一侧填海造地开采为较好方案，宜在海域含水层布设两眼辐射井，依据养殖场养殖规模确定地下盐水开采量，从而确定单井出水量为 3000m^3/d 或 4500 m^3/d。

4　结论

(1) 根据海洋功能区划的要求，绥中县三文鱼海水养殖场确定为东场地，即南山港地块。

(2) 常规开采井方式条件下，方案 I 只需一眼开采井即可满足；方案 II 需要 4 眼开采井才能满足，并且单井最大影响半径达到 80.99m；方案 III 在采用常规开采井的条件下，难以达到需水要求。

(3) 在辐射井开采方案条件下，方案 II 需要布设两眼井；方案 III 需要布设 3 眼井，则东场地需要考虑填海造地，在临海一侧向海延伸布设辐射井，使得海水可从垂向和侧向两种途径补给含水层，以有效增加辐射井出水量。在考虑了垂向补给后，方案 II 和方案 III 均只需布设两眼辐射井，单井影响半径分别为 150m 和 210m。

(4) 东场地靠近海域一侧填海造地布设辐射井进行开采为较好的开采方案，且在海域范围内布设两眼辐射井即可满足需水要求。

参考文献

[1] 刘立杰.绥中县海水入侵的成因及治理和防治. 商品与质量，2010，(42X)：50-51.

[2] 周训，屈晓荣，姚锦梅，等.华北某地下手水源地开采井优化开采方案.勘察科学技术，2007，3：46-49.

[3] 丁天生，陈枭萌，徐嘉璐.张家川水源地不同取水方式对比分析.水资源与水工程学报，2013，24(4)：41-44.

[4] 李玉秋，林沫，杜晓天，等.乾安县地下水开采井布局及井距.东北水利水电，2010，3：29-31.

[5] 张治晖，李来祥，尹红莲.利用辐射井技术开发黄河滩地浅层地下水的研究.中国农村水利水电，2002，3：12-14.

[6] 成建梅，黄丹红，胡进武.海水入侵模拟理论与方法研究进展.水资源保护，2004，2：3-8.

[7] 尹泽生，林文盘，杨小军.海水入侵现状与问题.地理研究，1991，10(3)：78-86.

[8] 王玉广，刘娟，张永华，等.辽东湾西部滨海地区海水入侵研究.海洋工程，2010，2(28)：83-92.

[9] 陈鹏，王玮，刘基，等.南河底水源地取水方式选取对比分析.中国农村水利水电，2011，5：11-14.

[10] 薛禹群.地下水动力学.北京：地质出版社，1997.

[11] 周维博，何武全.辐射井定流量抽水时非稳定流计算.水利学报，1997，2：79-83.

[12] 周梅竹，李晓，张旭，等.天然河床反向渗滤取水水量计算方法研究.地下水，2015，37(1)：27-29.

[13] 李绅，董新光，吴彬，等.冲洪积平原渗流和管流耦合的辐射井结构.水科学进展，2012，23(5)：680-686.

[14] 张治晖，赵华，徐景东，等.辐射井在银北灌区开发浅层地下水中的应用.中国农村水利水电，2004，(3)：49-51.

[15] 薛宏智，周维博. 辐射井非稳定流抽水试验水文地质参数反解法.灌溉排水学报，2014，33(4)：399-403.

辽宁普兰店安波温泉地热地质特征与成因模式

燕良东[1,2] 宋庆春[3] 谢文然[4]

（1.河北地质大学，石家庄, 050031；2.河北省水资源可持续利用与开发重点实验室，石家庄, 050031；3.辽宁省水文地质工程地质勘察院，大连, 116037；4. 辽宁省地质环境监测总站, 沈阳, 110032）

摘要：安波温泉位于辽宁省普兰店市，地下热水露头出露于砂砾层中，水温 60~73℃，地下水化学类型为 HCO_3·Cl-Na 型。安波温泉处于金州大断裂附近，深部为地幔隆起带。深大断裂沟通了地幔，导致地幔物质上涌，构成了热量来源。大气降水沿断裂破碎带渗入地下，对深层地下水进行补给。

关键词：安波温泉；断裂；地幔

The characteristic of geothermal geological and genesis model of Anbo thermal spring in Pulandian,liaoning

Yan Liangdong[1,2] Song Qingchun[3] Xie Wenran[4]

（1.Hebei GEO University，Shijiazhuang,050031；2.Hebei Province Key Laboratory of Sustained Utilization & Development of Water Resoures，Shijiazhuang,050031；3. Liaoning province hydrology geology engineering geology survey Institute，Dalian,116037；4. Liaoning geological environment monitoring station，Shenyang,110032）

Abstract：The Anbo hot spring is located in Pulandian City, Liaoning province. The underground hot water outcrop is exposed to the gravel layer, Water temperature 60~73℃, chemical types of groundwater is HCO_3·Cl-Na. The Anbo hot spring is located near the Jinzhou large fault, Deep mantle uplift. Deep fracture communication mantle, Upwelling of the mantle material, Constitute the source of heat. Meteoric water infiltration into the ground along the fault zone, Recharge deep groundwater.

Key words：Anbo hot spring；geological fault lines；mantle

基金项目：本论文由河北省科技支撑项目“含水层储能系统关键技术研究(13274520)”及石家庄经济学院博士基金联合资助。

引言

安波温泉位于辽宁省普兰店市安波镇，鸡冠山西麓，为“AAA”级自然风景区。温泉最高水温可达 73℃，日供水量超过 1000t。自 20 世纪 70 年代以来，地质部门曾多次对安波温泉进行地热地质普查工作，对该温泉的成热机制进行了研究。本文在系统总结地质背景与构造特征、地温场特征、地热水赋存等基础上，分析地热成因模式，为该区地热资源的合理开发及远景规划提供依据。

1 区域地质背景

安波温泉处于辽东半岛千山山脉西南延伸部分，为构造剥蚀低山丘陵区，地势总体西高东低，中间为近南北向分布的山间河谷、坡麓台地等。区内低山丘陵标高一般在 200~450m，基岩直接裸露，多呈圆顶或尖顶状。山间谷地的标高一般为 140~170m，地热揭露点即位于山间河谷中。

大地构造位置隶属于中朝准地台胶辽台隆内的复州台陷，Ⅳ级构造单元处于永宁凹陷的中部，区内构造形态复杂，具有二元结构特征。以新华夏系断裂构造尤为发育，主要发育有 NNE 向和 EW 向两组断裂带，断裂性质为压扭性和张扭性。其生成序次为先 NE、NNE 后 EW，先张扭后压扭，复杂多元的构造条件控制了本区的地热发育规律及其展布状态。主要构造见图 1。

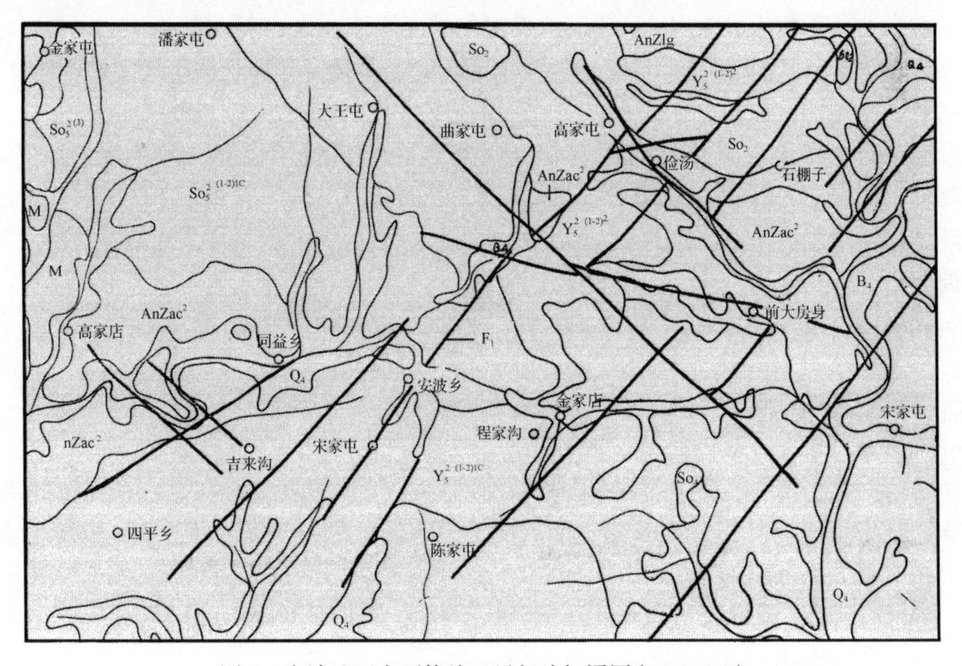

图 1 安波地区主要构造卫星相片解译图(1：20000)

2　地热显示与水文地球化学特征

安波地下热水露头出露于砂砾层中，呈北北东向线状分布，目前最大天然流量1.83L/s。地热异常范围长轴呈 NE30°方向延伸，长 500~1000m，轴宽 50~80m，深200~500m。钻探揭露断裂破碎带宽 53.0~80.0m，由于钻孔孔位与断层面距离不同，而分别在 57.77~111.97m 和 152.05~205.04m 孔段出现，在地热异常中心断裂破碎带上穿过第四系见基岩即自流热水，自流水头高 1.66m，水温 60~73℃，自流量 1.82~3.62L/s（157~322m^3/d）。地下水化学类型为重碳酸氯化物钠型，pH 为 8.35~8.45，矿化度0.37~0.39g/L，为弱碱性的淡水。本次地面调查时的抽水试验显示，当降深 20.80m 时，涌水量 1344m^3/d，水温 66~71℃。

安波浅层地下热水与深层地下热水的水化学类型有所不同。浅层地下热水的水化学类型在沿安波河延伸的主干断裂F_1附近为HCO_3·SO_4-Ca·Na 型，在宋家屯一带为HCO_3-Ca和HCO_3-Ca·Mg 型，在张家屯、孤山子一带为HCO_3·Cl-Ca·Na 和HCO_3·Cl-Ca·Mg 型，在庙沟附近为 Cl-Ca 型。阳离子以Ca^{2+}为主，含量在 24.0~105.9mg/L，最高为 105.9 mg/L；阴离子按区域不同具有分带性，TDS 为 173.9~570.4mg/L，pH 为 6.37~7.38，为中性低矿化淡水。

深层地下热水水化学类型为 HCO_3·SO_4-Na 型，阳离子以 Na^+ 为主，含量为112.12~117.33mg/L，阴离子以 HCO_3^-为主，含量为 124.75~177.42mg/L，TDS 含量为458.01~486.23mg/L，pH 为 8.05~8.93，为弱碱性低矿化淡水。

在安波地下热水异常区内，浅层地下水中的可溶性SiO_2含量一般为 10.4~33.6mg/L，最高为 33.6mg/L。而深层地下热水中的可溶性SiO_2含量明显高于浅层地下水中的含量，为 91.55~109.84mg/L。在平面上，则分别在安波镇、宋家屯、福庆堂最高值分别为122.6mg/L、33.6mg/L 和 33.2mg/L 的高SiO_2含量区，与浅层测温成果中的地热异常中心相吻合。地下热水中 F^- 的含量特征以深层地下热水最为明显，含量为 10.70~13.04mg/L，远超过《饮用天然矿泉水》和《生活饮用水卫生标准》中的氟化物允许浓度标准，具有典型的热水含量特征。此外，深层原生地下热水中还含有多种人体必需的微量元素，如TFe、Mn^{2+}、Li^+、Br^-、I^-、Ba^{2+}、Se、Cu^{2+}、Zn^{2+}、B 等均可检出。

3　地温场特征

平面上地热异常区由主要分布在安波河河谷和一级阶地范围内的两条走向近北东向纺锤状条带组成，一条为安波镇—邵屯地热异常区，长 3300m，宽 150~500m，面积0.77km^2，沿区内的主要断裂北口—安波—汪洋沟断裂带(F_1)两侧展布；另一条为杨家屯—沙家沟地热异常区，长 3000m，宽 100~500m，面积 0.35km^2，沿石庙子—分水岭断裂带(F_2)两侧展布。

据探采结合孔(AR_k1)测温资料，安波地热异常区基岩地下水温度的特点是上部水温较低，下部水温较高，完整基岩孔段水温较低，断裂破碎带孔段水温较高，主要导热导

水层段水温较高，其他层段水温较低。该井测温结果见图 2。

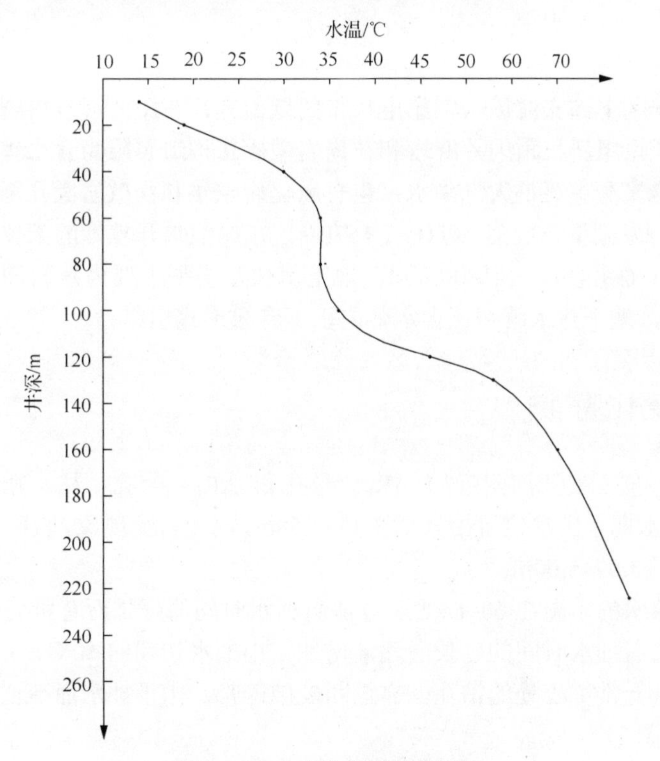

图 2　AR_k1 地热井测温曲线图

4　水赋存与热储结构特征

4.1　第四纪松散岩类孔隙水

主要分布于安波河和杨屯河山间河谷和一级阶地部位，埋藏在全新统和上更新统坡洪积、冲洪积地层当中，含水层不稳定，厚度薄，富水性差，埋藏浅，含水层岩性为中细砂、中粗砂、砂砾碎石等，表现为孔隙潜水和上层滞水形式，其补给来源以大气降水的垂向入渗为主，同时也受季节性河流的侧向补给以及基岩裂隙水的补给。地下水动态受季节影响明显，水量较贫乏，单井涌水量 10~100m^3/d。矿化度 0.161~0.785g/L。

4.2　风化带裂隙水

主要分布在西部、南部低山丘陵区，占工作区面积的 70%左右。以侵入的花岗岩、闪长岩和变质的黑云角闪斜长片麻岩、斜长角闪片麻岩的风化裂隙为含水层，上覆厚 1.0~4.9m 的风化残积砂碎石混土，个别地段为黄土状亚黏土，属网状裂隙潜水。受低山丘陵地形影响，具有坡度陡、切割深、径流短、风化浅、易排泄的特点。风化壳厚度小于 10m，表现为以潜水为主，主要补给来源是大气降水，地下水的动态变化受季节影响。地下水位埋深为 0.65~3.10m，富水性较弱，水量极贫乏，泉流量一般在 0.018~0.08L/s

之间，最大流量为 0.102L/s。矿化度 0.162~0.209g/L。

4.3 构造裂隙水

分布在工作区中部安波镇、王家屯一带的低山区，在山间河谷内隐伏于第四系松散层之下。以城子坦组斜长角闪片麻岩和花岗岩破碎带构造裂隙为含水体，属带状裂隙承压水类型。补给来源主要是大气降水，也有风化裂隙水和松散岩类孔隙水侧向补给。水量相对较充足，泉流量一般为 0.116~1.157L/s。在局部张开较好的部位及不同方向断裂交汇部位，单井涌水量可达 1800m^3/d。地下水化学类型主要为重碳酸钙钠型，矿化度 0.458~0.784g/L，地下热水就在该含水体内以上升泉形式出露。

5 水动态变化特征

本次实测，位于安波河附近的 AR$_k$1 号孔和 AR$_k$3 号孔，枯水期承压水位埋深为 7.20~8.25m，丰水期承压水位可抬升至 3.45~4.58m，已无自流现象，表明地下水位与 1972 年相比，下降了 3.07~5.00m。

安波地下热水的水温在 60~66℃，并随着抽水时间的延长而有所变化。其中，AR$_k$1 号孔孔内水温随着抽水时间的延长而逐渐增加，由抽水初期的 60℃，最终稳定于 66℃，分析认为，位于异常中心处的钻孔，靠近断裂破碎带，由于抽水而疏通了导水通道，使水温逐渐升高(图 2)。

安波地下热水的涌水量，尤其是位于 F$_1$ 主干断裂破碎带附近的地下热水，由于导水通道的影响，枯丰水期水量变化较大。在丰水期，当降深为 20.80m 时，涌水量为 1920m^3/d，单位涌水量为 92.31m^3/(d·m)；在枯水期，水量则明显减小，当降深为 24.50m 时，涌水量为 1670 m^3/d，单位涌水量为 68.16m^3/(d·m)，表明受大气降水影响的典型特征。

6 成因模式浅析

6.1 热源

根据已有地质资料，安波地热区出露的侵入岩为燕山早期(晚侏罗世)花岗岩($\gamma_5^{2(3)}$)距今约一亿六千万年，经历了漫长的地质历史时期，其余热早已散失殆尽，对本区地温场几无影响。因此，本区热源应来自于地幔和深部地壳，经深大断裂切割而沟通，大气降水在沿断裂破碎带深循环的过程中被逐步加热，受地层压力而涌出地表。前人在研究辽东半岛的 He 同位素分布时发现，有少量地幔 He(约 9%)抵达地表。^{3}He/^{4}He 在空间上呈现规律性的分布，即以海城西荒地为中心向四周 ^{3}He/^{4}He 减小，这与大地热流的等值分布是一致的。地球表面所观察到的热流实际上由两部分组成：放射性生热和地壳深部及上地幔的深部热流。人工地震的探测结果表明，在鞍山—营口地区分布有一条北东向的地幔隆起带，地壳的厚度仅 30km。地幔软流圈上拱以及局部熔融的地幔物质沿深大断裂侵入地壳，可将深部热源直接带到地壳浅部而造成地表的热量异常。

6.2 导热通道

区内发育的主要导热导水构造是走向 NNE 的压扭性断裂，即 F_1 断裂，由于该断裂切割地层较深，延伸较长，而成为控制热水的主要通路，尤其在与走向近 EW 的 F_3 断裂交汇部位，因应力集中，岩石破碎，从而形成了良好的地下热水的储存空间和运移通道，为地下热水的运移创造了条件。地下热水即通过断裂破碎带向深部热水体补给和径流，并在两条断裂的交汇处溢出地表。

6.3 补径排

地下热水的主要补给来源是大气降水入渗补给，按 90%保证率计算，大气降水对地下热水的补给量约 6083.33m^3/d，河流渗漏和地下水侧向径流的补给量约 3391m^3/d。大气降水入渗补给第四系含水层，接受基岩表层热水和深层原生地下热水的顶托补给混合加热后，向导热导水构造集中，形成地下热水的强径流。二者的区别在于第四系含水层接受地表分水岭范围内的大气降水补给，而深层原生地下热水接受深部分水岭范围内的大气降水补给，补给途径较远，径流途径较长。

区内发育的 F_1 断裂和 F_3 断裂是控制全区储热空间和导水通道，其作用是富集区域弱径流的热水，形成地下热水的强径流带，即断裂带内的水平流和在压力顶托下的向上径流，加热第四系孔隙水，沿河谷等深切割部位出露。

6.4 成因模式

总之，安波地下热水的成热模式为大气降水通过构造裂隙和风化裂隙垂直进入地下，沿孔隙和裂隙下渗进行深循环，在深部加热后形成地热水体，并使深层原生地下热水具有了承压性。加热后的地下热水在高温高压下，向压力较小的地表循环，并经导热导水通道(F_1 断裂和 F_3 断裂切割形成的破碎带)上升至地表，经钻孔揭露形成热水井(图 3)。

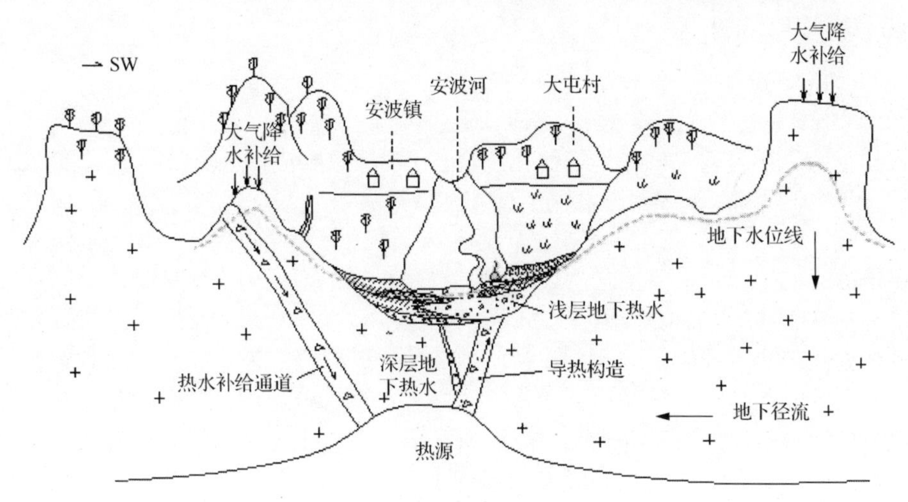

图 3 安波地热成热模式示意图

7　结语

安波地热资源属于断裂岩浆岩型低温地热田。地热异常区由安波河河谷和一级阶地范围内的两处走向近北东向纺缍状形条带组成，安波地热田主要导热导水构造是一条走向 NNE 的压扭性断裂，即 F_1 断裂，在安波镇附近切割了近 EW 向的 F_3 断裂，在断裂破碎带与影响带部位，因应力集中，岩石破碎，从而形成了良好的地下热水的储存空间和运移通道。

参 考 文 献

[1]　辽宁省水文地质工程地质勘察院．辽宁省普兰店市安波地热资源普查报告，2010.

[2]　宋庆春．熊岳温泉地下热水储热体分布规律研究.长江大学学报(自科版)，2013，10(14)：34-35.

[3]　张戈，崔亚力，杨绍南，等．辽宁省地下热水分布特征.勘察科学技术，2004，(2)：40-43.

[4]　周少卿，徐恒力，陈绪钰，等．基于构造分析的辽宁汤岗子地热系统概念模型研究.地下水，2010，32(3)：24-27.

[5]　Xu S, Zheng G D, Wang X B, et al．Helium and carbon isotope variations in Liaodong Peninsula, NE China. Asian Earth Sciences, 2014, 90: 149–156.

[6]　任建国，王先彬，陈践发，等．辽东半岛的幔源 He 渗漏．科学通报，43(8)：862-865.

[7]　程先锋，徐世光，张世涛．云南省安宁温泉地热地质特征及成因模式．水文地质工程地质，2008(5)：124-128.

[8]　钟以章，肖秀清．辽东半岛温泉与地震活动空间分布关系讨论．地震地质，1990，12(4)：344-350.

受限空间中页岩气的赋存状态及储量预测

张　翔　胡　箫　宋付权

（浙江海洋大学石化与能源工程学院，舟山，316022）

摘要：由于页岩气开发具有资源潜力大、开采寿命长和生产周期长等优点，已成为当前能源研究的热点和突破口。根据页岩气的成藏机理、成藏过程的研究，页岩气以吸附气、溶解气两种方式赋存于页岩层系中。基于页岩气在地储层的赋存状态，传统的页岩气储量估算方法是将页岩气分为两部分，即游离气和吸附气。游离气主要存在于泥页岩微孔隙与微裂缝中，其含气量可以通过现场解析和体积法计算得出游离气量。吸附气主要赋存于有机质和黏土矿物表面，通过研究页岩气储层有机碳含量、黏土矿物含量对吸附能力的影响，计算未进行等温吸附模拟实验的样品的吸附气量。物理学认为，在纳米尺度下，由于毛细凝聚现象的存在，使得甲烷气体在页岩孔隙中以吸附气、凝聚气和游离气状态存在。本文基于毛细凝聚理论，计算了甲烷气体在页岩中处于毛细凝聚态的饱和度，基于页岩孔径分布占比，计算总的处于毛细凝聚态的甲烷气体饱和度。最后给出考虑毛细凝聚现象的页岩气储量预测方法和公式。

关键词：毛细凝聚；凝聚态；储量估算

Occurrence state and reserves prediction of shale gas in confined spaces

Zhang Xiang　Hu Xiao　Song Fuquan

(Zhejiang Ocean University, School of petrochemical and energy engineering, Zhoushan, 316022)

Abstract: Since the development of shale gas resources has great potential, long mine life and long production cycles, etc., it has become a hot spot and a breakthrough energy research. According to the mechanism of shale gas accumulation, the accumulation process of research, shale gas is adsorbed gas, dissolved gas occurs in two ways shale system. Based on existing state shale gas reservoir in the ground, the traditional method of estimating shale gas reserves of shale gas is divided into two parts, namely free gas and adsorbed gas. Free gas

---

基金项目：本文得到国家自然基金（11472246），国家973重大基础研究项目（2013CB228002）的资助。

作者简介：宋付权，1970年生，教授，博士，主要研究微流动和低渗透多孔介质中的渗流，songfuquan@zjou.edu.cn。

is mainly present in the shale micro pores and micro-cracks, which can be on-site gas content analytic method and the calculated volume of free gas. Adsorbed gas is accumulated in organic matter and clay mineral surfaces, through the study of shale gas reservoirs of organic carbon content, clay mineral content influence on the adsorption capacity, calculate the non-adsorbed gas adsorption isotherm simulation experiment samples were. Physics that, in the nano, due to the presence of capillary condensation phenomena, such methane gas in shale gas adsorption pores, condensed gas and free gas state. Based on the theory of capillary condensation, we calculate the saturation of methane gas in the capillary condensed matter in the shale, the shale pore size distribution based accounting, calculating the total methane gas saturation in the capillary condensed state. Finally, consider the phenomenon of capillary condensation shale gas reserves forecasting methods and formulas.

Key words：capillary condensation；condensed state；reserve estimation

引言

根据 ARI 公司及英国石油公司的统计数据显示，几乎全球各地都存在页岩气资源[1]，全世界页岩气资源总量约 $456\times10^{12}m^3$，我国储量最为丰富。美国和加拿大已经对页岩气的进行大规模的勘探开发，特别是美国，目前页岩气开采的年产量超过 3000 亿 m^3 [2]，占全美天然气总量的 1/3。

我国页岩气主要分布在华北—东北地区、南部地区、西北地区和青藏地区等四大地区[3]。资料显示，中国南方海相页岩地层是页岩气的主要富集区。我国的许多盆地均存在多套古生界海相、湖相页岩和中、新生界陆相页岩，具有页岩气的成藏条件。据中国地质调查局油气资源调查，2015 年全国页岩气产量 44.71 亿 m^3，同比增长 258.5%。目前我国形成涪陵、长宁—威远、延长、昭通四大页岩气产区，成为继美国、加拿大之后的第三个实现页岩气商业性开发的国家。

页岩气的勘探开发虽然经历了一百多年，但对页岩气的深入研究直到 2000 年后才开始广泛引起关注。"页岩气"概念首次由科罗拉多矿业学院的 Curtis[4]教授提出，他认为页岩气在本质上就是连续生成的生物化学成因气、热成因气或两者的混合，它具有普遍的地层饱含气性、隐蔽聚集机理、多种岩性封闭以及相对短的运移距离，它可以在天然裂缝和孔隙中以游离形式存在，在干酪根和黏土颗粒表面以吸附状态存在。近几年，"页岩气"概念被广泛引入国内。张金川等[5]认为，页岩气是指主体位于暗色泥页岩或高碳泥页岩中以吸附或游离状态为主要存在方式的天然气聚集。其他学者也对美国页岩气研究以及成功的勘探经验进行了介绍和总结[6]。

物理学研究发现，在纳米尺度下由于毛细凝聚现象的存在，使得甲烷气体在页岩孔隙中的赋存状态更加复杂，即吸附气、凝聚气和游离气。基于毛细凝聚理论，计算了甲烷气体在页岩中处于毛细凝聚态的饱和度，最后给出考虑毛细凝聚现象的页岩气储量预测方法和公式，使得页岩气储量预测更加精确，减少与实际产量的误差，制定合理的开发方案，提高页岩气的开采效率。

1　页岩气赋存状态和储量计算的传统理论

页岩气是指主体位于暗色泥页岩或高碳泥页岩中以吸附或游离状态为主要存在方式的天然气聚集[7]。页岩气藏与常规天然气藏有很大的区别，孔隙分布也是其中差距之一，页岩气藏的沉积岩石中纳米级孔隙的数量较多，孔隙直径变化在从几纳米到几微米之间，孔隙度在4%-6%之间变化[8]。

1.1　页岩气的赋存状态

页岩气藏中气体赋存形式与煤层气相似，以大孔隙和微裂缝中的自由压缩气和黏土矿物颗粒、有机质及微孔隙表面上的吸附气为主[9]。在不同区域或不同地史时期的页岩中，气体赋存形式有所变化，从理论上讲，页岩气最先以吸附态存在，当储层的温度压力条件达到某一界限范围时，游离态气体开始出现，充填在连通的页岩微空隙中。在地层条件下，页岩气藏中的不同相态气体的含量是变化的，受多个因素的影响[1]。

页岩中气体的流动过程是一个多流动机制相结合的复杂过程，从基质微孔隙、微裂缝中运移到气井井筒过程中包含了吸附气解吸、气体扩散和气体渗流三种流动形式，涵盖了微观尺度到宏观尺度的流动过程，整个过程中不同流动形式相互结合、相互影响[10]。对整个气体流动过程的描述如下：当页岩储层钻开后，井底附近裂缝中的气体在压力的作用下流入井筒；裂缝中的气体减少，在基质岩块与裂缝之间会形成气体浓度差，使得基质中的高浓度气体运移到裂缝中；气体流出过程中，储层压力减小，基质微孔隙及岩石矿物表面的吸附气发生解吸[11]。

1.2　页岩气储量计算的传统理论

国内外学者普遍认为页岩气以吸附气、游离气两种方式赋存于页岩层系中。基于页岩气在地储层的赋存状态，在估算页岩气储量时只考虑这两种状态下的气体总量，并且为了方便研究，将页岩气视为纯甲烷。

胡明毅等[12]分别计算两种不同状态的页岩气量，认为游离气主要存在于泥页岩微孔隙与微裂缝中，其含气量可以通过现场解析和体积法计算得出游离气量。体积法计算游离气量是最常用的方法，单位质量泥页岩游离含气量 q_f 计算公式：

$$q_f = \Phi_g \cdot S_g / (B_g \cdot \rho) \tag{1}$$

式中，Φ_g 为孔隙度，小数；S_g 为含气饱和度，小数；B_g 为压缩因子；ρ 为泥页岩密度，t/m^3。

吸附气主要赋存于有机质和黏土矿物表面，其含气量可以通过现场解析、等温吸附模拟实验及相关性分析法计算吸附气量，其中现场解析和等温吸附模拟实验成本高，样品数量有限，相关性分析法为较实用的方法。通过研究页岩气储层有机碳含量、黏土矿物含量对吸附能力的影响，建立它们之间的函数关系式，可以计算未进行等温吸附模拟实验的样品的吸附气量[12]。

左罗等[13]根据页岩孔隙中游离相与吸附相的模型，得出页岩储量计算的方法：

$$n = \left(\rho_a V_a + \rho_f V_f\right) \frac{RT_{sc} Z_{sc}}{M_r m_c P_{sc}} \tag{2}$$

式中，n 为页岩含气量，t/m^3；ρ_a 为吸附相平均密度，g/mL；V_a 为吸附相体积，mL；ρ_f 为游离相密度，g/mL；V_f 为游离相体积，mL；R 为通用气体常数，J/(mol·K)；T_{sc} 为标准状况下的温度，K；Z_{sc} 为标准状况下甲烷的压缩因子；M_r 为页岩质量，t；m_c 为甲烷分子质量，g/mol；P_{sc} 为标准状况下的压力，Pa。

传统的页岩气储量仅计算吸附态和游离态的总量，但在纳米尺度下由于毛细凝聚现象的存在，致使页岩气还会以凝聚状态赋存在页岩孔隙中，这使得传统的页岩气产量预测变得不准确，常常会将实际储量算小，严重影响页岩气藏的后续开发方案。本文通过对凝聚态甲烷进行分析后，得出储量的估算公式。

2　页岩气赋存状态的受限空间理论及储量预测

物理学认为，在纳米尺度下，流体处于受限空间，强烈受到固体介质壁面的影响，流体在固体壁面会形成一层类似于液体密度的凝聚态物质，称为毛细凝聚现象，毛细凝聚现象的存在，使得甲烷气体在页岩孔隙中的赋存状态更加复杂：吸附气、凝聚气和游离气。

2.1　页岩气赋存状态的受限空间理论

对于多孔介质上的吸附，在低压下主要是在孔壁形成单分子层吸附，随着压力升高至某一值后，在最细的孔中开始出现毛细凝聚现象，当压力不断升高，较粗的孔也相继被凝聚液充填，直到所有的空间都充满了凝聚液[14]。

页岩气在多孔介质中的吸附往往伴随着毛细凝聚现象的发生，对于页岩孔隙来说，气体发生毛细凝聚现象时，孔隙中比大的平面所需的压力要小，并且孔隙的直径越小就越容易发生毛细凝聚现象。

2.2　页岩在凝聚状态下储量的计算

在储层条件下，页岩无机质表面由于毛细凝聚作用会形成吸附的凝聚态甲烷，从热力学角度出发，单位摩尔的甲烷发生吸附形成单位摩尔液态甲烷的化学式可用 G-M 二元气体吸附模型[15]表示：

$$\Delta\mu_1 = \int_{P_v}^{P_0^*} \frac{RT}{P} \mathrm{d}P = -RT \ln \frac{P_v}{P_0^*} \tag{3}$$

式中，P_0^* 为混合体系条件下凝聚态甲烷饱和蒸汽压，MPa；P_v 为甲烷的分压，MPa；

T 为温度，K；R 为气体常数，R=8.314J·mol^{-1}·K^{-1}；P 为压力。

在甲烷与水蒸气混合体系下，凝聚态甲烷的饱和蒸汽压 P_0^* 可以用 Raoult 定律[16]表示为

$$P_0^* = P_0 \cdot x_A \tag{4}$$

式中，P_0 为纯甲烷的饱和蒸汽压，MPa；x_A 为凝聚态甲烷中纯甲烷的摩尔分数，%。

忽略凝聚态甲烷中水的溶解，即得到 $P_0^* = P_0$ 因此甲烷凝聚态甲烷的吸附势可表示为

$$\Delta\mu_1 = RT\ln\frac{P_v}{P_0} \tag{5}$$

式中，P_v / P_0 为甲烷的相对湿度。

从力学角度出发，在纳米孔隙中由于表面作用力发生毛细凝聚现象而形成凝聚态甲烷，甲烷在孔隙中的受力分析如下。

1）分子间作用力

分子间作用力，指存在于分子与分子之间或高分子化合物分子内官能基之间的作用力，简称分子间力。它主要包括范德华力、分散力、取向力、诱导力。Lifshitz 给出了分子间作用力表达式[17]：

$$\prod{}_m(h) = \frac{A_H}{h^3} \tag{6}$$

式中，A_H 为哈梅克常数，$A_H \approx 1.0\times10^{-20}$ J[18]；h 为凝聚态甲烷厚度，m。

2）静电力

静止带电体之间的相互作用力。电荷激发电场，电场对处于其中的其他电荷施以电场力的作用，其大小与电荷数量有关。在页岩孔隙中，黏土表面通常带有负电荷，虽然水分子不带电，但水分子为极性分子，可以被黏土表面的电荷极化，因此黏土表面与水分子也存在静电力[19]。此静电力可近似表示为

$$\prod{}_e(h) = \frac{\varepsilon\varepsilon_0}{8\pi}\frac{(\xi_1-\xi_2)^2}{h^2} \tag{7}$$

式中，ε_0 为真空介电常数，8.85×10^{-12} F/m；ε 为凝聚态甲烷的相对介电常数，近似为 1；ξ_1、ξ_2 为表面电势差，mV，本文选黏土-凝聚态甲烷和凝聚态甲烷-空气界面电势差 $\xi_1-\xi_2=80$mV[20]，该静电力表现为引力。

3）结构力

结构力一般为短程作用力，作用范围小于 5nm，该作用力可表现为引力也可表现为斥力，取决于固体表面的润湿性，如果固相与液相接触角小于 25°，结构力将表现为引力作用[20]。结构力可用半经验公式表示为[18]

$$\prod_{s}(h) = k\mathrm{e}^{-\frac{h}{\lambda}} \tag{8}$$

式中，k 为固体表面相关系数，通过实验拟合，$k = 1\times10^{-7}\,\mathrm{N/m^2}$；$\lambda$ 为甲烷分子特征长度，$\lambda = 0.4\times10^{-9}\,\mathrm{m}$。

当固体表面凝聚态甲烷厚度小于 100nm 时，固-液与气-液界面将存在附加作用力，该作用力称为分离压[21]，在吸附过程中分离压 $\prod(h)$ 做功表示为

$$\Delta\mu_2 = \prod(h)\times A\times\Delta h \tag{9}$$

式中，A 为凝聚态甲烷表面积，$\mathrm{m^2}$；Δh 为凝聚态甲烷厚度，m；$\prod(h)$ 为分离压，MPa，

$$\prod(h) = \prod_{\mathrm{m}}(h) + \prod_{\mathrm{e}}(h) + \prod_{\mathrm{s}}(h) \tag{10}$$

根据单位摩尔的甲烷吸附形成的凝聚态甲烷，根据质量守恒，凝聚态甲烷厚度与凝聚态甲烷摩尔体积 V_{m} 存在以下关系：

$$\Delta h = \frac{V_{\mathrm{m}}}{A} \tag{11}$$

即可化简吸附做功的表达式为

$$\Delta\mu_2 = \prod(h)\times V_{\mathrm{m}} \tag{12}$$

根据能量守恒原理，甲烷的吸附势和吸附做功相等，可得到凝聚态甲烷厚度 h 与天然气相对湿度的关系式为

$$\frac{A_{\mathrm{H}}}{h^3} + k\mathrm{e}^{-\frac{h}{\lambda}} + \frac{\varepsilon\varepsilon_0}{8\pi}\frac{(\xi_1-\xi_2)^2}{h^2} = -\frac{RT}{V_{\mathrm{m}}}\ln\frac{p_{\mathrm{v}}}{p_0} \tag{13}$$

根据公式可得不同尺度下凝聚态甲烷厚度与天然气相对湿度的曲线图，如图 1 所示，从图中可以看出孔隙直径在 1~100nm 天然气的相对湿度对凝聚态甲烷的厚度影响较大，孔隙直径大于 100nm 以后天然气的相对湿度对凝聚态甲烷的厚度基本没有影响。

凝聚态甲烷的相对饱和度可表示为

$$B = \frac{S}{S_0} = \frac{4(D_0h - h^2)}{{D_0}^2} \tag{14}$$

式中，B 为凝聚态甲烷在孔隙中的相对饱和度；S 为凝聚态甲烷在孔隙中的横截面积，$\mathrm{m^2}$；S_0 为页岩孔隙的横截面积，$\mathrm{m^2}$；D_0 为孔隙直径，m。

在不同直径的孔径中计算可得凝聚态甲烷的厚度，根据凝聚态甲烷相对饱和度公式，计算可知凝聚态甲烷相对饱和度随着孔径的增大而减小，关系曲线如图 2 所示。

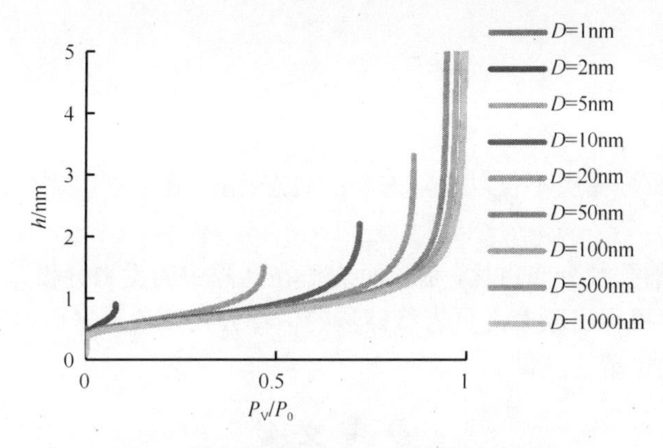

图 1 凝聚态甲烷厚度与天然气相对湿度

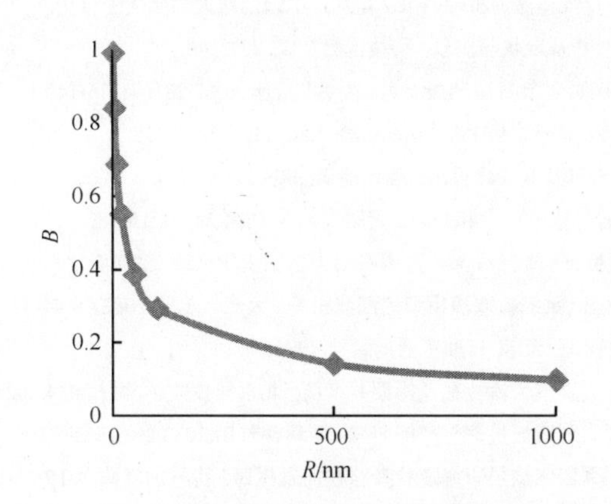

图 2 甲烷最大膜厚度和孔隙直径的关系曲线

由于毛细凝聚现象的存在，在纳米级孔隙中存在的甲烷会以凝聚态存在，使得传统的页岩气产量预测变得不准确，常常会将实际储量算小，严重影响页岩气藏的后续开发方案。通过以上的分析，可基于页岩孔径分布占比，计算不同尺度下的毛细凝聚甲烷饱和度，给出考虑毛细凝聚现象的页岩气储量的估算公式：

$$V_c = V_0 \times \phi \times B = \frac{4V_0\phi(D_0 h - h^2)}{{D_0}^2} \tag{15}$$

式中，ϕ 为页岩孔隙度，小数；V_0 为页岩体积，m^3；V_c 为凝聚态页岩气体积，m^3

在纳米尺度下，页岩气以吸附态、游离态、凝聚态赋存在页岩孔隙中，基于以上研究分析得出总的页岩气储量的估算公式：

$$n = (\rho_a V_a + \rho_f V_f + \rho_c V_c)\frac{RT_{sc}Z_{sc}}{M_r m_c P_{sc}} \tag{16}$$

式中，ρ_c 为凝聚态页岩气密度，g/mL。

3 结论

(1)页岩气在页岩储层不仅以吸附态和游离态存在，在毛细凝聚作用下会以凝聚态赋存在页岩孔隙中。

(2)基于页岩的孔径分布占比，通过页岩气在孔隙中的受力分析，不同尺度下的毛细凝聚甲烷饱和度，可得出凝聚态页岩气储量的估算公式，使页岩储量预估更加精确，为合理的开采方案提供理论基础。

参考文献

[1] 孙同英.页岩气藏物性特征及气体渗流机理研究. 北京：中国地质大学硕士学位论文, 2014.

[2] 付琛,张建营,周世明.页岩气开发现状与前景. 科技视界,2015,(3):160.

[3] 张金川,徐波,聂海宽,等.中国页岩气资源勘探潜力. 天然气工业,2008,28(6):136-140.

[4] Curtis J B.Fracturedshale-gassystems.AAPG Bulletin,2002,86(11):1921-1938.

[5] 张金川,薛会,张德明,等.页岩气及其成藏机理. 现代地质,2003,17(4):466.

[6] 张金川,金之钧,袁明生.页岩气成藏机理和分布. 天然气工业,2004,24(7):15-18.

[7] 冷雪霜.页岩气赋存与渗流特征研究. 成都：西南石油大学硕士学位论文,2012.

[8] 程远方,董丙响,时贤,等.页岩气藏三孔双渗模型的渗流机理. 天然气工业,2012,09:44-47，130.

[9] 薛定谔.多孔介质中的渗流物理. 北京:石油工业出版社,1982.

[10] 宋洪庆,刘启鹏,于明旭,等.页岩气渗流特征及压裂井产能. 北京科技大学学报,2014,(02):139-144.

[11] 李亚洲,李勇明,罗攀,等.页岩气渗流机理与产能研究. 断块油气田,2013,20(2):186-190.

[12] 胡明毅,邱小松,胡忠贵,等.页岩气储层研究现状及存在问题探讨. 特种油气藏,2015,22(02): 1-7.

[13] 左罗,王玉普,熊伟,等.页岩含气量计算新方法.石油学报,2015,36(04):469-474.

[14] 汪政德,张茂林,梅海燕,等.毛细凝聚和吸附——脱附回路的物理化学解释.新疆石油地质,2002,23(3):233-235.

[15] Grant R J, Manes M. Adsorption of binary hydrocarbon gas mixtures on activated carbon.Industrial & Engineering Chemistry Fundamentals,1996,54(4):490-498.

[16] 胡忠鲠.现代化学基础. 北京：高等教育出版社,2000.

[17] Starov V M, Velarde M G, Radke C J. Wetting and Spreading Dynamics. Boca Raton：CRC Press,2007.

[18] Takahashi S, Kovscek A R. Wettability estimation of low-permeability, siliceous shale using surface forces. Petroleum Science and Engineering,2010,75(1):33-43.

[19] 恽正中.表面与表面物理.北京：高等教育出版社,1993.

[20] Churaev N V. Contact angle and surface forces.Advances in Colloid and Interface,1995,87-118.

[21] Tadros T F. Encyclopedia of Colloid and Interface Science.Berlin: Springer,2013.

页岩气藏流固耦合非线性问题的数学模型

于俊红　尚新春

（北京科技大学应用力学系，北京，100083）

摘要：页岩气渗流模型是页岩气藏动态分析和数值模拟的基础。在页岩气开采过程中，由于孔隙气体压力降低引起储层变形，储层的变形又会改变孔隙度和渗透率，本文分析了这一流固耦合效应。同时考虑了页岩气渗流过程中的解吸、滑移和扩散效应对渗流的影响，建立了页岩气藏流固耦合非线性非稳态渗流问题的数学模型。

关键词：页岩气；流固耦合；渗流；解吸附

Mathematical model of nonlinear fluid-solid coupling problems in shale gas reservoir

Yu Junhong　Shang Xinchun

（Department of Applied Mechanics, University of Science and Technology Beijing, Beijing, 100083）

Abstract: The model of shale gas seepage is the foundation of shale gas reservoir dynamic analysis and numerical simulation. During shale gas production, the reduce of gas pressure p due to the deformation of reservoir, which contribute to the variation in porosity and permeability. Taking into account the absorbing, slip and diffusion effects, shale gas reservoir fluid-solid coupling seepage flow model is established.

Key words: shale gas；fluid solid coupling；seepage；desorption hydrogen burning

引言

在页岩气的开采过程中，随着储层中的游离气向井筒流动，页岩气体压力不断下降，同时储层的有效应力不断增大，从而引起页岩储层变形；另外，页岩储层的变形又会反过来改变页岩储层孔隙度、渗透率等渗流物性参数，进而影响页岩储层中流体的流动和孔隙压力的变化。对于上述流体流动和岩石变形之间的相互作用，经典的渗流力学理论没有考虑，但是页岩气在页岩储层中的运移过程实际上是应力场和渗流场之间的动态流固耦合过程。页岩层是超低渗透率的储气层，页岩气藏开采过程中流固耦合效应表现明显[1]。因此，在页岩气的产量预测中应该考虑页岩储层变形场对多孔介质中流体运移规律的影响，即应考虑页岩储层变形场和渗流场之间的耦合作用。

1 页岩气流固耦合渗流模型

1.1 页岩储层变形方程

对于拟稳态变形过程，不考虑惯性力的作用，那么页岩储层的平衡方程、几何方程、本构方程可分别表示为

$$\nabla \cdot \boldsymbol{\sigma} = \mathbf{0} \tag{1}$$

$$\boldsymbol{\varepsilon} = \frac{1}{2}(\nabla \boldsymbol{u} + \boldsymbol{u}\nabla) \tag{2}$$

$$\boldsymbol{\sigma} = \lambda \theta \mathbf{I} + 2G\boldsymbol{\varepsilon} + \alpha p \mathbf{I} \tag{3}$$

式中，$\boldsymbol{u}$ 为页岩的位移场；$\boldsymbol{\varepsilon}$ 为应变张量；$\boldsymbol{\sigma}$ 为应力张量；θ 为体应变；Lame 系数 $\lambda=E\nu/(1+\nu)(1-2\nu)$ 和 $G=E/2(1+\nu)$，其中 E 为弹性模量，ν 为泊松比；p 为页岩气体孔隙压力；α 为 Biot 系数。

将式(1)与式(2)代入式(3)中，可得用位移的散度和旋度形式表示的储层变形控制方程：

$$2G\frac{1-\nu}{1+\nu}\nabla(\nabla \bullet \boldsymbol{u}) - G\nabla \times (\nabla \times \boldsymbol{u}) + \alpha \nabla p = \mathbf{0} \tag{4}$$

忽略页岩储层在变形过程中的转动效应，即假设 $\nabla \times \boldsymbol{u} = \mathbf{0}$，则式(4)可化简为

$$\nabla\left[\nabla \bullet \boldsymbol{u} + \frac{1-2\nu}{2G(1-\nu)}\alpha p\right] = \mathbf{0} \tag{5}$$

假定无穷远处的压力和体应变分别为定值 p_0、θ_0，由式(5)可解得

$$\theta = \nabla \cdot \boldsymbol{u} = \frac{(1+\nu)(1-2\nu)}{E(1-\nu)}\alpha(p_0 - p) = \kappa\alpha(p_0 - p) \tag{6}$$

随着地层压力的下降，页岩储层发生变形，本文假设孔隙度变化量等于储层体应变变化量，即

$$\phi = \phi_0 - \theta \tag{7}$$

式中，ϕ 和 ϕ_0 分别为页岩的孔隙度和初始孔隙度。

1.2 页岩渗流控制方程

页岩气渗流质量守恒方程可表示为

$$-\nabla\cdot(\rho_{\mathrm{g}}\boldsymbol{v})=\frac{\partial}{\partial t}(\rho_{\mathrm{g}}\phi)+\frac{\partial}{\partial t}(1-\phi)q \tag{8}$$

式中，$\boldsymbol{v}$ 为气体流动速度，m/s；ρ_{g} 为真实气体密度；t 为时间，s；q 为单位体积页岩储层吸附页岩气质量，kg。

页岩储层纳米孔隙内气体渗流形式主要有黏性滑脱流和孔内扩散，本文选用 Hagen-Poiseuille 形式的表观渗透率计算式，该式适用于连续流、滑脱流、过渡流等页岩孔隙内所有流态[2,3]，运动方程可表示为

$$v=-\frac{K(p)}{\mu}\nabla p \tag{9}$$

$$K=K_0 f(Kn) \tag{10}$$

式中，K 为表观渗透率，$\mu\mathrm{m}^2$；p 为气体压力，Pa；μ 为气体黏度，mPa·s；K_0 为固有渗透率，$\mu\mathrm{m}^2$，它与孔隙度ϕ有关；Kn 为 Kundsen 数，f 为 Kn 的已知函数，它是稀疏系数 α 和滑脱系数 b 的函数，其表达式如下。

$$f(Kn)=(1+\alpha Kn)\left(1+\frac{4Kn}{1-bKn}\right) \tag{11}$$

$$Kn=\frac{3\phi\pi\mu D_{\mathrm{k}}}{64K_0}\frac{1}{p} \quad K_0=c\phi^3 \tag{12}$$

式中，D_{k} 和 c 分别为努森扩散系数和孔渗因子。

真实气体密度ρ_{g}可由如下状态方程给出。

$$\rho_{\mathrm{g}}=\rho_{\mathrm{gsc}}\frac{Z_{\mathrm{sc}}T_{\mathrm{sc}}}{ZT}\frac{p}{p_{\mathrm{sc}}} \tag{13}$$

式中，ρ_{gsc}、T_{sc}、Z_{sc} 和ρ_{sc} 分别为标准状态下气体的密度、温度、压缩因子和压力；T 为真实气体的温度；p 为地层压力。

理论上单位质量页岩储层吸附页岩气体积，可由 Langmuir 等温吸附-解析表达式给出。

$$V=V_{\mathrm{L}}\frac{p}{p_{\mathrm{L}}+p}$$

q 为单位体积页岩储层解吸出的页岩气质量可表示为

$$q = \frac{\rho_{\text{gsc}} \rho_s V_{\text{L}}}{1 + p_{\text{L}} / p} \tag{14}$$

式中，常量 ρ_{gsc}=0.78kg/m^3 为标准状态下气体的密度；ρ_{s} 为页岩的密度；V_{L} 和 P_{L} 分别为 Langmuir 气体体积和 Langmuir 气体压力，它们与页岩吸附条件有关，可由吸附-解吸实验确定。

将式(6-7)与式(9-14)代入式(8)，得解耦形式的渗流控制方程

$$\begin{aligned} & -\nabla \cdot \left\{ \frac{c\left[\phi_0 - \kappa\alpha\left(p_0 - p\right)\right]^3}{\mu} f\left(Kn\right) \frac{p}{\gamma} \nabla p \right\} \\ & = \frac{\partial}{\partial t} \left\{ \frac{\phi_0 - \kappa\alpha\left(p_0 - p\right)}{\gamma} p + \left[1 - \phi_0 + \kappa\alpha\left(p_0 - p\right)\right] \frac{\rho_{\text{s}} V_{\text{L}}}{1 + P_{\text{L}} / p} \right\} \end{aligned} \tag{15}$$

1.3 边界条件

在井壁处给定内压力边界

$$p = p_{\text{w}} \tag{16}$$

在无穷远处亦给定外压力边界

$$p = p_{\text{e}} \tag{17}$$

初始条件为

$$p\big|_{t=0} = p_{\text{e}} \tag{18}$$

2 结论

本文建立了考虑流固耦合效应的页岩气渗流控制方程。从弹性控制方程出发，推导出了页岩储层体应变随压力变化的函数，通过页岩储层体应变与孔隙度的关系，给出了孔隙度随压力变化的函数，从而将耦合方程解耦。

参 考 文 献

[1] 杨仙，肖永军，黄俨然. 页岩气藏流固耦合数学模型. 湖南科技大学学报, 2015, 30(3):52-56.

[2] Beskok A, Kapniadakis G E. Report: A model for flows in channels, pipes, and ducts at micro and Nano scales. Microscale Thermophysical Engineering, 1999, 3(1):43-77.

[3] Civan F. Effective correlation of apparent gas permeability in tight porous media. Transport in Porous Media, 2010, 82(2):375-384.

交联聚合物微球分散体系水化特征研究

张晓静　朱维耀

（北京科技大学土木与资源工程学院，北京，100083）

摘要：为研究纳微米交联聚合物分散体系的水化特征，利用激光粒度分析仪对其水化特征及影响因素进行了研究。研究表明：随着水化时间的增加，聚合物颗粒粒径逐步增大，但水化时间达到100h左右后，聚合物微球粒径几乎保持不变，趋于稳定；随着NaCl浓度的增大，微球膨胀倍率降低；随着温度的升高和聚合物自身浓度的降低，微球的膨胀倍率增大；聚合物微球分散体系在酸性和碱性环境中，微球的膨胀性能均弱于中性环境。

关键词：交联聚合物；水化特征；膨胀倍率

Hydration characteristics of polymer micro-gel dispersion system

Zhang Xiaojing　Zhu Weiyao

（Civil and Resource Engineering School, University of Science and Technology Beijing, Beijing, 100083）

Abstract：To study hydration characteristics, the hydration characteristics and influencing factors of crosslinked polymer dispersion system were studied by means of laser particle size analyzer. The results show that with the increase of hydration time, the particle size of polymer particles increased gradually, when the hydration time was about 100h, the particle size of polymer microspheres remained almost constant. With the increase of the concentration of NaCl, the expansion ratio of microspheres decreased. The expansion ratio of the microspheres increased, as the temperature grows and the polymer concentration reduction. The expansion properties of polymer microsphere dispersion system in acid and alkaline environments are all weaker than that in neutral environment.

Key words：crosslinked polymer；hydration characteristics；expansion ratio

引言

低渗透油田注水开发目前存在的一些突出问题[1,2]，如注水井启动压力高、地层和注水压力上升快、吸水能力大幅下降。采油井地层压力和产量下降快，产液指数大幅度下降，产油量加速递减，采收率普遍不高。而现有的三次采油技术中，对于低渗透裂缝性油藏，凝胶调剖作用半径小、有效期短，注聚容易在大裂缝中产生聚窜，形成无效循环，使注聚成本上升，单一技术难以适应不同类型的低渗透储层[3~6]，因此，需要一种技术既能在优势渗流通道中堵水，又能在小孔道中驱替剩余油，起到堵大不堵小的作用，新型纳微米聚合物颗粒分散驱油体系通过调整孔道中的流体流动速度和状态，实现液流改向和逐级调驱，达到提高油藏采收率的目的。本文根据聚合物驱油的特点，分析纳微米交联聚合物分散体系的水化性能，为后期研究其驱油效果及地层配伍性做准备。

1　实验方法

1.1　实验材料与仪器

利用英国Malvern公司MasterSizer2000型激光粒度分析仪测定水化前后纳微米聚合物微球分散体系的粒径及分布。将激光粒度分析仪预热30min后，将配制好的微球分散体系放入样品池中，测定微球的粒径分布规律。微球具有水化膨胀的性能，用膨胀倍率[7]表示，即

$$e = (D_2 - D_1) / \mathrm{D}_1 \tag{1}$$

式中，e为膨胀倍率；D_2为微球水化膨胀后的中值粒径，μm；D_1为微球水化膨胀前的中值粒径，μm。

1.2　实验结果与讨论

1) NaCl浓度对微球膨胀性能的影响

图1为55℃时5g/L的聚合物微球分散体系在不同NaCl浓度下的膨胀倍率随水化时间的变化，由图中可看出，水化初期，聚合物微球的初始吸水膨胀倍数增加相对缓慢，随着水化时间的增加，吸水膨胀倍数的增长逐渐加快，当水化达到一定时间后开始缓慢增加，约100h之后膨胀倍率几乎保持不变，趋于平缓。随着NaCl浓度的增加，微球的膨胀倍率逐渐减小。微球在去离子水中的膨胀倍率高于其他溶液中的膨胀倍率，NaCl浓度越高，聚合物膨胀倍率越小，且在高浓度水溶液中，微球的膨胀倍率相差不大，微球在高矿化度下的膨胀过程中性能稳定，并能在一定矿化度溶液中保持其膨胀性，耐矿化度能力强。

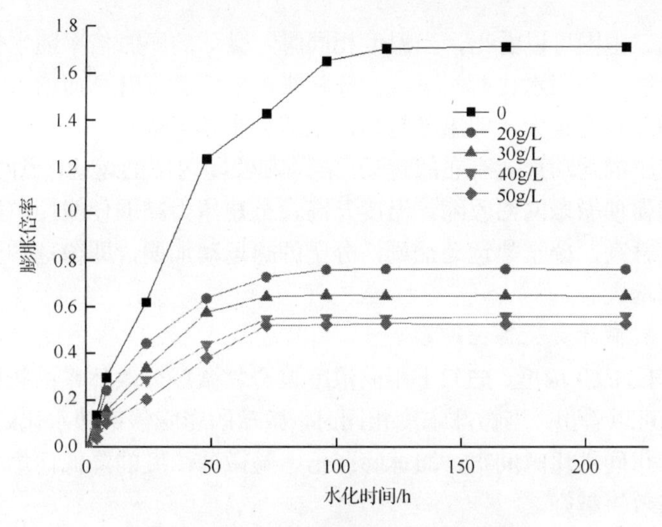

图 1　NaCl 浓度对微球膨胀性能的影响

当微球接触水时，表面亲水集团和水分子进行水合作用形成氢键，形成水化层。水化层形成之后，高分子网络内部和外部的水之间形成离子浓度差，即渗透压差，在压差作用下，水分子开始向网络内部渗透，形成自由水；同时自由水又与内部的亲水集团形成氢键，使渗透压差进一步增加，促使水源不断进入微球，从而微球吸水到一定程度之后，渗透压差变小，微球膨胀速度变慢，最终达到平衡[8]。相对于纯水而言，当水中含有电解质时，微球网络内部和外部水溶液的渗透压差变小，而且微球在水中水解电离，高分子链以带负电形式存在，当外部溶液中含有阳离子时，会对高分子链产生屏蔽作用，使得分子链间的静电斥力减弱，高分子团趋于收缩，体系网络空间随之减小，抑制微球网络的伸展，降低了微球的膨胀倍数。

2) 温度对微球膨胀性能的影响

图 2 为 50g/L NaCl、5g/L 的聚合物微球分散体系在不同温度下的膨胀倍率随

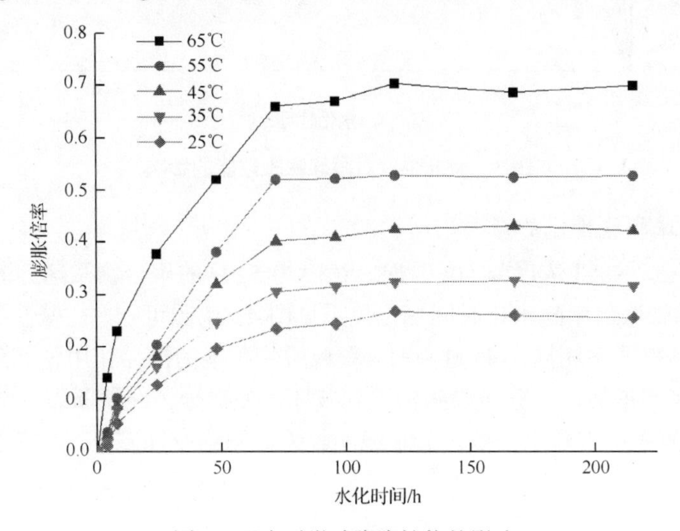

图 2　温度对微球膨胀性能的影响

水化时间的变化。由图可以看出，当温度相同时，微球的膨胀倍率随水化时间增大而增大，最终趋于平衡。相同水化时间下，微球膨胀倍率随温度升高而增大，且温度越高，微球膨胀倍率增加幅度越大，即温度越高，微球膨胀效果越好。

微球在溶液中的运动形式有布朗运动、转动和线团内部的运动，当两个链段靠近时，范德华力的作用促使微球网络收缩。温度升高，范德华力减弱使线团扩张，膨胀倍率增大；同时，温度升高，分子热运动加剧，分子的热运动加剧，即微球和溶剂的位移能力增强，膨胀速率增大。

3) 微球浓度对微球膨胀性能的影响

图 3 为 50g/L NaCl 浓度、55℃下不同浓度聚合物微球分散体系的膨胀倍率随水化时间的变化。由图可以看出，当微球浓度相同时，微球的膨胀倍率随水化时间增大而增大，最终趋于平衡。相同水化时间下，微球膨胀倍率随微球浓度的降低而增大，即微球浓度越小，微球膨胀效果越好。

聚合物浓度变小，微球运动时，两个链段不容易靠近，范德华力的作用越小，同一盐度下，微球浓度越小，渗透压差就会越大，溶剂越容易进入微球网络内部，膨胀速率增大。

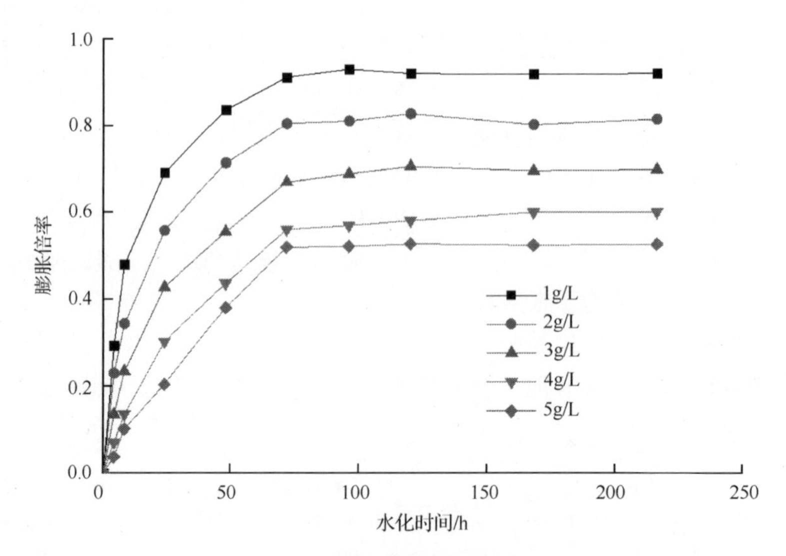

图 3 微球浓度对微球膨胀性能的影响

4) pH 对微球膨胀性能的影响

温度为 55℃，NaCl 浓度为 50g/L 时，浓度为 5g/L 的聚合物微球分散体系分别在不同 pH 下的微球膨胀倍率随水化时间变化关系见图 4。由图可知，在碱性条件下，微球体系的最大膨胀倍率几乎相同，pH 过高时，颗粒所带负电的排斥作用使其分子拉伸，宏观表现为颗粒膨胀率增加，但分子内结构遭到破坏，使得分子线团断裂；酸性条件下水中的 H^+可使微球表面所带负电失效，分子线团收缩，网络空间减小，致使膨胀倍率降低。

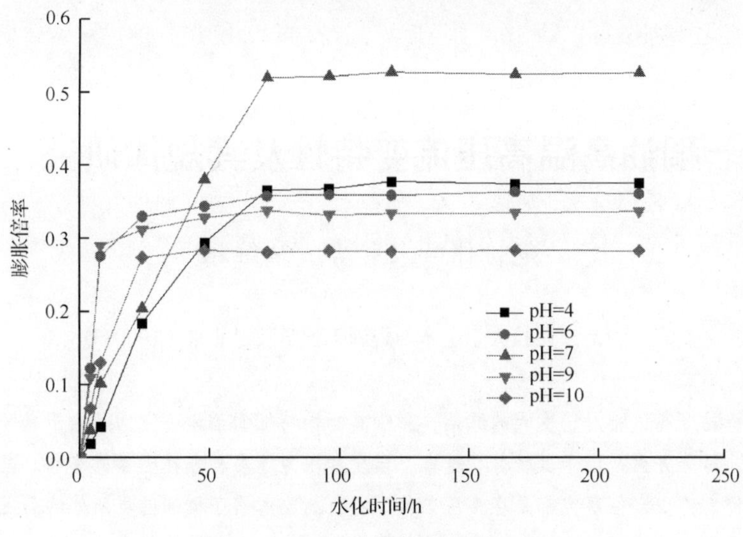

图 4 pH 对微球膨胀性能的影响

2 结论

(1)随着水化时间的增加，聚合物颗粒粒径逐步增大，但水化时间达到 100h 左右后，聚合物颗粒粒径几乎保持不变，趋于稳定。

(2)随着 NaCl 浓度的增大，微球膨胀倍率降低；随着温度的升高，微球的膨胀倍率增大。

(3)随着聚合物微球自身浓度的增加，微球膨胀倍率降低；聚合物微球分散体系在酸性和碱性环境中，微球的膨胀性能均弱于中性环境。

参 考 文 献

[1] 高建，吕静，王家禄，等. 低渗透油藏注水开发存在问题分析.内蒙古石油化工, 2009, 12：48-51.

[2] 王德民，程杰成，吴军政，等. 聚合物驱油技术在大庆油田的应用. 石油学报, 2005, 26(1)：74-78.

[3] Wang W, Gu Y, Liu Y. Applications of weak gel for in-depth profile modification and oil displacement. Canadian Petroleum Technology, 2003, 42(6)：54-61.

[4] 杨中建，贾锁刚，张立会，等 异常高温、高盐油藏深部调驱波及控制技术. 石油勘探与开发, 2006, 43(1)：91-98.

[5] Civan F. Formation damage mechanisms and their phenomenological modeling – an overview. SPE 107857, 2007.

[6] 张鲲鹏. 聚合物驱在提高油气采收率上的应用与进展. 当代化工, 2016, 45(4)：860-862.

[7] 李娟，朱维耀，龙运前，等. 纳微米聚合物微球的水化膨胀封堵性能. 大庆石油学院学报, 2012, 36(3)：52-57.

[8] 贾晓飞，雷光伦，李会荣，等. 孔候尺度聚合物弹性微球膨胀性能研究. 石油钻探技术, 2009, 37(6)：87-90.

稠油高温高压流变特性及其规律研究

范盼伟　宋智勇　朱维耀

（北京科技大学土木与资源工程学院，北京，100083）

摘要：稠油是指黏度高，相对密度大的原油，影响其物性特征的因素一方面是由于其胶质和沥青质等内在组分较高，另一方面是由于其受剪切速率、温度和压力等多种外在因素的影响。国内有关稠油的流变特性的研究有不少，但研究都是在常压条件下进行的，忽略了稠油储层所处的高压条件，因而对于真实油藏条件下稠油流变性的探究和认识明显不足。因此，本文从模拟稠油储层高压环境及油藏温度出发，利用高温高压流变仪对于高压条件下的稠油流变性进行研究，并与常压条件结果进行对比。结果表明：郑 411 平 27 井稠油的高压与常压条件下的黏温曲线均符合 Arrhenius 方程，且在相同温度下，高压条件(5~10MPa)下的稠油黏度远远大于常压下的黏度；稠油的高温高压流变符合宾汉姆流体的本构方程；在温度小于 70℃时，屈服应力值急剧下降；当温度大于 70℃时，屈服应力变化幅度较小，趋于平稳同一温度条件下，压力与黏度近似呈线性关系。

关键词：稠油；高温高压；流变性；黏度

Study on the rheological behavior and regularity of heavy oil at high temperature and pressure

Fan Panwei　Song Zhiyong　Zhu Weiyao

(University of Science & Technology Beijing, Beijing, 100083)

Abstract: Heavy oil is a high viscosity, relative density of crude oil, affecting the physical characteristics of the factors on the one hand because of its inherent high-quality components such as glial and asphalt, on the other hand due to its shear rate, temperature and pressure And other external factors. There were many studies on the rheological properties of heavy oil, but the study was proved out under normal pressure conditions, ignoring the high-pressure conditions of heavy oil reservoirs, and thus for the real reservoir conditions of heavy oil rheology Explorations and awareness of obvious shortcomings. Therefore, this articledesigned the rheological behavior of heavy oil under high pressure from high pressure and high pressure rheometer, and compares it with atmospheric pressure condition. The resultspresented in this paperthe viscous temperature curves of the heavy oil in Zheng 411 Ping 27 well accord with Arrhenius equation under high pressure and atmospheric pressure, and the viscidity of heavy oil under high pressure condition (5 ~ 10MPa) is much greater than that under normal pressure. The rheological behavior of the viscous oil was consistent with the constitutive equation of Bingham fluid. When the temperature was less than 70 ℃, the yield stress value decreased sharply. When the temperature was higher than 70 ℃, the yield stress changed little, The same temperature conditions, the pressure and viscosity of a linear relationship.

Key words: heavy oil; high temperature high pressure; rheological; viscosity

引言

稠油是一种复杂的、多组分的均质有机混合物，主要是由烷烃、芳烃、胶质、沥青质组成[1]。稠油的主要特征是胶质与沥青含量高，轻质馏分少，且随着胶质与沥青含量增高，稠油的密度以及黏度也增加。

稠油的流变性是指黏性流体的流动特征，它主要受石油的组分特别是沥青质和结晶石蜡等含量的影响，对一定的原油来说又受剪切速率、温度、压力的影响[2]。流体按流变特性可分为牛顿型流体和非牛顿型流体。通常，牛顿型流体的黏度与剪切速率或流速无关，而非牛顿型流体的黏度则随着剪切速率流速的变小而增大。对于稠油，当温度升高到一定值后，原油可从非牛顿型流体变成牛顿型流体。

国内外对于稠油的流变性也有不少研究。李向良等[3]对胜利油田单 6 东超特稠油与邻近油区特稠油、普通稠油的黏温特性曲线进行了研究，对其中 8 口井稠油样品的黏温关系进行了回归分析，发现均能很好地符合 Arrhenius 公式；王风岩等[4]根据生产实际情况分别计算出不同产量时的剪切速率，并分别不同的剪切速率对 3 组特(超特)稠油油样进行 40~90℃黏温测定，结果表明，随温度升高，剪切速率增大，黏度逐渐下降，低于拐点温度时，原油的网络结构比较强，黏度与屈服应力值较大，说明其网络结构比较稳固，不易形成游离结构；高于拐点温度时，屈服应力值明显下降，稠油的流动性变好；刘冬青等[5]研究表明屈服应力值是流变性的一个重要参数，反映了流体塑性的大小，当流体经受的剪切应力小于 τ_0 时，流体只发生有限的塑性形变而不能流动[6]；Maria 等测量了加拿大位于东北部的重油和轻质烃混合物在环境温度至 450K 范围内，在 100~34000kPa 的压力下的黏度[7]；Anoop 等[8]测定了矿物油——SiO_2 纳米流体在 100kPa 和 42MPa 的压力下，25~140℃温度范围内的不同的剪切速率下的黏度值，结果表明纳米流体的黏度值随着压力的增加而增加。

目前国内外的研究主要是在常压条件下进行的实验，忽略了稠油储层所处的高压条件，实验温度范围也较小，缺乏对于真实油藏条件下稠油流变性的准确探究和认识，另外，实验对象并非稠油油样本身，而是与其他物质的混合物。因此，本文从模拟稠油储层高压环境及油藏温度出发，利用高温高压流变仪对于高压条件下的稠油流变性进行研究，并与常温常压条件进行对比，得出相应的结论。

1　实验部分

1.1　实验材料及仪器设备

(1) 实验材料：胜利油田郑 411 区块平 27 井稠油油样。

实验所用的稠油油样取自胜利油田郑 411 区块平 27 井，测得其在储层温度 70℃时的黏度 15588mPa•s，密度为 $0.9719g/cm^3$，其黏温曲线如图 1 所示。

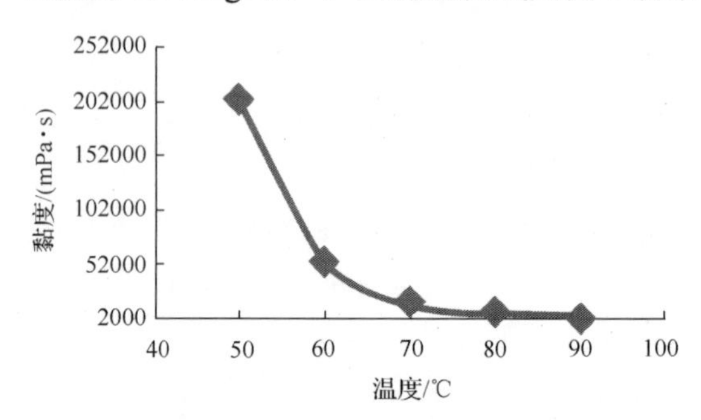

图 1　实验油样的黏温曲线

(2) 实验仪器设备：高温高压流变仪、空气压缩机、气瓶、计算机、电子天平、烧杯(图 2)。

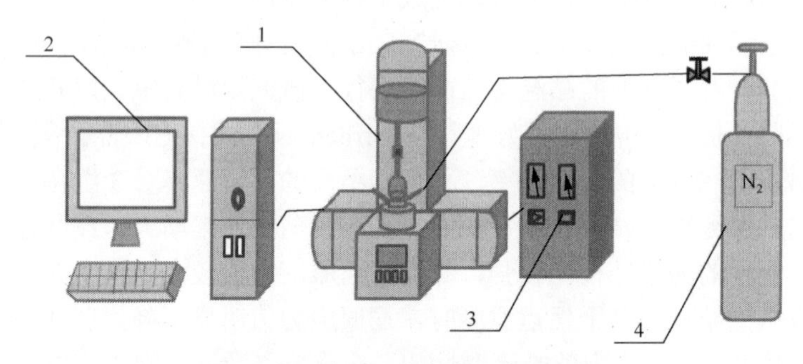

图 2　高温高压流变仪器设备流程图

1-温高压流变仪；2-计算机；3-空气压缩机；4-N_2 气罐

1.2　实验步骤

(1) 首先对稠油进行预热，便于消除其历史作用及油样的转移；

(2) 油样准备好，开始进行流变实验；打开流变仪主机，进行仪器初始化；

(3) 装入样品(12~13 g/次)和转子，密封，设定待测温度范围的起始最低温度，待温度稳定后开始操作仪器；

(4) 待整个高温高压流变仪测试系统稳定，正式开始实验；

(5) 根据实验温度(70℃)和压力(5MPa、7MPa 和 10MPa)，改变温度或者压力，重复(1)~(4)中的步骤；

(6)实验结束后，关闭仪器。

1.3 实验结果与讨论

1)不同压力下的流变规律

(1)郑 411 平 27 井(Z411P27)油样在温度为 70℃，分别在压力为 5MPa、7MPa 和 10MPa 条件下进行实验，结果如图 3 所示。

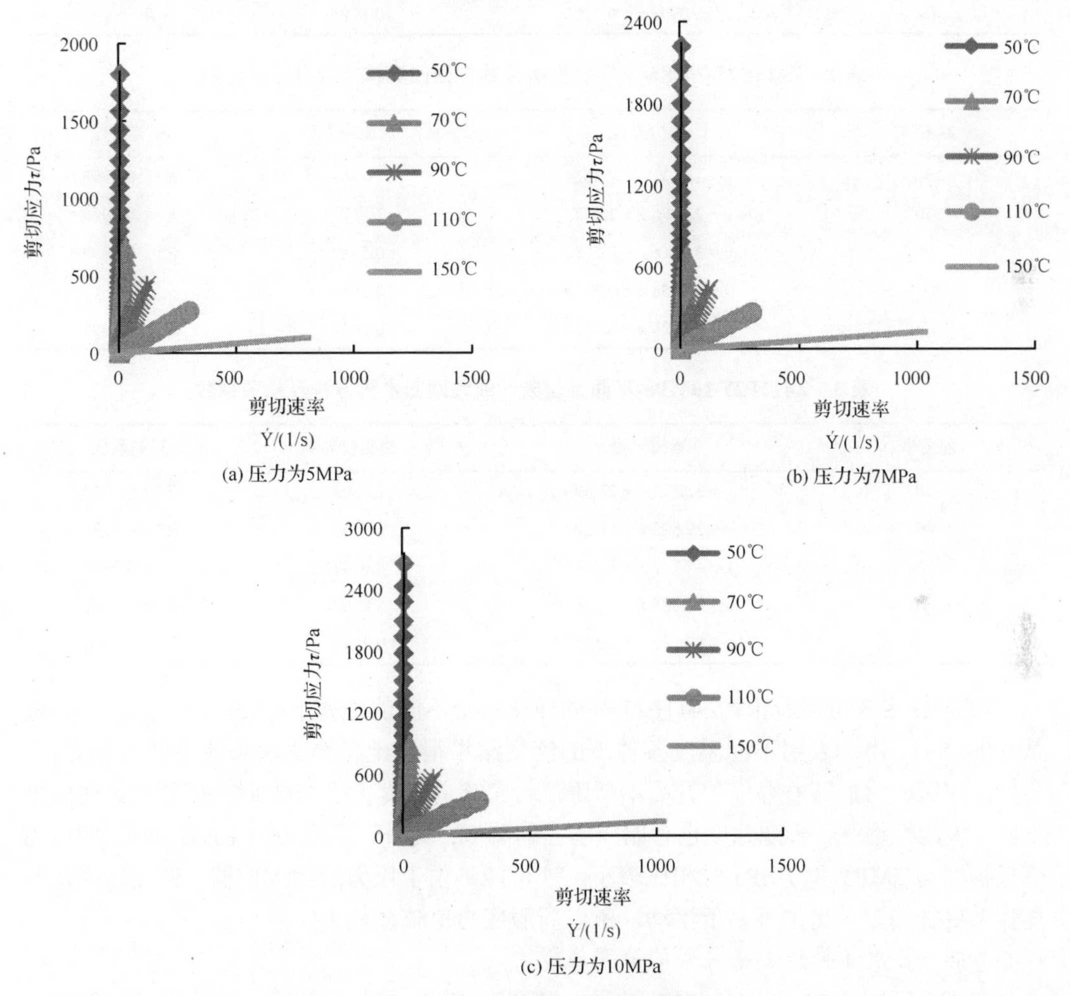

(a) 压力为5MPa

(b) 压力为7MPa

(c) 压力为10MPa

图 3 不同压力条件下的流变结果

由图 3 中(a)~(c)所示：三种不同压力条件下同一温度范围内的流变曲线中，剪切应力与剪切速率近似呈线性关系，与宾汉姆流体的流变曲线结果相一致；流变曲线中随着压力的增大，不同温度剪切应力值随压力有比较明显的增大，这是由于压力增大，稠油的黏度增大，剪切过程中需要的剪切应力值也随之增大。

(2)郑 411 平 27 井(Z411P27)油样在温度为 70℃，分别对压力为 5MPa 、7MPa 和 10MPa 时的流变结果进行线性回归，所得结果见表 1~表 3。

表 1 Z411P27-5MPa-不同温度条件线性回归本构方程及相关系数

温度/℃	本构方程	屈服应力	相关系数
50	$y = 218.36x + 6.2547$	6.2547	$R^2 = 0.999$
70	$y = 19.287x + 1.3547$	1.3547	$R^2 = 1$
90	$y = 3.2578x + 0.5012$	0.5012	$R^2 = 0.9987$
110	$y = 0.6528x + 0.3245$	0.3245	$R^2 = 0.9984$
150	$y = 0.0998x + 0.1195$	0.1195	$R^2 = 1$

表 2 Z411P27-7MPa-不同温度条件线性回归本构方程及相关系数

温度/℃	本构方程	屈服应力	相关系数
50	$y = 254.37x + 7.3864$	7.3864	$R^2 = 0.9998$
70	$y = 22.778x + 1.6171$	1.6171	$R^2 = 0.9999$
90	$y = 3.6566x + 0.5582$	0.5582	$R^2 = 0.9999$
110	$y = 0.8938x + 0.3929$	0.3929	$R^2 = 1$
150	$y = 0.1225x + 0.1457$	0.1457	$R^2 = 0.9999$

表 3 Z411P27-10MPa-不同温度条件线性回归本构方程及相关系数

温度/℃	本构方程	屈服应力	相关系数
50	$y = 322.23x + 23.803$	23.803	$R^2 = 0.9965$
70	$y = 29.622x + 11.292$	11.292	$R^2 = 0.9989$
90	$y = 4.6742x + 8.9147$	8.9147	$R^2 = 0.9993$
110	$y = 1.1385x + 8.8568$	8.8568	$R^2 = 0.9982$
150	$y = 0.1387x + 0.2044$	0.2044	$R^2 = 0.9996$

由表 1~表 3 可以看出：Z411P27 井油样在三个不同的压力下，线性回归的相关系数从 0.9965~1，由此表明不同温度条件下的流变结果很好地符合宾汉姆流型的本构方程；另外，屈服应力值随着温度的升高不断降低，尤其当温度大于 70℃时，屈服应力值急剧下降，流动性增强，表观黏度也有比较明显的降低；此外，当压力为 10MPa 时屈服应力降低幅度与 5MPa 和 7MPa 时相比较小，这可能是由于压力的增大使稠油密度增大，胶体体系更加稳定，更加不易于流动，所以屈服应力值整体较大。

2) 同一温度不同压力条件下的流变规律

郑 411 区块平 27 井(Z411P27)油样在温度为 70℃，对不同压力下的流变结果采用线性回归，得到 Z411P27 油样在不同压力下的本构方程和屈服应力值见表 4。

表 4 Z411P27 油样在 70℃不同压力条件线性回归本构方程及相关系数

压力/MPa	本构方程	屈服应力	相关系数
5	$y = 17.577x + 6.5658$	6.5658	$R^2 = 0.9989$
7	$y = 22.827x + 8.835$	8.835	$R^2 = 0.9999$
10	$y = 29.622x + 11.292$	11.292	$R^2 = 0.9989$

如表 4 所示，相同温度条件下，不同压力下的屈服应力值，随着压力的增大，其值也逐渐增大。这是由于压力的增大，使稠油分子间距减小，密度增大，分子之间作用力增强，其稠油体系更加稳定，因此流动性降低。

3) 同一温度不同压力下的黏度规律

郑 411 区块平 27 井(Z411P27)油样在温度为 70℃，不同压力下的黏度变化规律，结果如图 4 所示。

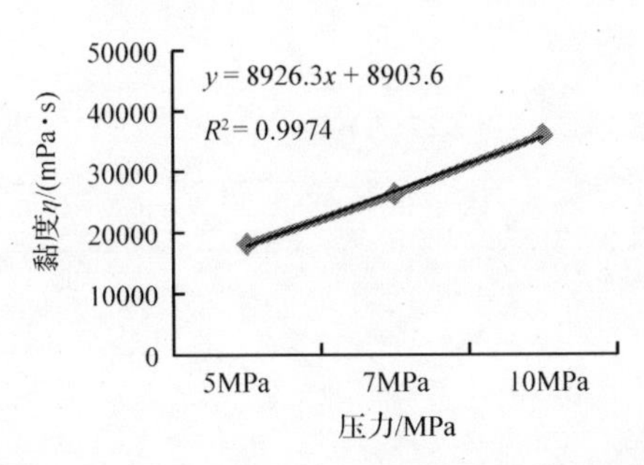

图 4 Z411P27 油样 70℃不同压力—黏度曲线

如图 4 所示，在相同温度时，剪切应力与剪切速率近似呈线性关系，随着压力的升高，斜率相应增大，根据黏度的定义，即压力越大，黏度相应也较大。此外，在相同的温度条件下，黏度与压力近似呈线性关系(相关系数为 0.9997)。因此，可以根据线性关系估算相同温度条件下不同压力的黏度值。

2 结论

(1) 郑 411 平 27 井稠油的高压与常压条件下的黏温曲线均符合 Arrhenius 方程，且在相同温度下，高压条件(5~10MPa)下的稠油黏度远远大于常压下的黏度；

(2) 稠油的高温高压流变符合宾汉姆流体的本构方程；在温度小于 70℃时，屈服应力值急剧下降；当温度大于 70℃时，屈服应力值在较小压力(如 5MPa 和 7MPa)条件下，屈服应力值明显下降，变化幅度较小，趋于平稳，而压力较大(如 10MPa)时，屈服值随着温度的升高逐渐降低，直至基本降低为零；

(3) 同一温度条件下，压力与黏度近似呈线性关系。

参 考 文 献

[1] 程玉桥.胜利油田单家寺油区稠油物理化学性质研究.杭州: 浙江大学硕士学位论文,2002.

[2] 柯文丽.稠油非线性渗流规律研究.湖北: 长江大学硕士学位论文,2013.

[3] 李向良,李相远,杨军,等.单 6 东超特稠油黏温及流变特征研究.油气采收率技术,2000,7(3) :12-14.

[4] 王风岩,嵇锐,王忠伟.特(超特)稠油流变特性试验研究及应用.特种油气藏,2002,9(5) :91-93.

[5] 刘冬青,王善堂,白艳丽,等.胜利稠油渗流机理研究与应用.内蒙古石油化工,2012,09:114-117.

[6] 喻高明.超特稠油流变性综合研究.河南石油,2004,03:40-43,84.

[7] Barrufet M A, Setiadarma A.Experimental viscosities of heavy oil mixtures upto 450 K and high pressures using a

mercurycapillary viscometer. Petroleum Science and Engineering ,2003,40: 17- 26.

[8] Anoop K, Sadr R, Al-Jubouri M, et al. Rheology of mineral oil-SiO_2 nanofluids at high pressure and hightemperatures. Thermal Sciences,2014, 77 :108-115.

凝析气藏注入气重力分异评价方法及影响因素研究

朱维耀　刘清芳　孙　岩

（北京科技大学土木与资源工程学院，北京，100083）

摘要：注气保压开发是凝析气藏一种有效的开采方式，循环注气过程中注入气重力超覆造成的气窜影响其驱替效果，目前多从注气机理方面研究注入气重力超覆，而没有针对注入气重力分异超覆程度的评价方法研究。本文通过对注入气进行受力分析，利用达西定律计算注采井间注入气在垂向和径向渗流速度，利用注采井间注入气垂向流量比和前缘超覆程度表达式评价注入气超覆程度，对注入气重力超覆进行影响因素分析，得出垂向与径向渗透率比值越大，注采井距越大，储层厚度越大，注入气超覆程度越强。

关键词：凝析气藏；重力分异；垂向流量比；超覆程度

Study on an evaluation method of injection gas gravity differentiation and its influencing factors in condensate gas reservoir

Zhu Weiyao　Liu Qingfang　Sun Yan

(University of Science and Technology Beijing, School of Civil and Resource Engineering, Beijing, 100083)

Abstract: The development of gas injection and holding pressure is an effective method for the production of condensate gas reservoir, gas channeling caused by injected gas in the process of gas injection influences its displacement effection. At present, there are many researches on gas injection mechanism, and there is no research on the evaluation method of injected gas gravity override degree. In this paper, the force analysis of injection gas was carried out. By using Darcy's law, the vertical and radial seepage velocity of injected gas in injection and production wells is calculated, and we used the expression of the vertical flow rate and the gravity override degree of the injection gas over the injection production wells to evaluate its coverage. By analyzing of the influence factors on the gravity override of injection gas, it is concluded that the greater the vertical and radial permeability ratio, the greater the distance between the injection and production wells, the greater the thickness of the reservoir, the higher the degree of injected gas gravity override.

Key words: condensate gas reservoir; gravitational differentiation; vertical flow rate; override degree

引言

凝析气藏是一类特殊且复杂的气藏，开发过程中当压力降至露点压力以下时，会出现反凝析现象，反凝析出的液相的存在会极大地改变储层物性。为了提高凝析油气的采收率，高含凝析油气藏通常采用循环注气保压开采[1]。Sigmund 和 Cameron[2]通过数学模型研究了注气过程反凝析液的再汽化率，传质速率随多孔介质中颗粒尺寸的减小而增加，随反凝析液饱和度和束缚水饱和度的增加而增加。Ghiri 等[3]认为凝析气藏注干气过程中会使体系露点升高，同时随着注入气平均分子质量的增加，注入气和地层凝析气的混合会更加均匀。凝析气藏循环注气过程中，注入气和地层流体不能马上混为一相，同时由于两种流体间的密度差异及储层非均质性的影响导致注入气超覆，即注入气在地层湿气之上流动。注入气与地层流体的重力分异流动，直接影响到其驱替效率、气驱开采时间、气藏采收率等问题。

凝析气藏注气过程中重力超覆是近年来发现的新现象，涉及重力分异理论、非平衡相态和非平衡扩散理论[4, 5]。目前关于重力超覆的研究多集中于油藏注气开发及稠油热采方面，对于凝析气藏重力超覆的研究较少。2010 年，焦玉卫等[6]通过研究注入气驱替机理，认为注入气在储层中的流动受微观混合、黏度差、重力超覆和高渗条带的影响，注气前缘存在注入气与地层流体的混合带；2015 年，赵元良等[7]采用井下流体组分分析仪对 YH 凝析气田循环注气部分进行扫描测试，验证了干气—过渡带—凝析气纵向分布特征，认识了注气超覆驱替规律；2016 年，张利明等[8]通过实验研究了注入气与地层流体间存在稳定的界面，注气过程会使凝析气体系形成干气、凝析气和凝析油三相。

本文以渗流力学为基础建立了一种评价注入气超覆程度的方法，并计算了注入气在垂向上的分异量比；分别分析了不同垂径向渗透率比、注采井距和储层厚度等因素对注入气重力超覆程度的影响。

1　注入气受力和渗流速度分析

1.1　井间压力分布

凝析气藏循环注气过程中注入井和采出井间的压力分布可以根据势的叠加原理进行计算，现只考虑一注一采简化模型，注采井间压力和压力梯度表达式分别为

压力分布：

$$p(r)=\frac{Q_{\text{in}}\mu}{2\pi Kh}\ln r_1-\frac{Q_{\text{out}}\mu}{2\pi Kh}\ln r_2+C \tag{1}$$

压力梯度：

$$F_p=\frac{\mathrm{d}p(r)}{\mathrm{d}r}=\frac{Q_{\text{in}}\mu}{2\pi Kh}\cdot\frac{1}{r_1}-\frac{Q_{\text{out}}\mu}{2\pi Kh}\cdot\frac{1}{r_2} \tag{2}$$

式中，$p(r)$ 为储层任意点处的压力，Pa；Q_{in}、Q_{out} 为注气井和采气井的流量，m^3/s；K 为储层渗透率，m^2；h 为储层厚度，m；μ 为气体黏度，Pa·s；r_1、r_2 为储层任意点距注气井和采气井的距离，m；F_p 为压力梯度，Pa/m；C 为积分常数。

YH 凝析气藏原始地层压力为 56.0MPa，注气井的日注气量为 $18\times10^4m^3$，采气井的日采气量为 $20\times10^4m^3$，注采比为 0.9，注采井距为 600m，储层平均渗透率为 100mD，储层平均厚度为 20~65m。根据注采井生产数据和储层资料计算注采井间压力及压力梯度的变化，如图 1 所示。由图可知在近注采气井一定距离内，压力下降很快，注采压力梯度较高；而在远井区域的储层内部，压力降落速度较缓慢，注采压力梯度几乎为水平线。注采压力梯度的方向从注气井指向采气井。

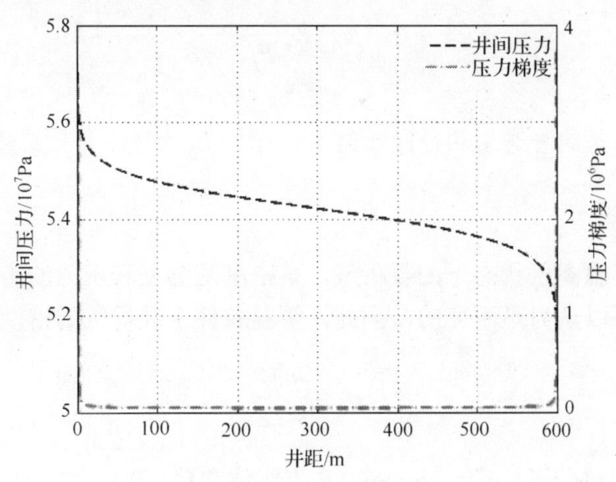

图 1 注采井间主流线压力分布图

1.2 浮力与重力

当存在浮力引起的流体分异现象时，扩散作用相对来说可以忽略不计，对流现象依然存在，而且是气体混合的主要形式。注入气驱替地层湿气时，未能与之完全混相，假设注气前缘注入干气以气体微团的形式进入湿气中，由于密度差异干气微团受浮力作用向上浮升，上升过程不断掺混周围的气体，当微团密度与周围气体密度无差异时停止浮升。

注入干气微团在垂直方向上所受到的浮力和重力分别为

$$F_{\text{d}} = \rho_{\text{w}} g V_{\text{d}} \tag{3}$$

$$G_{\text{d}} = \rho_{\text{d}} g V_{\text{d}} \tag{4}$$

垂直于储层方向注入干气所受的合力的梯度为

$$F_{\text{dv}} = (\rho_{\text{w}} - \rho_{\text{d}}) g \tag{5}$$

式中，ρ_{d}、ρ_{w} 为干气、湿气的密度，kg/m^3；V_{d} 为干气微团的体积，m^3；F_{d}、G_{d} 为干气受到的浮力和重力，N；F_{dv} 为干气竖直方向上的合力梯度，N/m。

1.3　注入气渗流速度

对注入气渗流过程进行分析可知，除受注采井间压差驱动外，还受到地层湿气的浮力作用，所以注入气沿储层斜上方运移。为便于研究，可以将注入气运移速度分解为沿储层方向的径向速度和垂直储层方向的垂向速度，其流动能力取决于各自方向的受力大小。依据达西定律，注采井间注入气径向和垂向渗流速度分别为

垂直方向：
$$v_{\mathrm{v}} = \frac{K_{\mathrm{v}}}{\mu_{\mathrm{d}}} F_{\mathrm{dv}} \tag{6}$$

水平方向：
$$v_{\mathrm{r}} = \frac{K_{\mathrm{r}}}{\mu_{\mathrm{d}}} F_{\mathrm{p}} \tag{7}$$

式中，K_{v}、K_{r} 为垂向渗透率和径向渗透率，m^2；μ_{d} 为注入干气黏度，Pa·s。

1.4　气体状态方程

地层中处于高温高压状态下的凝析气，其密度是温度和压力的函数。凝析气藏开发过程中储层温度可以认为是不变的，因此，等温条件下凝析气的密度为

$$\rho_{\mathrm{g}} = \frac{pM}{RTZ} \tag{8}$$

式中，M 为气体相对分子质量，kg/mol；R 为气体常数，$\mathrm{Pa \cdot m^3/(mol \cdot K)}$；$T$ 为温度，K；Z 为气体压缩因子，无量纲。

关于 Z 的取值可以参阅文献[9]提供的计算方法。

2　注入气重力分异评价方法

2.1　垂向流量比

注入气驱替湿气时受浮力作用不断沿垂向运移，将垂向上运移量与总运移量之比定义为垂向流量比 f，该比例系数可以反映注入气沿垂向运移的量占总运移量的百分数，表征了注入气的超覆能力，f 值越大，注入气的超覆能力越强。

$$f = \frac{v_{\mathrm{v}}}{v_{\mathrm{v}} + v_{\mathrm{r}}} = \frac{K_{\mathrm{v}}(\rho_{\mathrm{w}} - \rho_{\mathrm{d}})g}{K_{\mathrm{r}}F_p + K_{\mathrm{v}}(\rho_{\mathrm{w}} - \rho_{\mathrm{d}})g} = \frac{K_{\mathrm{v}}(Z_{\mathrm{d}}M_{\mathrm{w}} - Z_{\mathrm{w}}M_{\mathrm{d}})pg}{K_{\mathrm{r}}RTZ_{\mathrm{w}}Z_{\mathrm{d}}F_p + K_{\mathrm{v}}(Z_{\mathrm{d}}M_{\mathrm{w}} - Z_{\mathrm{w}}M_{\mathrm{d}})pg} \tag{9}$$

2.2　超覆程度

2013 年，赖令彬研究稠油热采时给出一种蒸汽超覆程度评价方法[10]，定义注入气超覆程度为沿垂向上的累计运移气量与累计注入气量的比值，用 A 表示。将注采井间划分为 $n\,(n>2)$ 块，当注入气前缘运移到注采井间 $i\,(0<i<n)$ 块时，利用此处径向注入气运移量

与垂向流量比的乘积和第 $i-1$ 块的超覆程度叠加计算此时注入气在储层中的超覆程度：

$$A_i = (1 - A_{i-1}) f_i + A_{i-1} \tag{10}$$

分析可知，注入气超覆程度介于 0~1，A 值越大表示注入气的超覆程度越严重，运移到储层顶部的气量越多。

3 影响因素敏感性分析

3.1 垂径向渗透率比

渗透率是在一定压差下，表征岩石允许流体通过的能力，其变化影响渗流能力的大小。储层渗透率可以分为垂向渗透率和径向渗透率，两者比值的大小能够反映储层的非均质性，同时垂径相渗透率的大小影响该方向上流量的大小。设定垂向渗透率分别为 5mD、10mD、20mD，径向渗透率为 100mD 的三组储层，研究渗透率变化对注入气重力分异的影响。作注入气垂向分异量比和超覆程度曲线(图 2)。

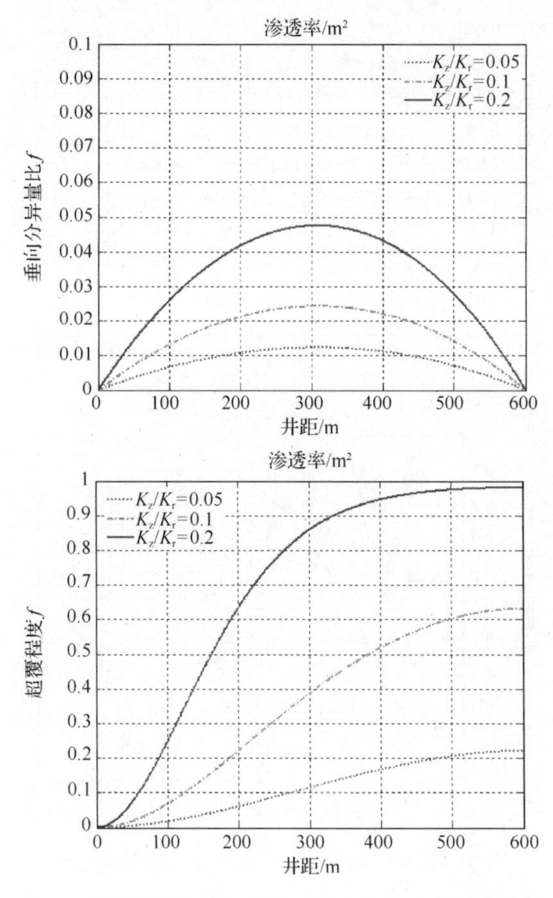

图 2 不同垂径向渗透率比对注入气重力分异的影响

由图可知，垂向渗透率与径向渗透率的比值越小，注入气沿垂向的分异量比越小，超覆程度也越弱；当垂径向渗透率比由 0.05 增大到 0.2 时，垂向分异量比增大了约 0.036，超覆程度系数增大了约 0.76。分析循环注气渗流过程可知，因为注入气黏度和垂向上受到的浮力大小不变，其渗流速度便取决于 K_v 的大小，随着垂向渗透率的增大，注入气的垂向渗流速度变大，相同时间内渗流量也变大，所以垂向分异量比和超覆程度均增加。

3.2 注采井距

对于特定的气藏来说，其储层物性参数相对确定，若生产压差不变，改变注采井距大小，井间压力梯度随之改变。当注采井距越小，注采压力梯度就越大，注入气沿径向的渗流速度就越大；垂向上注入气受到地层湿气的浮力大小不变，垂向渗流速度基本不变；因此，注采井间距离越小，相对于径向注入气运移量来说，在垂向上的运移量变小。分别模拟计算井距为 600m、900m、1200m 时注入气垂向分异量比和超覆程度曲线(图 3)。

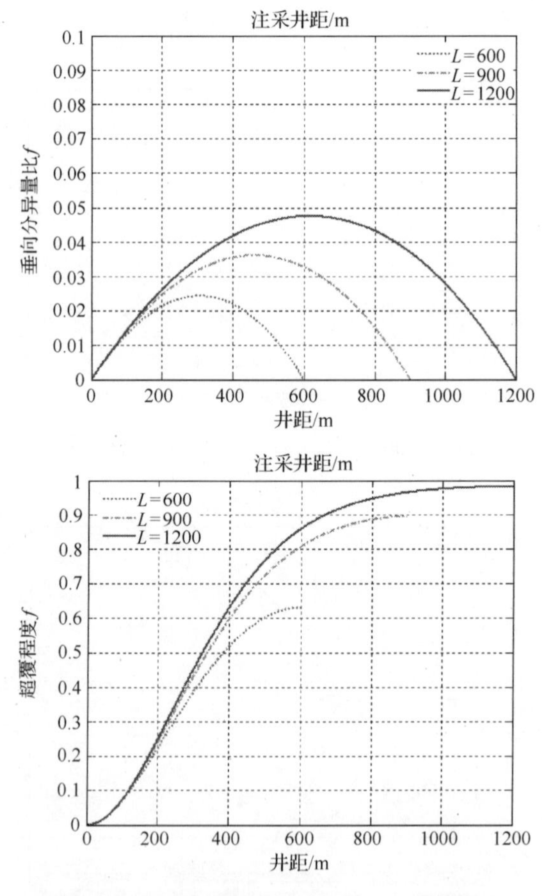

图 3　不同注采井距对注入气重力分异的影响

由图可得，注采井距越小，注入气垂向分异量比和超覆程度越小，当注采井距从 600m 增大到 1200m 时，注入气垂向分异量比增加了 0.023，超覆程度增加了 0.35。在其他条件不变的情况下，适当减小井距，可以有效地减少注入气超覆，有利于注入气沿径向方向的驱替，提高驱替效率。

3.3 储层厚度

储层厚度是油气藏的一个重要参数，凝析气藏循环注气开发过程中，注入气沿储层垂向运移的距离受到储层厚度的制约，气藏厚度主要影响注入气沿垂向的上浮空间，气藏厚度越大，注入气上浮空间越大，超覆程度也会越强。

YH 凝析气藏实际储层平均厚度多在 20~65m，为研究不同厚度的储层对于注入气垂向分异量比和超覆程度的影响，在注采井距为 600m 时，取三组数据进行对比，设定储层厚度分别为 20m、40m、60m，注入流体为分离加工的干气，模拟计算不同气藏厚度的注入气超覆程度曲线(图 4)。

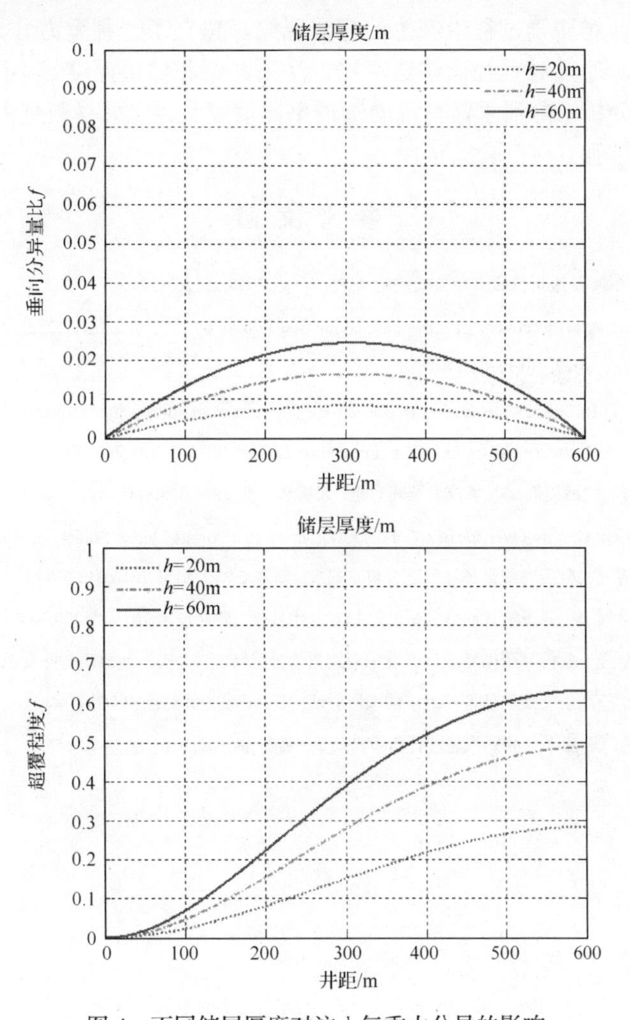

图 4 不同储层厚度对注入气重力分异的影响

由图可知，气藏厚度越小，注入气垂向分异量比和超覆程度越小，即沿垂向运移的气量越少，此时注入气主要沿径向驱替湿气流向采气井底；当气藏厚度由 20m 变化到 60m 时，注入气垂向分异量比和超覆程度分别增加了约 0.016 和 0.34，表明厚度较大时，沿垂向运移的气量主要沿着储层上部流动，造成气体超覆，注入气的驱替效率降低。

4 结论

(1)凝析气藏循环注气开发过程中，注入气与地层流体并未完全混相，而是以干气驱替湿气的方式流向采气井底，形成了干气区—混合带—湿气区三个组分不同的带域；驱替过程类似于液-液驱替。由于两种气体之间的差异，使密度较小的注入气受到浮力作用不断向上运移，并沿着储层顶部流动造成注入气超覆现象。

(2)注入气和地层湿气的重力分异造成注入气气窜，使其过早地突破至采气井底，降低了驱替效率。针对注气过程中产生的超覆现象，建立了一种重力分异评价方法，描述注入气超覆程度。通过对垂径向渗透率比、注采井距和储层厚度等不同影响注入气重力分异的因素进行分析，得到垂向与径向渗透率比值越大，注采井距越大，储层厚度越大，注入气超覆程度越强。

参考文献

[1] 郑小敏,钟一军,严文德,等.凝析气藏开发方式浅析.特种油气藏,2008,15(16):59-64.

[2] Sigmund P, Cameron A M. Recovery of retrograde condensed liquids by revaporization during dry gas injection. Canadian Petroleum Technology, 1977, 16(1):64-77.

[3] Ghiri M N, Nasriani H R, Sinaei M, et al. Gas Injection for enhancement of condensate recovery in a gas condensate reservoir. Energy Sources Part A Recovery Utilization & Environmental Effects, 2015, 37(8):799-806.

[4] 郭平,景莎莎,彭彩珍. 气藏提高采收率技术及其对策. 天然气工业,2014,02:48-55.

[5] Krueger D A. Transient Gravity Override of a Condensation Front in a Porous Media. Society of Petroleum Engineers, 1984.

[6] 焦玉卫,李保柱,王博,等. 凝析气藏循环注气驱替机理研究. 新疆石油天然气,2010,04:63-66,120.

[7] 赵元良,蒋智格,葛盛权,等. 井下流体组分分析注气扫描应用实例. 测井技术,2015,03:379-383.

[8] 张利明,谢伟,杨建全,等. 凝析气藏循环注气开发中后期重力分异特征. 大庆石油地质与开发,2016,01:120-125.

[9] 冀光,夏静,罗凯,等. 超高压气藏气体偏差因子的求取方法. 石油学报,2008,05:734-737,741.

[10] 赖令彬,潘婷婷. 蒸汽驱注采井间蒸汽超覆评价方法研究. 特种油气藏,2013,02:79-83,155.

微波加热低渗透煤层气的渗流规律数值模拟

张永利　崔余岩　苏　畅　尚文龙

（辽宁工程技术大学力学与工程学院，阜新，123000）

摘要：为得到微波加热时低渗透煤层气藏内温度场的演化规律及渗流运移规律，研究了温度条件下对煤层气渗透率、渗流量的影响，得到考虑温度情况下的煤层气渗流规律。基于热力学、渗流力学、传热学等相关理论,建立了包含煤体变形方程、渗流方程、热传导方程低渗透煤层气注热开采过程的热-流-固多物理场耦合数学模型。利用 COMSOL Multiphysics5.0 数值模拟软件,对模型进行了数值求解,分别得出加热 0.5h、1h、2h 后煤层温度场、压力场和气体渗流率的变化规律。数值模拟结果表示：微波加热后煤层温度升高可以提高煤层渗透率,促进渗流量。研究结果可为注热开采煤层气的工程实践提供参考基础。

关键词：微波加热；煤层气；温度场；渗透率

Numerical simulation of the coalbed methane seepage characteristics by microwave heating

Zhang Yongli　Cui Yuyan　Su Chang　Shang Wenlong

(School of Mechanics and Engineering, Liaoning Technical University, Fuxin,123000)

Abstract: In order to obtain temperature field evolution and seepage migration law in the low permeability coalbed methane reservoirs by microwave heating, studying the influence of coalbed methane permeability and seepage on the temperature conditions, give methane seepage law considering temperature conditions. Based on the theory of thermodynamics, fluid mechanics, heat transfer, and establishing a coupled thermal-fluid-solid mathematical models of coal-bed mathane including coal deformation equation, gas seepage equation, heat conduction equation. The use of numerical simulation software COMSOL Multiphysics 5.0, the model was solved numerically, the changing rules of temperature field, pressure field and gas seepage field were drawn after 0.5h、1h、2h thermal Stimulation. The simulation results show rising microwave heat improve the permeability, achieve the purpose of improving coal methane production. The research results could provide corresponding theoretical basis for engineering practices of exploiting coal methane by heat injection.

Key words: microwave heating; coal-bed methane； temperature field; permeability

1　引言

除卸压开采、注气开采等低渗透煤层气增产方式外，注热开采是国内外普遍认同的一种未来提高煤层气产量的有效途径。由于微波具有微波选择性加热、热效率高、能耗低和易于控制等特点，正日益引起人们的重视，使得微波加热开采煤层气技术很有可能成为低渗透煤层煤层气开采的新兴技术。微波的加热方式有别于传统的传导热，使得温度场在煤岩内部分布状态同传统加热形式完全不同，为了能有效利用微波能量场，提高注热开采效率，很有必要对微波作用下煤岩内部的温度场进行研究，从而为微波注热开采煤层气提供有效的理论依据，因此，带有频率参数的电磁场激励也受到学者们的重视。何学秋与张摇力[1]认为变化电磁场可以提高吸附瓦斯的解吸速度和降低吸附量。张华等[2]利用电磁学和传热学方面的相关知识，从拟合稠油中胶团介质损耗和换热系数随温度的变化规律出发,建立并求解了微波加热稠油的微观电磁模型和热学模型。金友煌等[3]对辽河稠油进行了微波处理，对处理前后的稠油进行了地球化学分析，结果表明，该稠油样品经辐射后的波谱物性存在一定的变化,在分子组成及分子结构方面存在某些显著的变化[1~5]。本文建立微波加热条件下煤体温度场的数学模型和数值求解，并利用 COMSOL Multiphysics 有限元软件对煤体温度场分布进行模拟，对不同频率、不同功率的微波在煤岩体内产生的能量场对比研究，得到温度场在煤岩体内部的分布情况，为实际工程提供参考。

2　微波加热煤体温度场数学模型

为了研究微波作用下煤岩温度场分布规律，假定如下条件。

假设 1：研究的煤岩只包含基质块体以及裂缝；

假设 2：煤岩具有均质性，其物理力学参数各项同性；

假设 3：煤的热物理和介电性能是恒定的。

煤岩介质吸收微波能力较强，微波辐射的电磁场强度的分布可以由 Maxwell 方程描述

$$\nabla \times \left(\frac{1}{\mu_r} \nabla \times E \right) - \frac{(2\pi f)^2}{c} (\varepsilon' - i\varepsilon'') E = 0 \tag{1}$$

式中，E 为电场强度,V·m^{-1}；μ_r 为煤岩的相对磁导率；c 为电磁波在真空中的传播速率，m·s^{-1}；f 为微波源发生频率，Hz；$\varepsilon' - i\varepsilon''$ 为煤体的复相对介电常数。

微波与其他加热方式相比，其特点是使得电磁能得到最大程度的转化和吸收。单位体积电介质吸收的微波功率计算公式：

$$p'=2\pi f \varepsilon_0 \varepsilon_r' E^2 V\tan\delta \ , \quad p''=2\pi f \varepsilon_0 \varepsilon_r' E^2 \tan\delta \tag{2}$$

式中，p' 为吸收的微波功率；p'' 为体积能量密度；f 为微波的频率；ε_0 为真空介电常数；ε_r' 为介质的介电常数；$\tan\delta$ 为介质的损耗角正切；E 为物质内部的有效就电场强度；V 为吸收微波的有效体积；δ 为介电损耗角；由公式(2)可看出单位体积的物质在微波场中吸收的电磁能与微波电场强度的平方、电磁频率成正比，还会受到物质的介电特性的影响。

$\tan\delta$ 表示特定微波频率下降电磁能转化为热能的效率，计算公式为

$$\tan\delta = \varepsilon_r'' \big/ \varepsilon_r' \tag{3}$$

当微波穿透被加热物质的深度不断增加，物质降吸收的部分微波转变为热能，微博强度减弱，常用穿透深度 d_{E} 表示微波削弱的最大程度，表示公式为

$$d_{\mathrm{E}} = \lambda_0 / 2\pi \left(\sqrt{\delta_r' / \delta_r''} \right) \tag{4}$$

式中，λ_0 为真空中入射波长，在 2450MHz 的时候，λ_0=12cm，在 915MHz 时，λ_0=33cm，尽管低频的时候微波有较大的穿透能力，但是加热效果并不明显。

微波加热的原理是将加热物体作为微波传输的有耗介质，将有耗介质对微波的损耗变为热能，使加热物体的温度升高。加热过程中，热量的传递可通过求解传热方程得到，在直角坐标系中，三维瞬态传热方程的微分形式如下[6,7]:

$$\rho c \frac{\partial T}{\partial t} = \frac{\partial}{\partial x}\left(\lambda \frac{\partial T}{\partial x}\right) + \frac{\partial}{\partial y}\left(\lambda \frac{\partial T}{\partial y}\right) + \frac{\partial}{\partial z}\left(\lambda \frac{\partial T}{\partial z}\right) + Q \tag{5}$$

式中，ρ 为密度，$\mathrm{kg/m^3}$；c 为比热容，$\mathrm{J/(kg \cdot ^\circ C)}$；$\lambda$ 为导热系数，$\mathrm{W/(m \cdot ^\circ C)}$

高频微波加热是煤岩在电磁场中由于介质损耗而引起的体积加热。当电磁场穿入介质时，其功率损耗，损耗情况取决于介质的特性，相应的产生的热能表示为

$$Q_{\mathrm{emw}} = 2\pi \varepsilon_0 \varepsilon'' f |E|^2 \tag{6}$$

式中，ε'' 为煤岩复相对介电常数的虚部即介电损耗因子，可由实验获得。

3 煤层气注热开采热-流-固耦合数学模型

3.1 煤岩骨架变形对煤层气渗流影响的关系式

由于煤岩体的变形是由应力引起的，根据实验得出渗透率与有效应力的关系式如下。

$$K = A\exp\left(-B\sigma_{\mathrm{z}}'\right) \tag{7}$$

式中，σ_{z}' 为垂直有效应力，Pa；A、B 为系数。

3.2　煤层气渗流对煤岩体变形影响的关系式

煤层气渗流对煤岩体的变形影响主要是有效应力对弹性模量和抗压强度的影响，分别表示为

$$E = a_0 \exp(-b_0 p) \tag{8}$$

$$\sigma_c = a_1 \exp(-b_1 p) \tag{9}$$

式中，E 为煤岩体介质的弹性模量；p 为煤层气的孔隙压力；σ_c 为抗压强度，Pa。

3.3　温度场、应力场对煤层气渗流的影响关系式

根据对实验结果的拟合，得到渗透率与温度及应力的关系为

$$K = K_z (1+t)^{n'} \cdot e^{-\alpha'\sigma} \tag{10}$$

3.4　耦合模型定解条件

对于特定问题的求解还必须补充定解条件和边界条件。在微波加热开采煤层气热-固-流三场耦合作用问题中，定解条件包括温度场的边界条件和初始条件、煤岩体变形的边界条件和初始条件以及流体渗流的边界条件和初始条件。下面分别叙述这三场的边界条件和初始条件。

1) 微波加热温度场的边界条件和初始条件

初始条件：T=T_0,t=0,0<r<dE 边界条件，其中，T_0 为空气的温度(20℃)，q_s 为表面入射功率，初始值为 q_0。表示如下。

$$\lambda \frac{\partial T}{\partial x} = 0,\ x = 0,\ q_s = q_0 \tag{11}$$

2) 煤岩体骨架变形的边界条件和初始条件

开井边界条件在实际计算时，一般已知煤体骨架的表面力：

$$\sigma_{ij} L_j = s_i(x, y, z) \tag{12}$$

3) 流体渗流场的边界条件

外边界条件：

$$p(\infty, t) = p \tag{13}$$

内边界条件：

$$Q_g = -2\pi r \frac{K_g}{\mu_g} \frac{p}{RT} \frac{\partial p}{\partial x}\Big|_{x=r_0} \tag{14}$$

式中，Q_g 为煤层气井的定产量，m^3；r_0 为煤层气井筒半径，m。

初始条件为在 t=0 时刻，煤层内部气体压力的原始分布情况，即

$$p = f(x, y, z)\big|_{t=0} \tag{15}$$

综合以上所给的数学模型、边界条件及初始条件即构成了热-固-流三场耦合问题的数学模型。对此数学模型求解，即可求出开井后煤层温度场的分布、流体渗流场的分布规律即煤岩体骨架变形场的分布规律。但是由于该数学模型为非线性抛物型方程组，求解起来异常复杂且根本无法得到其解吸解，因此，对于此类耦合问题，只能采用数值方法进行模拟求解。

4　微波加热条件下煤层气解吸渗流规律的数值模拟

本章将基于 COMSOL Multiphysics 有限元软件，结合电磁场模块，达西渗流模块，多孔介质模块以及固体传热模块建立微波加热煤体的数值模型，求解得出温度场云图、渗流过程的渗流压力云图及渗透率云图，以验证数学模型的正确性。微波加热模型温度场与电加热模型温度场形成对比，得出相同功率下微波加热的高效性。建立煤层模型，根据实际参数，模拟微波加热条件下实际开采情况，并获得温度场、渗流压力场及渗透率结果图，用以证明微波加热对煤层气的增产科学性。结合前一章数学模型相关公式，给予实际工程参数，计算出煤层预计解吸量，为今后的实际工程提供相关参考。

4.1　微波加热煤体渗流规律的数值模拟

模拟三维模型半径 50mm×高度 120mm 的煤体模型，由于天线附近的温度场和应力场变化比较明显，因此对天线附近的网格进行细分。使用三角形节点单元的模拟网格，划分网格后的煤体模型如图 1(a)所示。

加热天线模型参照微波探针天线模型，微波探针在医疗视频等多个行业有一定的实际应用，技术较为成熟，以该方式更能体现模拟的科学性与实际性。该天线包括一个 5mm 的短路尖槽的细同轴电缆嵌入 1mm 宽的环形外导体。为了安全起见，天线封装在一个由 PTFE(聚四氟乙烯)制成的套筒(导管)。为了模拟达到较好效果，天线长度为 50mm。天线结构介绍图如图 1(b)所示。

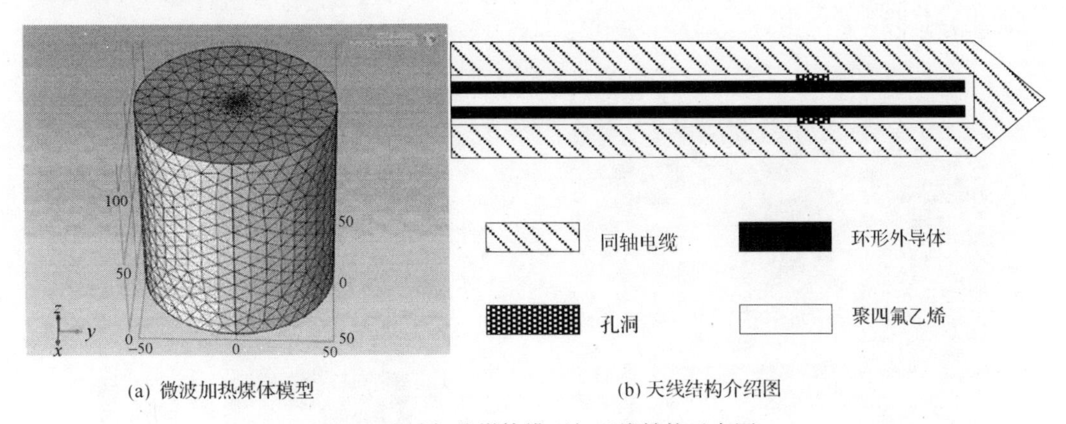

(a) 微波加热煤体模型　　(b) 天线结构介绍图

图 1　微波加热煤体模型与天线结构示意图

为证明微波加热方式的高效性，添加一组电加热煤体的模拟结果，在煤体内部边界添加功率热源，功率与电磁波功率一致。如果考虑加热棒本身耗损能量，实际结果应低于模拟结果。模拟内模型参数如表 1 所示。

表 1　煤体模型计算参数表

计算参量	取值
煤体密度/(kg/m^3)	1357
煤体导热系数/[W/(m · K)]	0.486
煤体比热/[J/(kg · K)]	4186.8
煤体原始温度/℃	20
煤体弹性模量/MPa	0.0075
煤体泊松比	0.32
煤体热膨胀系数	6.435×10^{-6}
天线端口电磁功率	1000w
外部压力	3×10^{6}Pa

4.2　微波加热煤体温度场分布规律

图 2 为运用微波加热和电加热两种方式对煤体进行加热，得到温度随时间变化的温度场云图。随着加热时间增加，天线周围受到影响的范围不断扩大，但是具体加热位置和加热范围却并不相同。通过该图组可以体现出微波加热相比电加热温度增加更快，基本上快了 1 倍左右，因此微波加热具有更实际和高效的加热效果。微波加热使煤体内天线顶端位置形成高温区，随时间增加高温区域范围逐渐扩大。伴随着高温区域的扩大，整体升温速度加快。而电加热等边缘加热方式，由于加热设备表面的温度较高，煤体接触面首先升温，进而向深层传递热量。电热棒尖端产生热量较低，主要加热部分在侧壁。由此可以看出，微波加热内部产生的热源，在升温速度和升温趋势方面更有优势。

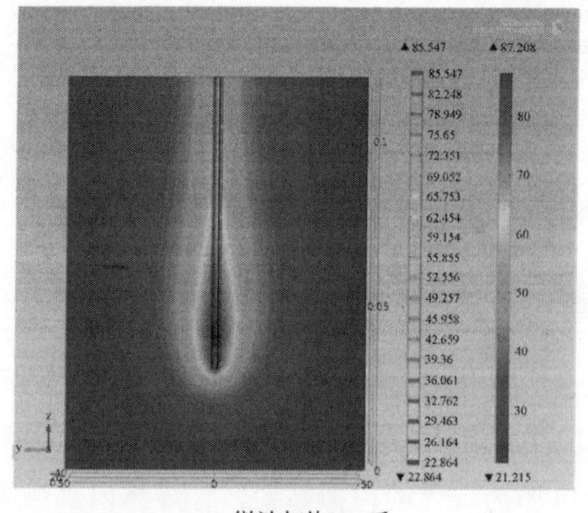

(a) 微波加热0.5h后

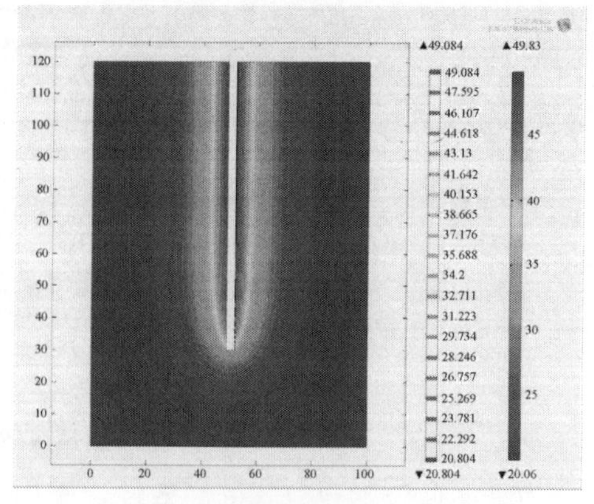

(b) 电加热0.5h后

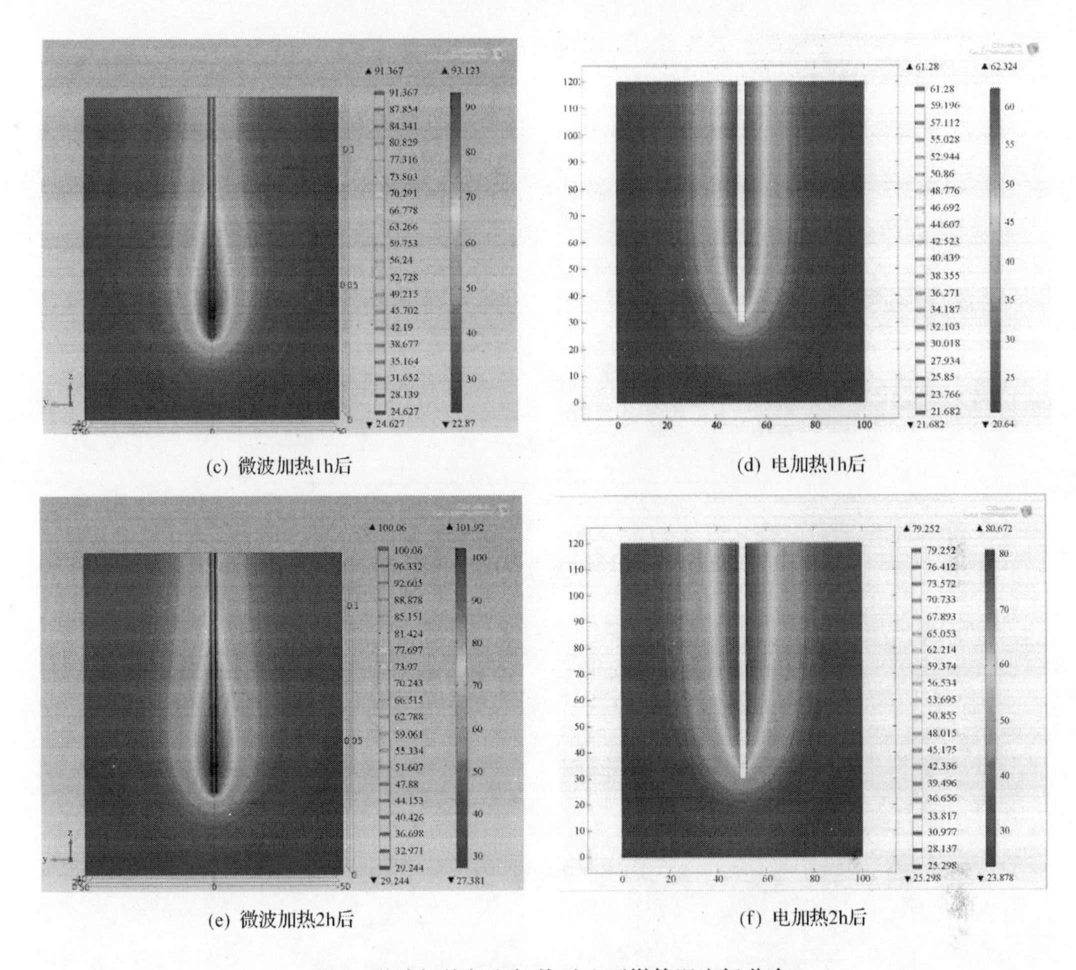

(c) 微波加热1h后 (d) 电加热1h后

(e) 微波加热2h后 (f) 电加热2h后

图2 微波加热与电加热对比下煤体温度场分布

图3为在微波加热2h内，天线尖端附近节点温度随微波加热时间变化曲线图。在距离天线5mm、10mm、20mm、30mm处定义四个节点，可以看出，煤层中纵向各节点存在不断变化的温度梯度。开始加热后，距离天线距离越近的煤层，温度变化越明显；距天线距离越远，煤层温度变化越不明显。说明煤体吸收微波能并转化为热量的能力与微波穿透距离正相关，虽然随时间的增加同时增长，但是升温速度不同。前两点所在位置，受微波影响较明显，在一定时间内温度上升速度较快，后两点距离微波发射源较远，受到微波影响较小，温度上升趋势较缓慢。说明了微波加热以产生热源并且通过热传递使整体温度升高的加热方式的正确性。

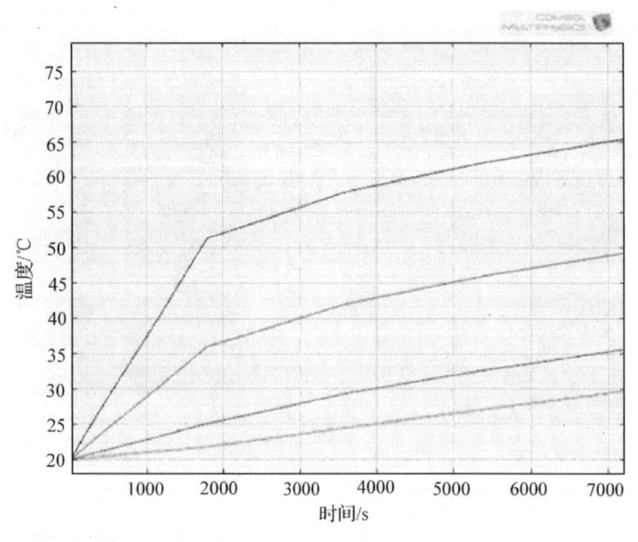

图 3　天线附近节点温度变化图

4.3　微波加热煤体压力场分布规律

图 4 为加热 0.5h、1h 和 2h 煤体模型压力图。从图中看出，煤体离天线越近的位置，

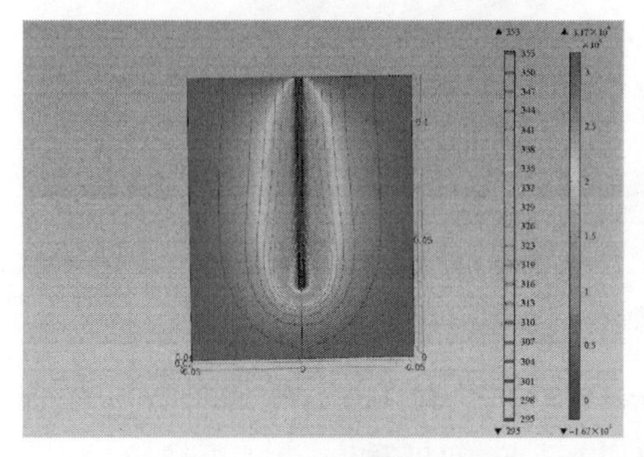

(a) 微波加热0.5h后压力场

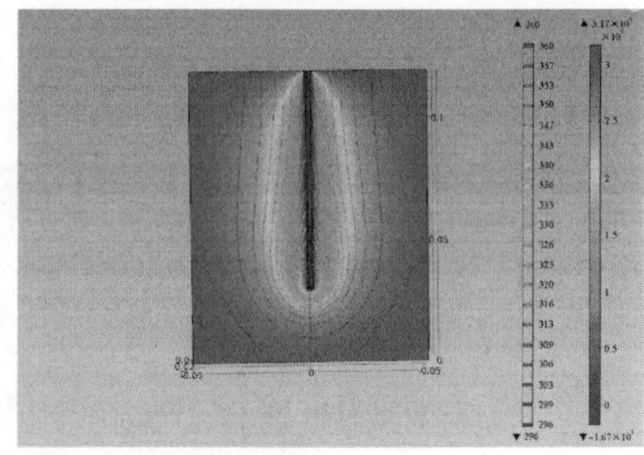

(b) 微波加热1h后压力场

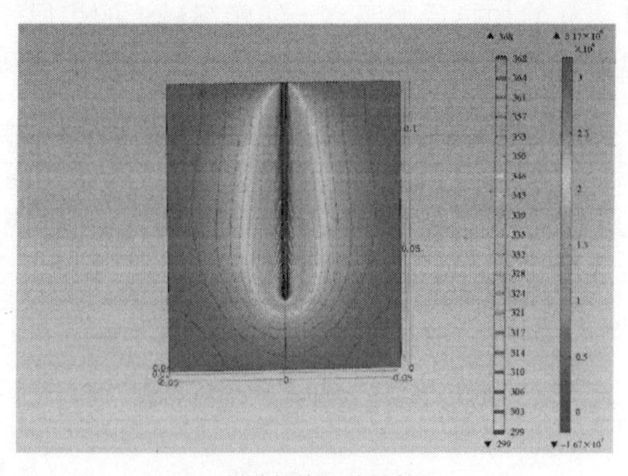

(c) 微波加热2h后压力场

图 4　煤体压力力场云图

对应越低的气体压力值，说明煤层气受压力梯度的影响向低压区域流动。随着微波加热时间的增加，煤体压力增高区域向周围扩展。由微波加热温度场的数值模拟结果可以看出，煤体压力增加区域与温度升高区域相吻合，温度升高煤体压力差明显发生变化。

4.4 温度作用下煤体渗透率规律

图 5 为微波加热 0.5h、1h 和 2h 后渗透率，rr 分量云图。由图中看出，随着加热时间的增加，温度的升高，压力差变大，渗透率也随之增加。说明煤层气受压力梯度的影响向低压区域流动，使煤体内部的渗透率沿半径方向逐渐增加。图 6 为不同位置对应的渗透率变化曲线，虽然温度上升到一定程度会影响渗透率变化，主要是因为煤体受热导致孔裂隙膨胀，发生应力变形，渗流通道受到阻碍，对渗透率有减小的作用，但是总是高于初始渗透率。

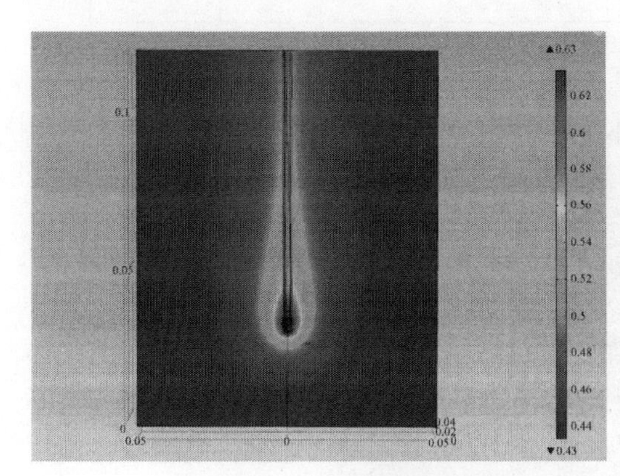

(a) 微波加热0.5h后渗透率, rr分量

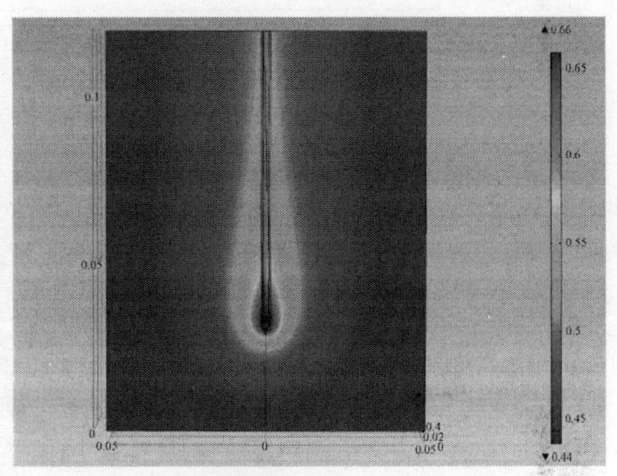

(b) 微波加热1h后渗透率, rr分量

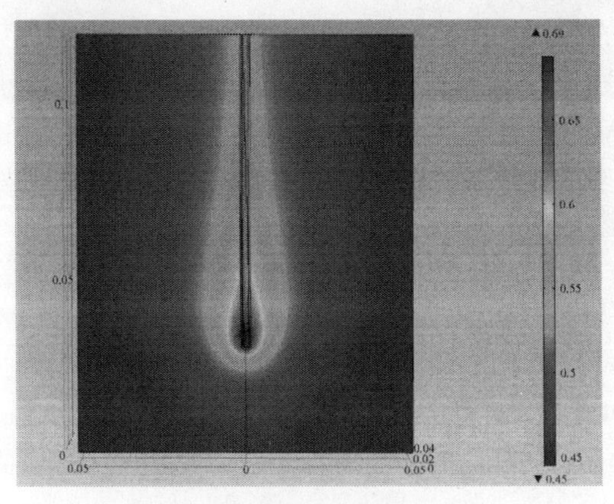

(c) 微波加热2h后渗透率, rr分量

图 5 煤体渗透率，rr 分量云图

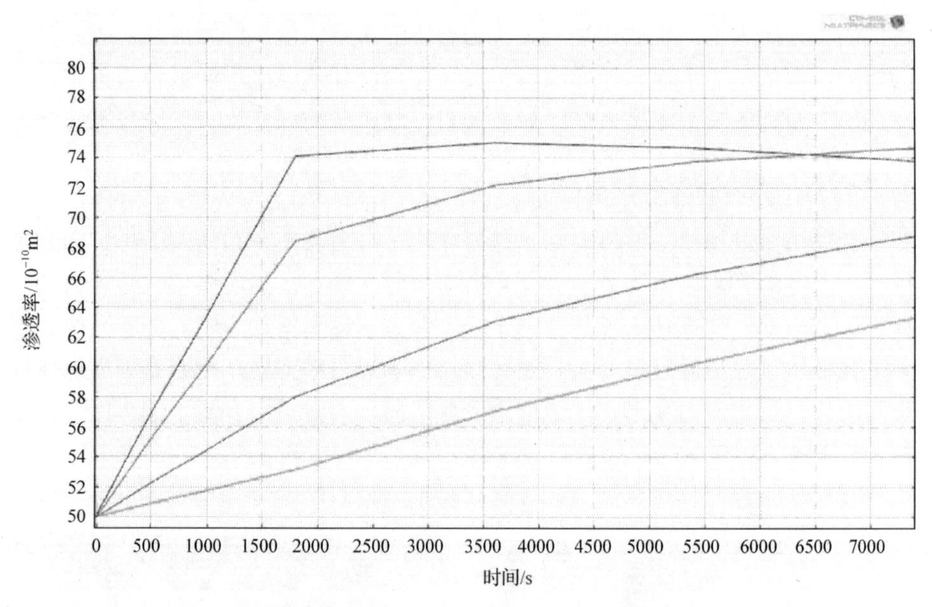

图 6　微波加热情况不同节点渗透率曲线图

5　结论

(1)运用微波加热和电加热两种方式对煤体进行加热煤体温度随时间变化。随着加热时间增加，天线周围受到热影响的范围不断扩大，但是具体加热位置和加热范围却并不相同。微波加热方式使煤体内天线顶端位置形成高温区域并随时间增加高温区域范围逐渐扩大。伴随着高温范围扩大，整体加热速度加快。相比较电加热等边缘加热方式，可见微波加热内部产生的热源，在升温速度和升温趋势方面更有优势。

(2)微波加热煤层过程，随着微波加热时间的增加，井筒附近煤层压力较小，压力的梯度增大，压力变化显著。气体渗流速度大，速度梯度增大，渗透率增加，压力较高处的气体以与压力等值线相垂直的方向向压力较低处的天线流入。距井筒距离越远，煤层压力越大，气体渗流率越接近初始值。

参 考 文 献

[1]　何学秋,张摇力.外加电磁场对瓦斯吸附解吸的影响规律及作用机理的研究.煤炭学报,2000,25(6):614-618.

[2]　张华,冯兵,董凤娟,等.微波对稠油作用机理的数学模型研究 .特种油气藏,2006,13(6):100-103.

[3]　金友煌,刘万赋,张桐义,等.微波降黏的实验研究及其应用前景.第六次国际石油工程会议论文集.北京：石油工业出版,1998.

[4]　焦其祥.电磁场与电磁波.北京：科学出版社,2010.

[5]　储乐平.感应加热磁热耦合场数值模拟及温度回归分析.大连:大连理工大学硕士学位论文,2004.

[6]　王旭阳.钢板感应加热及热弹塑性变形的数值模拟研究.大连:大连理工大学硕士学位论文,2004.

[7]　吴金福.基于 ANSYS 的感应加热数值模拟分析.杭州:浙江工业大学硕士学位论文,2004.

非牛顿聚合物颗粒流体低渗透油藏数值模拟

龙运前[1] 宋付权[2] 黄小荷[2] 王永政[2] 朱维耀[3]

(1.浙江海洋大学创新应用研究院，舟山，316022; 2.浙江海洋大学石化与能源工程学院，舟山，316022; 3.北京科技大学土木与环境工程学院，北京，100083)

摘要：本文利用流变仪测定了聚合物颗粒溶液的流变特性，结果表明聚合物颗粒流体表现出剪切变稀的假塑性非牛顿特性。通过数值模拟，建立了聚合物颗粒流体的调驱渗流数学模型，采用 FTCS 格式和雅可比共轭梯度法全隐式求解了数学模型，并编制了三维三相模拟器。通过现场应用实例分析，优化了调驱方案，分析了聚合物颗粒浓度和注入段塞尺寸对开采效果的影响，并对开采效果进行了拟合和预测。数值模拟结果表明，聚合物颗粒浓度和注入段塞越大，聚合物颗粒溶液调驱效果就越好，注入聚合物颗粒质量浓度为 0.10%，注入段塞尺寸为 0.042 倍孔隙体积的方案经济效益最佳。历史拟合与全区实际现场含水率误差在 3%以内，聚合物颗粒调驱预测累计产油量比水驱提高 4%，拟合与预测效果较好，表明聚合物颗粒调驱对该区块的低渗透油藏起到了较好的增油降水效果。

关键词：聚合物颗粒；非牛顿特性；低渗透油藏；数值模拟

Numerical simulation simulation of non newtonian polymer particles fluid flooding in low permeability reservoir

Long Yunqian[1] Song Fuquan[2] Huang Xiaohe[2] Wang Yongzheng[2] Zhu Weiyao[3]

(1.Innovation Application Institute, Zhejiang Ocean University, Zhoushan, 316022; 2. School of Petrochemical & Energy Engineering, Zhejiang Ocean University, Zhoushan, 316022; 3. School of Civil & Environmental Engineering, University of Science and Technology Beijing, Beijing, 100083)

Abstract: The rheological properties of polymer particles solution were measured by using rheometer. The results show the polymer particles solution exhibits pseudoplastic non Newtonian fluid property with shear thinning. The polymer particle profile control mathematical models were established by numerical simulation method, and solved by using the FTCS format and the Jacobi conjugate gradient method with fully implicit. The three-dimensional three-phase simulator was prepared. By numerical simulation analysis of oilfield application example, the profile control and oil displacement schemes were optimized, the influences of polymer concentration and injected slug size on production effect were analyzed and the exploitation effects were fitted and predicted. The results of numerical simulation show that the higher the concentration of polymer particles and the larger the injection slug, the better the effect of the polymer particle solution flooding is. The mass concentration of polymer particles is 0.10% and the injected slug size is 0.042 times of the pore volume, which have the best economic benefit for test block. The error of historical fitting water cut and the actual field water cut is within 3%. The cumulative oil production of polymer particles flooding increases by 4% compared with that of water flooding. The good fitting and prediction results show that the polymer particle flooding has good effect on the precipitation in low permeability reservoir.

Key words: polymer particle; non Newtonian property; low permeability reservoir; numerical simulation

引言

油藏数值模拟技术出现于20世纪50年代，它使人们能够利用数学方程模拟储层流体在多孔介质中的复杂流动过程，从而认识油藏并预测油藏动态[1~3]。经过几十年的发展，数值模拟技术开始转向三次采油的数值模拟研究。随着化学驱技术在国内外推广应用，化学驱数值模拟技术得到了快速的发展。国外，Zeito[4]首先建立了聚合物驱油三维数值模拟数学模型；Gao等[5]建立了三维三相延迟交联聚合物驱数值模拟器；Sorbie和Clifford[6]建立了多组分地下聚合物交联反应三维二相数学模型。国内，袁士义[7]建立了聚合物地下交联调剖二维三相八组分数学模型；宋立新[8]建立了三维三相七组分的交联聚合物驱模型；朱维耀[9]建立了三维二相六组分的聚合物交联防窜驱油模型、三维两相七组分的多重交联聚合物防窜驱油组分模型模拟器[10]和非等温油藏聚合物/交联聚合物防窜驱油组分模型模拟器[11]；冯其红等[12]建立了三维二相八组分的可动凝胶深部调驱流线模拟数学模型。聚合物颗粒调驱技术作为近几年来迅速发展起来的一种新兴有潜力的化学调驱技术，对其调驱机理和物化性质的实验研究较多，而对其数值模拟技术研究较少。赵玉武等[13]对纳微米聚合物驱油进行了数值模拟研究，编制了相应的数值模拟软件；张戈等[14]建立了凝胶颗粒运移的数学模型，考虑了凝胶颗粒调剖的膨胀特性、变形运移特性。随着对聚合物颗粒调驱技术的认识不断深化，对调驱机理和物理化学性质有了更进一步的认识。现有的数值模拟技术对这些调驱机理和物理化学性质描述不清，因此，本文在前人研究的基础上，将相关的聚合物颗粒调驱机理及物化性质引入数学模型，开展聚合物颗粒调驱数值模拟现场试验区块应用研究，为聚合物颗粒调驱技术现场应用实施方案的优选和动态预测等提供帮助。

1 流变实验

利用德国ThermoHaake公司的HAAKE RS600型流变仪测定不同颗粒浓度和水化时间下聚合物颗粒溶液的表观黏度随剪切速率变化关系，分析了颗粒浓度和水化时间对分散体系流变曲线的影响。在 60℃下水化 5 天，体系中 NaCl 浓度为 5g·L^{-1}，不同质量浓度下聚合物颗粒溶液的流变曲线见图 1。由图可知，随着聚合物颗粒质量浓度增加，分散体系表观黏度逐渐增大。在较低剪切速率下，不同聚合物颗粒质量浓度分散体系的表观黏度均随剪切速率增大而减小，表现出剪切变稀的假塑性流体特性。在较高的剪切速率下，质量浓度为 0.05g·L^{-1} 的分散体系黏度基本保持不变，表现出牛顿流体的特性；质量浓度为 0.5g·L^{-1} 的分散体系黏度随剪切速率增加而增大，表现出剪切变稠的溶胀性流体特性；而质量浓度为 1.5g·L^{-1} 的分散体系黏度随剪切速率增加而继续降低，仍然表现出假塑性流体特性。这是由于剪切应力促进新颗粒聚集体生成的同时，也对原有的聚集体具有拆散作用。当形成聚集体的作用大于聚集体拆散作用时，表现为溶胀性；当颗粒聚集体的形成同聚集体的拆散形成一种动态平衡时，体系表观黏度随剪切速率增加基本不变，表现为近似牛顿性；当聚集体拆散作用大于形成聚集体的作用时，表现为假塑性[15]。

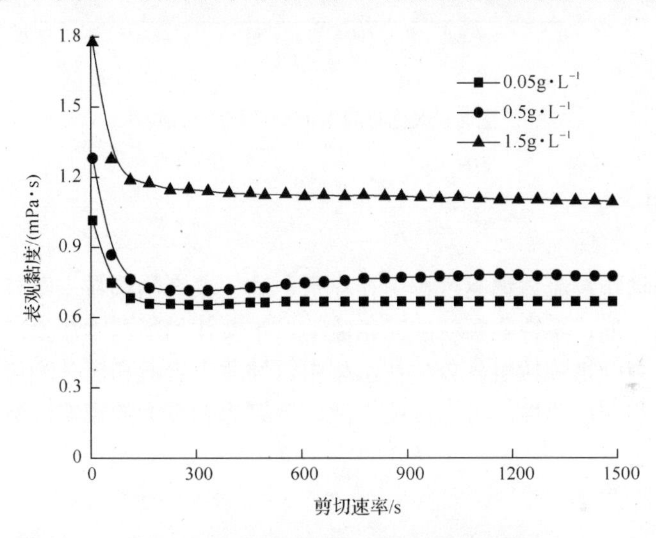

图 1 聚合物颗粒浓度对流变性能的影响

在 60℃、质量浓度为 1.5g·L^{-1}，水化不同时间，体系中 NaCl 浓度为 5g·L^{-1}，聚合物颗粒溶液的流变曲线见图 2。由图可知，随着水化时间增加，分散体系表观黏度逐渐增加。在较低剪切速率下，不同水化时间下分散体系的表观黏度均随剪切速率增大而减小，表现出剪切变稀的假塑性流体特性。在较高以及更高的剪切速率下，水化时间为 5 天、10 天的分散体系继续表现为假塑性流体特性。而水化时间为 1 天的分散体系在较高的剪切速率下，表现为剪切变稠的溶胀性流体特性。对于水化 1 天、5 天、10 天的分散体系，在被剪切之前，体系中聚集体同样处于一个稳定平衡状态中，所以在低剪切速率下，也表现出假塑性。对于水化 5 天、10 天的分散体系，随着水化时间增加，颗粒水化程度增强，体系中形成的聚集体数量较多，因此在较高剪切速率下，聚集体拆散的速度始终大于形成的速度，整个过程都表现出假塑性。而水化 1 天的分散体系，颗粒均匀分散，当受到较低速率的剪切作用时，整个颗粒分散体系呈现出层状有序结构，剪切应力仅仅使其在各自层内生有限变形和定向作用，表现为剪切变稀的假塑性流体特性。随着剪切速率逐渐增大，体系从层状有序结构变为无序结构，且形成新的聚集体，此时分散体系表现出剪切变稠的溶胀流体特性。

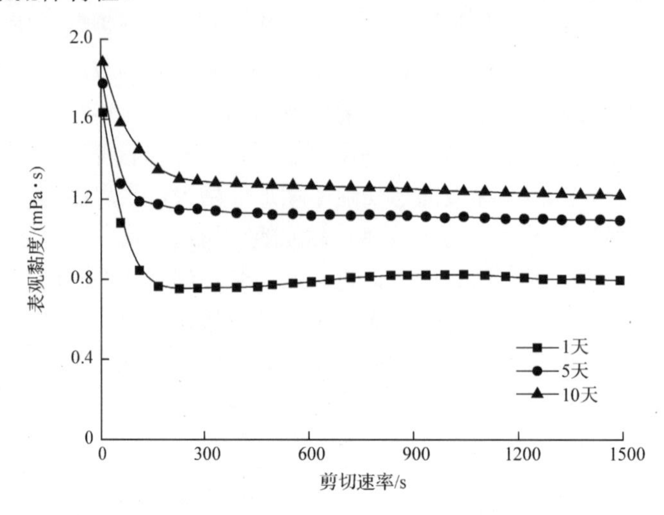

图 2　水化时间对流变性能的影响

2　数学模型

非牛顿聚合物颗粒流体调驱过程中存在水、油、聚合物颗粒三组分的相互作用与质量传输，以及水、油、聚合物颗粒的三相流动。本文作如下基本假设：水、油组分分配在各自相态中，聚合物颗粒组分分配在水相中，油藏中岩石和流体均可压缩，油藏中岩石具有各向异性和非均质性，考虑对流扩散、毛管力和重力的影响。数值模拟过程中所采用的方程如下所示。

质量守恒方程为

$$\frac{\partial}{\partial t}\left[\phi\sum_{j=1}^{N_\mathrm{p}}\rho_j S_j C_i+(1-\phi)\rho_\mathrm{s}C_{i\mathrm{s}}\right]+\nabla\cdot\left[\sum_{j=1}^{N_\mathrm{p}}\rho_j\vec{u}_j C_{ij}-\sum_{j=1}^{N_\mathrm{p}}\rho_j\phi S_j\left(\sum_{k=1}^{N_\mathrm{c}}D_{kj}^{i}\mathrm{grad}C_i\right)\right]=\phi\sum_{j=1}^{N_\mathrm{p}}\rho_j S_j r_{ij}+(1-\phi)r_{i\mathrm{s}} \tag{1}$$

式中，$i=1,2,3,\cdots,N_\mathrm{c}$，$N_\mathrm{c}$为组分数，这里最大为 3；$t$为时间；$j=1,2,3,\cdots,N_\mathrm{p}$，$N_\mathrm{p}$为相数，这里最大为 3；$\phi$为孔隙度；$C_i$为流体相组分质量分数；$C_{i\mathrm{s}}$为固体吸附相质量分数；$S_j$为$j$相饱和度(小数)；$\rho_\mathrm{s}$为固相密度；$\rho_j$为$j$相相密度；$C_{ij}$为$j$相中$i$组分质量分数；$\vec{u}_j$为$j$相渗流速度；$D_{kj}^{i}$为$j$相中$i$组分与$k$组分间的扩散系数；$r_{ij}$为$i$组分在$j$相的生成和聚并项；$r_{i\mathrm{s}}$为固相捕集$i$组分项。

运动方程为

$$\vec{u}_j=-K\frac{k_{rj}}{\mu_j R_j}(\nabla P_j-\rho_j g\nabla Z-G) \tag{2}$$

式中，K为绝对渗透率，m^2；k_{rj}为j相的相对渗透率；μ_j为j相黏度，$\mathrm{mPa\cdot s}$；R_j为j

相渗透率下降系数；P_j 为 j 相压力，Pa；g 为重力加速度，m/s^2；Z 为油藏深度，m；G 为启动压力梯度，P/m。

物理特性方程包括：

(1) 水化膨胀方程为

$$r = r_0\left(1 + \frac{ktS_{\max}^2}{1 + ktS_{\max}}\right) \tag{3}$$

式中，r 为聚合物颗粒水化后半径，m；r_0 为聚合物颗粒初始半径，m；t 为水化时间，s；$S_{\max}$ 为聚合物颗粒最大膨胀倍数；k 为方程中系数，由实验确定；

(2) 黏度方程为

$$\mu_{\mathrm{p}} = \mu_{\mathrm{w}}(1 + \gamma C_{\mathrm{p}}) \tag{4}$$

式中，μ_{p} 为聚合物颗粒黏度；C_{p} 为聚合物颗粒浓度；μ_{w} 为水黏度；γ 为方程中系数，由实验确定。

(3) 流变方程为

$$\mu_{\mathrm{eff}}(\dot{\gamma}) = \mu_{\inf} + (\mu_0 - \mu_{\inf})\left[1 + (\lambda\dot{\gamma})^2\right]^{\frac{n-1}{2}} \tag{5}$$

式中，μ_0 为零剪切黏度；$\mu_{\inf}$ 为无穷剪切黏度；λ 为松弛时间；$\dot{\gamma}$ 为剪切速率；n 为幂律指数。

流动特性方程包括：

(1) 堵塞压力方程为

当 $r / r_{\mathrm{h}} \geqslant 3$ 时，堵塞压力方程为

$$P_{\mathrm{r}} = 0.01X^2 + 1.03X - 1.52 \tag{6}$$

式中，P_{r} 为堵塞压力；X 为 r / r_{h}；r_{h} 为喉道半径。

(2) 阻力系数方程为

$$R_{\mathrm{k}} = \left[1 + \frac{(R_{\mathrm{k,max}} - 1)b_1 C_{\mathrm{p}}}{1 + b_2 C_{\mathrm{p}}}\right] \tag{7}$$

式中，R_{k} 为阻力系数；$R_{\mathrm{k,max}}$ 为渗透率降低最大系数；b_1、b_2 为方程中的系数，由实验确定；

(3) 残余阻力系数方程为

$$R_{\mathrm{rf}} = \left(1 + \frac{a_1}{K}\right)(1 + a_2 S_{\mathrm{w}} + a_3 S_{\mathrm{w}}^2) \tag{8}$$

式中，R_{rf} 为残余阻力系数；S_{w} 为水相饱和度；a_1、a_2、a_3 为方程中的系数，由实验确定。

(4) 相对渗透率方程为

$$k_{\rm rw}=k_{\rm rw}^{0}(1-S_{\rm w})^{1+\alpha C_{\rm p}} \tag{9}$$

$$k_{\rm ro}=k_{\rm ro}^{0}S_{\rm w}^{1+\beta C_{\rm p}} \tag{10}$$

式中，$k_{\rm ro}$ 为油相相对渗透率；$k_{\rm ro}^{0}$ 为油相初始相对渗透率；$k_{\rm rw}$ 为聚合物颗粒水溶液相相对渗透率；$k_{\rm rw}^{0}$ 为聚合物颗粒水溶液相初始相对渗透率；α 、β 为方程中的系数，由实验确定。

3　应用分析

3.1　开采历史拟合

试验区块面积 1.21km^2，地质储量 264.0×10^{4}t，中心井区面积 0.45km^2，地质储量 90.1×10^{4}t，渗透率为 49×10^{-3}μm^2，有效孔隙度为 21%，地层原油密度为 0.825t/m^3，原油黏度为 3.9mPa·s，饱和压力为 11.49MPa，体积系数为 1.183，原始气油比为 74.8m^3/t，油层原始地层压力为 13.99MPa，油层温度为 65.0℃，目的层单井砂岩厚度为 15.0m，有效厚度为 6.8m。调剖井组由共 8 口水井组成，井区共有 21 口油井，中心采出井 6 口。平均破裂压力 11.49MPa，目前注入压力 10.0MPa，日均注水 190m^3，均为分层井，共划分 39 个层段。平均日产液 64t，日产油 8.0t，综合含水 87.53%，6 口中心井平均日产液 77t，日产油 5.6t，综合含水 92.85%。

对试验区块进行数值模拟，建立 34 层地质模型。模拟区域网格系统为 72×76×34，总网格数为 186048 个。图 3 为试验区块现场、水驱拟合、聚合物颗粒调驱拟合含水率对比图。由图可知，历史拟合的曲线与全区实际现场含水率曲线误差在 3%以内，拟合效果较好。注入聚合物颗粒 2 个月后，聚合物颗粒调剖效果开始显现，含水率下降，降幅 2%左右。

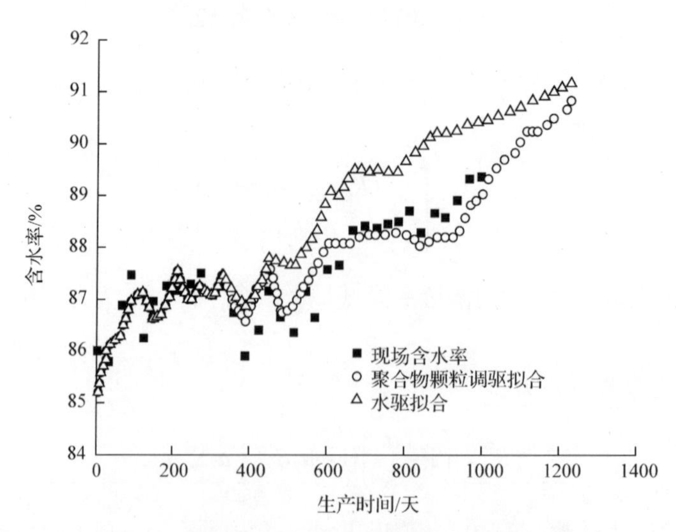

图 3　水驱和聚合物颗粒调驱拟合含水率曲线

3.2 调驱方案优化

以现场井网及配产配注为基础，同时对聚合物颗粒注入段塞、注入浓度等进行优化，并对聚合物颗粒调驱效果进行预测。在尽量减少资金投入量前提下，对井网进行优化配产配注，设计如下：以一级段塞为基础，聚合物颗粒质量百分比分别为 0.01%、0.03%、0.05%、0.07%和 0.1%，注入段塞体积分别为 0.021PV、0.042PV、0.063PV 和 0.084PV。对 20 个方案进行数值模拟，聚合物颗粒浓度和注入段塞大小对采出程度的影响见图 4、图 5。由图可知，随着聚合物颗粒质量浓度增加，采出程度逐渐增大，注入段塞越大，采出程度的增幅越大。聚合物颗粒浓度由 0.01%增大到 0.1%，注入段塞为 0.021PV 时，采出程度增加了 0.55%，而当注入段塞增至 0.084PV 时，采出程度增加了 1.4%。随着聚合物颗粒溶液注入段塞增大，采出程度也逐渐增加，聚合物颗粒的质量浓度越大，采出程度的增幅越大。注入段塞由 0.021PV 增大到 0.084PV，质量浓度为 0.01%时，采出程

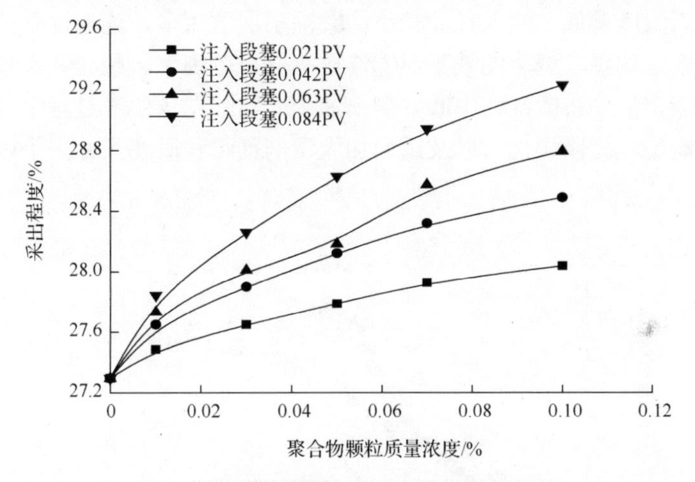

图 4 聚合物颗粒浓度对采出程度的影响

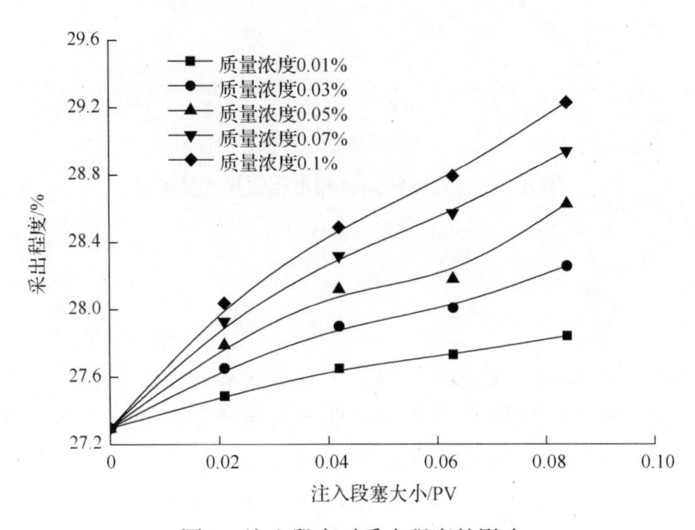

图 5 注入段塞对采出程度的影响

度增加了 0.36%，而当质量浓度增至 0.1%时，采出程度增加了 1.19%。可见，聚合物颗粒浓度和注入段塞越大，聚合物颗粒溶液调驱的采出程度就越高。通过对比累积注入聚合物颗粒的体积和累积产油量，计算投入产出比，并分析聚合物颗粒浓度和注入段塞对投入产出比的影响。计算结果表明，注入聚合物颗粒质量浓度为 0.10%，注入段塞尺寸为 0.042PV 的方案为最佳方案。

3.3 开采效果预测

试验区块聚合物颗粒调驱和水驱效果预测结果见图 6。由图可知，注入聚合物颗粒 2 个月后，也即生产 750 天时，聚合物颗粒调驱开始见效，到生产 1500 天，聚合物颗粒调驱预测累计产量比水驱提高 4%左右，之后基本保持不变，与现场实际累计产量生产数据基本符合。说明该预测方案能够较好的模拟试验区块的生产状况，聚合物颗粒调驱能够起到了较好的增油效果。但在数值模拟过程发现中心井效果较差，含水回升较快，原因在于：①注入浓度偏低，注入尺寸较小；②油层层数太多，连通性差；③水淹层水淹严重，降低了聚合物颗粒调驱的效果；④渗透率分布范围大、聚合物颗粒适应性与效能发挥较差；⑤剩余油分布散乱，中心井剩余油少。实际现场生产过程中可以建议通过分层系、关闭水淹层、分段调剖，以及适当加大调剖剂量和段塞尺寸来予以解决。

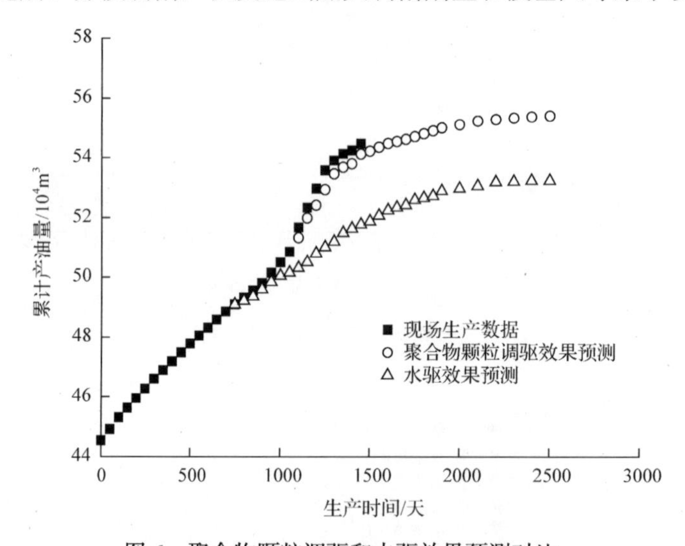

图 6　聚合物颗粒调驱和水驱效果预测对比

4 结论

本文利用 HAAKE RS600 型流变仪测定了聚合物颗粒溶液的流变特性，分析了聚合物颗粒浓度和水化时间对流变特性的影响。通过数值模拟，建立了聚合物颗粒溶液调驱渗流数学模型，采用 FTCS 格式和雅可比共轭梯度法全隐式求解，得到了三维组分差分方程和压力差分方程，并编制了三维三相模拟器。通过现场应用实例分析，对现场调驱方案进行了优化，分析了聚合物颗粒浓度和注入段塞尺寸对开采效果的影响，并对开采效果进行了拟合和预测，得出了以下结论：①聚合物颗粒质量浓度和水化时间对聚合物颗粒溶液的流变特性有较大的影响，在较低剪切速率下，不同聚合物颗粒质量浓度和水化时间的聚合物颗粒溶液，均表现出剪切变稀的假塑性流体特性；②聚合物颗粒浓度和注入段塞越大，聚合物颗粒溶液调驱效果就越好，考虑经济效益，注入聚合物颗粒质量浓度为 0.10%，注入段塞尺寸为 0.042PV 的方案经济效益最佳；③历史拟合与全区实际现场含水率误差在 3%以内，聚合物颗粒调驱预测累计产油量比水驱提高 4%，拟合与预测效果较好。

参 考 文 献

[1] Bondor P L, Hirasaki G J, Tham M J. Mathematical simulation of polymer flooding incomplex reservoirs. SPE Journal, 1972, 12(5): 369-382.

[2] 潘举玲，黄尚军，祝杨，等. 油藏数值模拟技术现状与发展趋势. 油气地质与采收率，2002，9(4)：69-71.

[3] 刘皖露，马德胜，王强，等. 化学驱数值模拟技术. 大庆石油学院学报，2012，36(3)：72-78.

[4] Zeito G A. Three dimensional numerical simulation of polymer flooding in homogeneous and herteorgeneous systems. Fall Meeting of the Society of Petroleum Engineers of AIME, SPE 2186, 29 September-2 October, Houston, Texas, 1968:1-6.

[5] Gao H W, Chang M M, Thomas E B, et al. Studies of the effects of crossflow and initiation time of a polymer gel treatment on oil recovery in a waterflood using a permeability modification simulator. SPE Reservoir Engineering, 1993,8(3):221-227

[6] Sorbie K S, Clifford P J .The simulation of polymer in heterogeneous porous media. AICHE National Spring Meeting Huston, Texas, 1985.

[7] 袁士义. 聚合物地下交联调剖数学模型. 石油学报，1991，12(1)：49-59.

[8] 宋立新. 交联聚合物驱数学模型研究. 特种油气藏，2003，10(4)：38-40.

[9] 朱维耀. 交联聚合物防窜驱油组分模型模拟器. 石油勘探与开发，1996，23(1)：43-46.

[10] 朱维耀，鞠岩，何鲜. 多重交联聚合物防窜驱油组分模型模拟器. 西安石油学院学报：自然科学版，1998，13(3)：20-24.

[11] 朱维耀，鞠岩. 非等温油藏聚合物和交联聚合物防窜驱油组分模型模拟器. 试采技术，1999，20(1)：15-20.

[12] 冯其红，袁士义，韩冬. 可动凝胶深部调驱流线模拟方法研究. 应用基础与工程科学学报，2005，13(2)：146-152.

[13] 赵玉武，王国锋，朱维耀. 纳微米聚合物驱油室内实验及数值模拟研究. 石油学报，2009，30(6)：894-896.

[14] 张戈，冯其红，同登科. 凝胶颗粒调剖平面径向流数值模拟研究. 广西大学学报：自然科学版，2009，34(3)：406-409.

[15] 崔波，罗伟. 交联聚合物微球分散体系流变性影响因素研究. 应用化工，2008，38(5)：635-639.

深部开采条件下煤体温度、应力场分布模拟研究

王亚鹏[1]　张永利[2]　马　凯[2]

（1.辽宁工程技术大学创新实践学院，阜新，123000；
2.辽宁工程技术大学力学与工程学院，阜新，123000）

摘要：浅部煤炭资源的日益枯竭，推动了我国煤炭的深部开采。高地温、高应力是影响煤炭深部开采的重要因素。采用 COMSOL Multiphysics 对不同深度煤层周围温度场应力场分布规律进行仿真模拟，得出不同深度下煤体周围温度场、应力场的分布云图。模拟发现：深部条件下温度场的扩散整体呈“圆角矩形”的趋势，接近地表处成椭圆形扩散，温度效应减弱，扩散范围减小；应力场的变化以 900m 深为分界，开采深度小于 900m，应力场的分布规律大体相同；大于 900m 时出现明显变化，中心应力增大至煤体发生破裂。

关键词：深部开采；煤；COMSOL Multiphysics；温度场；应力场

Under deep mining conditions of coal temperature and stress distribution simulation study

Wang Yapeng[1]　Zhang Yongli[2]　Ma Kai[2]

（1.College of Innovation and Practice, Liaoning Technical University, Fuxin 123000;
2.College of Mechanics and Engineering, Liaoning Technical University, Fuxin 123000）

Abstract: The increasing depletion of shallow coal resources promote the depth mining of Chinese coal. High temperature and stress is an important factor in the impact of deep mining of coal. Using Comsol Multiphysics to simulation the distribution of temperature and stress field around different depth seams. Obtain approximate contours of temperature and stress field at different depth around the coal. The simulation found: Overall diffusion of temperature field was “Rounded Rectangle” trend under the conditions of deep mining, close to the surface of the diffusion into an oval, temperature effect of weakening and the diffusion range is reduced. 900m deep is the boundaries of the stress field changes, if mining depth less than 900m, the distribution of stress field in much the same; change significantly when more than 900m, center stress increase to coal occur

---

作者简介：王亚鹏(1978－)，男，硕士，2006 年毕业于辽宁工程技术大学材料科学与工程学院，讲师，现主要从事注热开采煤层气等方面的研究工作，E-mail：wyp117756@126.com。

rupture.

Key words: deep mining; coal; COMSOL Multiphysics; temperature field; stress field

引言

我国煤炭资源极其丰富，据煤炭工业部 1981 年第二次全国煤田预测汇总统计结果，我国煤炭资源总量为 50592 亿 t。近年来，随着对能源需求量的增加和开采力度的加大，浅部煤炭资源日益减少枯竭，国内外矿山都相继进入深部资源开采状态。据不完全统计，国外开采超千米的金属矿山有 80 多座，其中最多为南非。根据目前资源开采状况，我国煤矿开采深度以每年 8~12m 的速度增加。近年已有一批矿山进入深部开采状态。其中，沈阳采屯矿开采深度为 1197m，徐州张小楼矿开采深度为 1100m。而高温高压的地理条件是阻止深部开采的一大难题，因此进行高温高压条件下渗透特性变化的研究对煤炭的深部开采具有重大意义及社会价值。

近几年来，国内外对煤炭深部开采的关注度日益提高，我国对于深部开采并没有明确的定义，一些国家认为超过 800m 的金属矿即为深部开采。针对深部开采条件下的煤的渗透特性，国内外学者都进行了不同的实验研究：我国学者李志强和鲜学福 [1]进行了煤体渗透率随温度和应力变化的实验研究；张子军、赵阳升等进行了高温三轴压力下无烟煤、气煤煤体渗透特性的实验研究[2]；杨新乐和张永利[3]进行了气固耦合作用下温度对煤瓦斯渗透率影响规律的实验研究；Enever 和 Hening[4]找到煤体有效应力对渗透率的影响规律；Robert 等[5]研究了孔隙压力及围岩应力对煤渗透系数的影响。现有研究多集中于 1000m 以内煤矿开采过程中温度压力对渗透特性的影响，基于此现状，本文采用 COMSOL 软件对采深大于 1000m 的煤矿进行数值模拟，揭示高温高压条件下渗透特性的变化，为我国的深部开采提供理论依据与数学模型。

1 温度压力随开采深度变化的研究

1.1 温度随开采深度的变化

地层温度是煤田开发的能量和基础参数，对合理开发煤田具有重大意义。地层温度简称地温，随着深度的增加而升高，据国内外学者统计大约埋深每增加 33m，地温增高 1℃。根据地层温度的变化，常把地壳划分为三个地温带：温度日变化带、温度年变化带、恒温带。我们通常认为 30m 以下的为恒温带，不受季节性气温变化的影响，在恒温带以下，地层温度随深度增加而升高，其升高的速度通常用地温梯度来表示。地温梯度是指埋藏深度每增加 100m 地温增高的度数，本次模拟背景为阜新海州露天煤矿，经过实地测量，地表温度为 18℃，地温梯度为 3℃/100m，因此我们可以得出阜新海州露天矿深部条件下温度变化关系式：

$$T = 3h/100 + 18 \tag{1}$$

式中，T 为地层实际温度，℃；h 为开采深度，m。

1.2　应力随开采深度的变化

关于深部条件下应力的分布许多学者提出假说，最早的地应力模型是 1879 年 Haim 提出的各向等压假说，认为水平应力和垂直应力相等，1925 年前苏联学者金尼克根据线弹性理论提出了地应力的另一假说，即认为水平应力大小应取决于当前岩层的泊松比，水平与垂直应力之比如下式所示。

$$k = \upsilon / (1 - \upsilon) \tag{2}$$

式中，υ 为岩层泊松比。

深部条件下 υ 可能接近于 0.5，此时水平应力与垂直应力近似相等，与各向等压假说估计的结果一致； 通过实地采样测量所得数据，应用 Origin 软件进行拟合得到曲线如图 1 所示：垂直应力与开采深度基本呈线性变化，从图中可以看出水平应力的增长趋势大体从采深 800m 时开始发生变化，采深小于 800m 时的曲线斜率明显高于采深 800m 以上，当采深大于 800m 时，曲线上升缓慢，近趋于平稳。从图 1 中曲线的整体趋势我们可以看出，随着采深的增加，两条曲线逐渐接近，我们可以推测当深度继续增加时，曲线将出现交点。

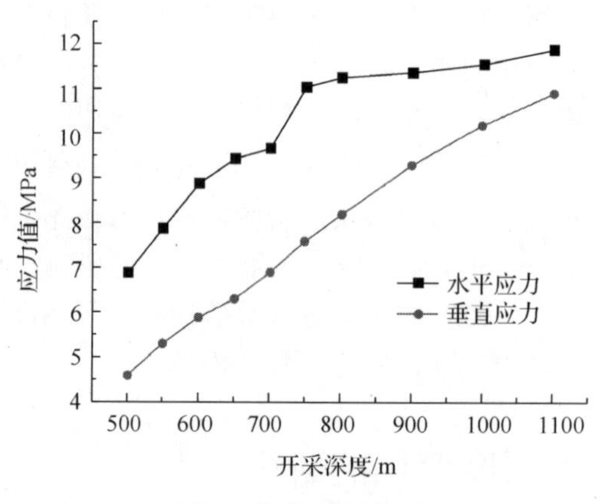

图 1　应力-采深关系

2　煤岩变形场控制方程

2.1　平衡方程

由有效应力表示的微分方程为

$$\sigma'_{ij,j} + (\delta_{ij}\alpha \bar{p})_{,j} + f_i + \alpha \nabla T = 0 \tag{3}$$

式中，σ_{ij} 为总应力，Pa；f_i 为体积力，N/m^3；δ_{ij} 为张量；α 为 Biot 系数。

2.2 几何方程

$$\varepsilon_{ij} = \frac{1}{2}(u_{i,j} + u_{j,i}) \tag{4}$$

式中，ε_{ij} 为应变；u_i 为位移。

2.3 本构方程

考虑温度影响并采用弹塑性方程表示的本构方程增量形式为

$$\{\mathrm{d}\sigma_{ij}\} = [D]\{\mathrm{d}\varepsilon_{ij}\} + CT$$

式中，ε_{ij} 包括两部分的应变，分别为应力引起的应变和温度引起的热应变。

屈服准则采用修正的德鲁克准则，其数学表达式为

$$F = \beta I_1' + \sqrt{J_2'} - k$$

式中，I_1' 为有效应力第一不变量，$I_1' = \sigma_x' + \sigma_y' + \sigma_z'$；$\beta = \dfrac{\sin\varphi}{\sqrt{9 + 3\sin^2\varphi}}$；$J_2'$ 为有效偏应力第二不变量；$k = \dfrac{3c\cos\varphi}{\sqrt{9 + 3\sin^2\varphi}}$，$c$ 为煤岩体骨架的黏合力，Pa，φ 为煤岩体骨架的内摩擦角。

3 高温高应力条件下煤体渗透特性数值规律分析

取煤样二维区域 0.05m×0.05m，模拟加热 15 天后煤样整体温度场、应力场、渗流场分布。模拟参数见表 1。由于模拟的煤样为实体，为使整体变化较为显著，温度场和应力场、渗流速度场变化较为明显，故对煤样整体网格划分时，采用特别细化的方式，如图 2 所示。图中自由度数目为 16007，网格单元数 6282。

表 1 数值模拟控制参数

参数	数值
煤体密度/(kg·m^{-3})	1357
煤体导热系数/[W/(m·K)]	4.5
煤体比热容/[J/(kg·K)]	8.66
泊松比	0.32

续表

参数	数值
煤体原始温度/℃	18
孔隙率	0.1
加热温度/℃	42、45、48
加热时间/天	15
热膨胀系数/(10^{-6}/℃)	6.435

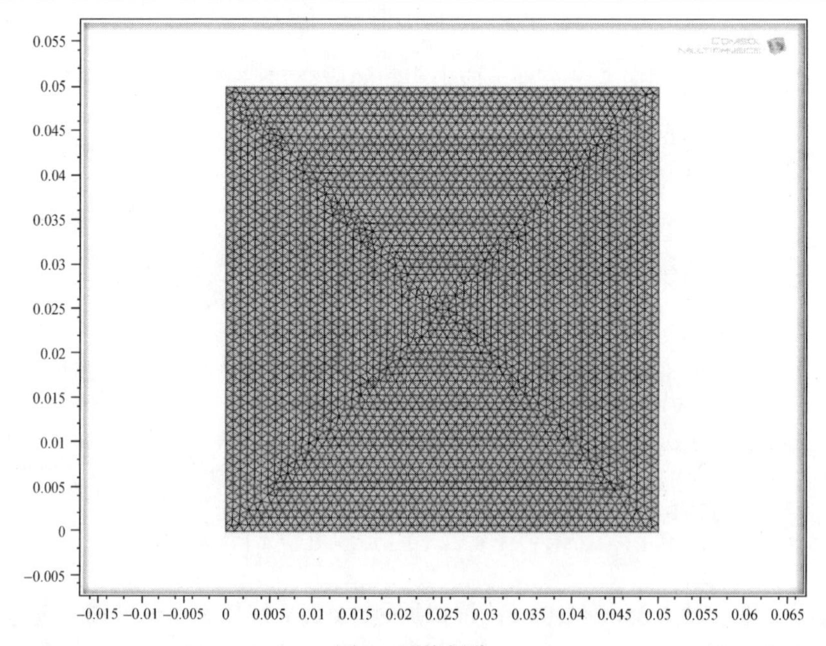

图 2　网格划分

3.1　模拟背景及工况

模拟背景为辽宁省阜新市露天煤矿，分别模拟采深 800m、900m、1000m 情况下的煤层温度场、应力场、渗流场的分布情况。

工况 1：采深 800m；温度 42℃(315K)；应力 8.2MPa；

工况 2：采深 900m；温度 45℃(318K)；应力 9.3MPa；

工况 3：采深 1000m；温度 48℃(321K)；应力 10.2MPa。

3.2　不同采深下温度场分布及分析

通过观察图 3(a)~(f)我们可以发现，在深部开采的过程中，温度由煤岩体本身“成圆角矩形式”向周围扩散，在接近地表时成椭圆形扩散，扩散范围减小，温度效应减弱。采深的不同将会对温度的扩散产生影响，观察比较三个采深下温度场分布云图我们可以

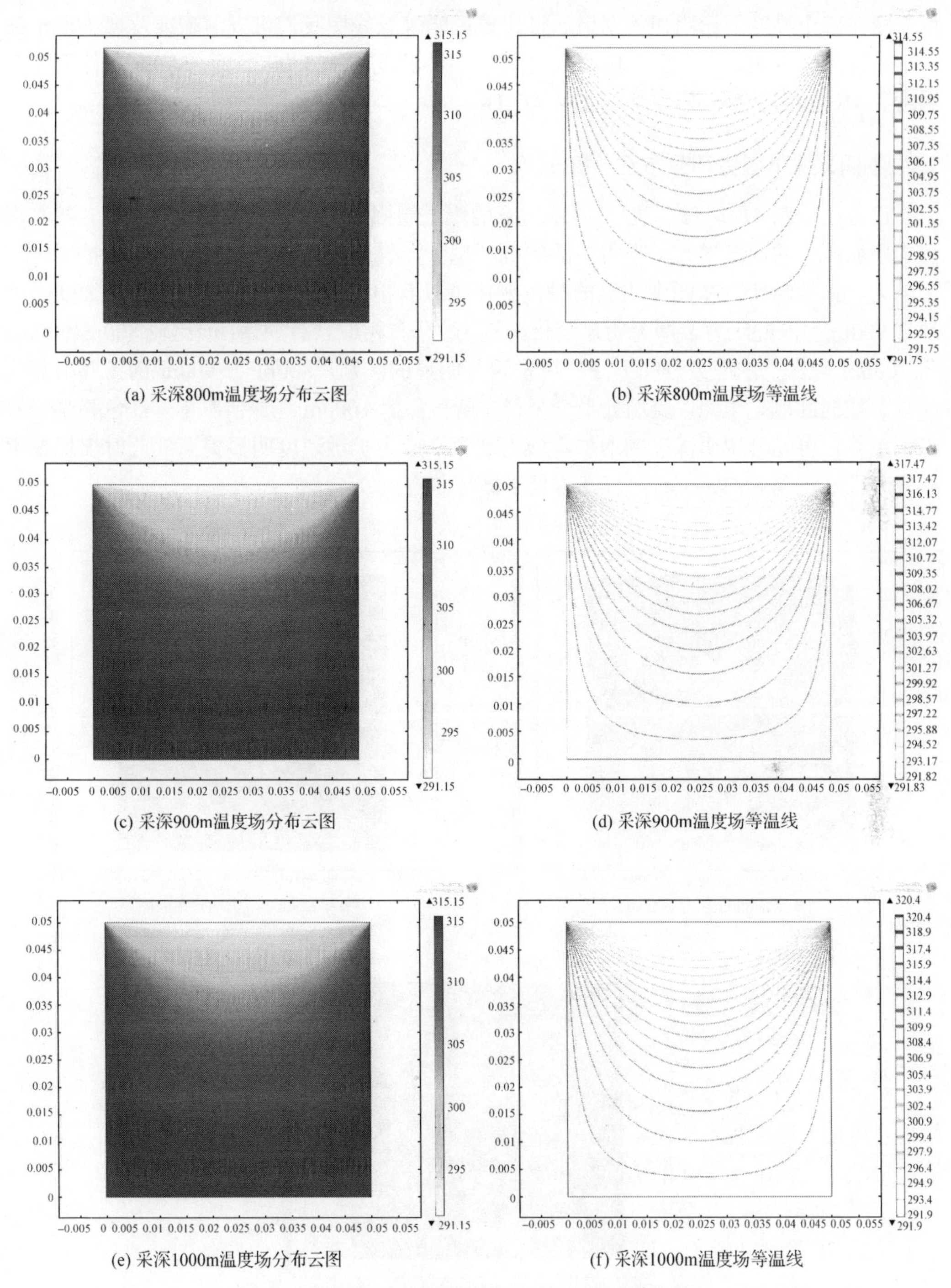

(a) 采深800m温度场分布云图

(b) 采深800m温度场等温线

(c) 采深900m温度场分布云图

(d) 采深900m温度场等温线

(e) 采深1000m温度场分布云图

(f) 采深1000m温度场等温线

图 3 不同采深下温度场分布云图及温度场等温线

发现，随着采深的增加，初始温度升高，离底部越近，温度越高，升温越快。在三幅云图的中间部位均出现亮红色带，可以说明温度效应的影响范围在 500~600m，这些规律与半平面无限大物体定壁温受热变化规律相符合，由此证明该数值模拟的正确性。温度场云图在三个温度下无明显差别但通过比较三幅等温线图我们可以清晰地发现 800m 条件下深部温度 315K 时，经过 15 天传热煤层中心温度为 303.75K，而 1000m 条件下深部温度 321K 时经过传热煤层中心温度 307.1K。

3.3　不同采深下应力场分布及分析

通过比较图 4(a)~(c) 三幅不同压力下的煤层周围应力场分布云图可以看出，随着埋深的增加压力的逐渐增大，压力扩散的范围越大，气体压力渗流场呈不断向外扩展。压力越大，扩散越快。从图中明显的颜色变化可以看出，盈利的变化梯度较大。800m 埋深与 900m 埋深的应力云图无明显变化，应力的分布相似且有规律；但比较 800m(900m) 与 1000m 埋深下的应力分布云图，可发现有明显的区别，800m 与 900m 的条件下有明显且完整的红色亮半圆，煤层处于一个稳态阶段，而 1000m 埋深情况下，红色亮半圆底部不完整，可充分说明深度的增加，应力增大，应力扩散速度明显提高，此时煤层偏中心应力已经达到 8MPa 左右，煤基本处于破坏状态。

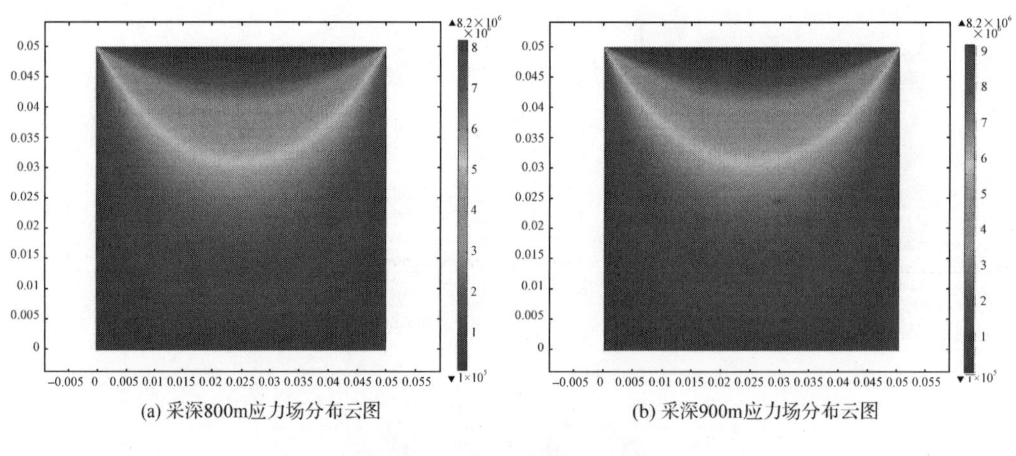

(a) 采深800m应力场分布云图　　(b) 采深900m应力场分布云图

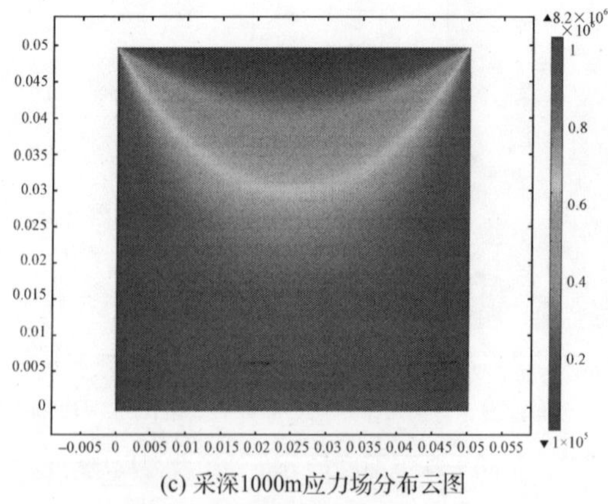

(c) 采深1000m应力场分布云图

图 4　不同压力下的煤层周围应力场分布云图

4 结论

根据地层温度的变化，得出了温度随开采深度变化的公式：

$$T = {}^{3h}\!/_{100} + T_1$$

式中，T 为地下温度；h 为开采深度；T_1 为地表温度，℃。

总结出随采深的增加，煤体周围的温度场分布规律：整体呈圆角矩形式扩散，越接近地表，扩散范围减弱，温度效应减小；符合半平面无限大物体定壁温受热变化规律。

分析得出随采深的增加，煤体周围应力场分布的变化，900~1000m 应力场发生明显变化。

参 考 文 献

[1] 李志强，鲜学福. 煤体渗透率随温度和应力变化的实验研究. 辽宁工程技术大学学报，2009, S1:156-159.

[2] 谭学术, 鲜学福. 煤的渗透性研究. 西安矿业学院学报，1994 (1):22-25.

[3] 杨新乐，张永利. 气固耦合作用下温度对煤瓦斯渗透率影响规律的实验研究. 地质力学学报，2008.

[4] Enever J R E, Hening A. The relationship between permeability and effective stress for Australian coal and its implications with respect to coalbed methane exploration andreservoir mode//Proceedings of the 1997 International Coalbed Methane Symposium. Tuscalosa, AL, USA:University of Alatama，1997: 13－22.

[5] Zimmerman R W, Somerton W H, King M S. Compressibility of porous rocks. Journal of Geophysical Research Atmospheres, 1986, 91(B12):12765-12777.

电场对饱和油水毛细管润湿性影响的数值模拟研究

韩文成　李爱芬

（中国石油大学(华东)，青岛，266580）

摘要：油藏在水驱开发过程中，储层润湿性对开发效果有至关重要的影响。对于油润湿的储层，水进入孔喉所需压力较高，水驱效果差，采收率低。然而介电润湿效应表明电场对流体在固体表面上的润湿性有重要的影响。为了研究电场对储层润湿性的影响，本文建立了施加电场的饱和油水毛细管物理模型，提出了电场−流场-Level set 函数耦合数学模型，通过数值模拟方法研究了电场作用下毛细管中油水界面形状和接触角的变化，并计算了电场力的分布。研究结果表明：电场改变毛细管的润湿性实质上是电场力在油水界面上的作用，电场力只存在于油水界面处，并且垂直于油水界面，由水相指向油相，施加电场后，油水界面形状发生改变，毛细管由油润湿变为水润湿。

关键词：电场；毛细管；润湿性；数值模拟

Numerical simulation study of electric field on the wettability of the oil and water-saturated capillary

Han Wencheng　Li Aifen

(College of Petroleum Engineering, China University of Petroleum, Qingdao, 266580)

Abstract: Wettability has very important influence on the development effect of water flooding. High pressure is needed for water entering the pore and water flooding recovery is low in the oil-wet reservoirs. However, electrowetting-on-dielectric shows that the electric field has a significant effect on the wetting situation of fluid on the solid medium. To study the effect of electric field on the wettability of reservoir, the model of oil and water-saturated capillary under an electric field is established, and the electric field-flow field-level set function coupled mathematical model of oil and water-saturated capillary under an electric field was developed. The electric force distribution, shape changes of the oil-water interface, and contact angle changes are measured by numerical simulation. The results show that the essence of electric field effect on the

---

国家自然科学基金重大项目(No.51490654)资助项目。

Email：aifenli123@163.com。

wettability of the oil and water-saturated capillary is the electric force acting on the oil-water interface. Electric force is existing at the oil-water interface, it perpendicular to the interface and point to inside of oil, and the wettability of the capillary is changed from the oil-wet to water-wet under the electric field.

Key words: electric field; capillary; wettability; numerical simulation

引言

储层多孔介质中的油水渗流特性与其在孔隙中的分布状态有着密切的关系，而储层孔隙中的油水分布状态主要受其在孔隙表面润湿性的影响。大量理论和实验结果证明，储层的润湿性会直接影响多孔介质中的毛管力的大小和方向、油水相对渗透率的大小、水驱油效率及残余油饱和度的大小等[1~5]。总体来说水润湿孔隙表面，毛管力为水驱油的动力，水驱油效率高，残余油饱和度低。在水驱开发过程中，若能将孔隙表面由油润湿改变成水润湿，则可有效提高水驱油效率，减小残余油饱和度。

介电润湿效应表明电场对流体在固体表面润湿性有重要的影响。早在 1875 年，Lippmann[6]发现电毛细现象，其后众多学者对其进行了发展，并提出了介电润湿的概念[7~10]。介电润湿是指通过改变液体与介电层之间的电势，改变液体在介电层表面的润湿性，即电场可使液体发生形变、位移的现象。储层岩石可看做一种电介质，对于饱和油水的储层孔隙，通过施加电场实现孔隙壁面对流体润湿性的改变，对提高水驱油效率和采收率具有重要的意义。本文建立了施加电场的饱和油水毛细管模型，并建立了电场-流场-Level set 函数耦合数学模型，通过数值模拟计算了饱和油水毛细管中电场力的分布，研究了电场对毛细管中油水界面、接触角的影响。

1 物理模型

建立如图 1 所示的二维毛细管物理模型，毛细管中充满油和水，左端为入口，右端为出口，毛细管内壁初始为油润湿，水相初始接触角 $\theta_w(0)$ 为 120°。

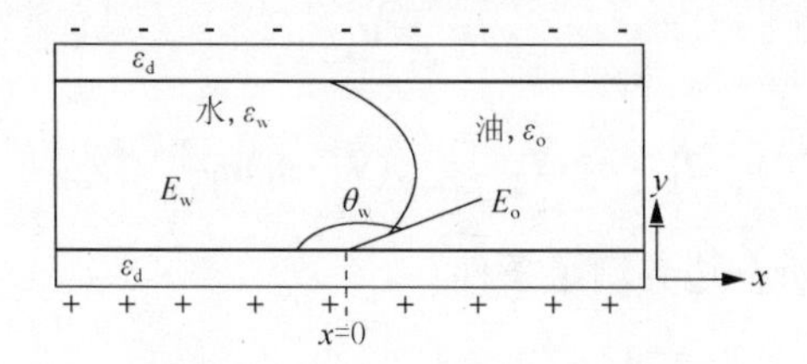

图 1　施加电场的饱和油水毛细管物理模型

毛细管上下壁面外侧分别施加低电势和高电势，电场穿过整个流体区域，方向垂直于流体流动方向。水相和油相中的电场强度分别为 E_w 和 E_o，相对介电常数分别为 ε_w 和 ε_o，毛细管壁的岩石相对介电常数为 ε_d。模型尺寸为 65μm×17μm，毛细管直径为 15μm，毛管壁厚度为 1μm，油、水及岩石介电层接触点的初始位置为 x=0。

2 电场-流场-Level set 函数耦合数学模型

2.1 电场计算方程

在如图 1 所示的物理模型中，忽略双电层的影响，对于流体及岩石区域，电场的控制方程即为电场的 Laplace 方程：

$$\begin{cases}\nabla\cdot\left[\varepsilon_0\varepsilon_{\mathrm{r}}(-\nabla V)\right]=0\\ \nabla\cdot\left[\varepsilon_0\varepsilon_{\mathrm{d}}(-\nabla V)\right]=0\end{cases}\tag{1}$$

式中，V 为电势，V；ε_{r} 和 ε_{d} 分别为流体和岩石的相对介电常数，F/m。

毛细管外壁岩石边界满足边界条件分别为 V=0 和 $V=V_0$。流体与岩石介电层、油水界面满足边界条件：

$$\begin{cases}\boldsymbol{n}\cdot(\boldsymbol{D}_1-\boldsymbol{D}_2)=\rho_{\mathrm{s}}\\ \boldsymbol{n}\times(\boldsymbol{E}_1-\boldsymbol{E}_2)=0\end{cases}\tag{2}$$

式中，ρ_{s} 为表面电荷密度，C/m^2；$\boldsymbol{E}_1$、$\boldsymbol{E}_2$ 为电场强度 N/C；$\boldsymbol{D}_1$、$\boldsymbol{D}_2$ 为电位移矢量 C/m^2；$\boldsymbol{n}$ 为界面处由内指向外的单位法向量。

2.2 流场计算方程

假设流体为不可压缩的牛顿流，忽略重力影响，则油水两相所在区域控制方程为

$$\rho\frac{\partial\boldsymbol{u}}{\partial t}+\rho(\boldsymbol{u}\cdot\nabla)\boldsymbol{u}=\nabla\cdot[-P\mathrm{I}+\mu(\nabla\boldsymbol{u}+(\nabla\boldsymbol{u})^T)-\frac{2}{3}\mu(\nabla\cdot\boldsymbol{u})\mathrm{I}]+\boldsymbol{F}_{\mathrm{st}}+\boldsymbol{F}_{\mathrm{e}}\tag{3}$$

$$\frac{\partial\rho}{\partial t}+\nabla\cdot(\rho\boldsymbol{u})=0\tag{4}$$

两相界面满足边界条件为

$$\boldsymbol{u}_1=\boldsymbol{u}_2\tag{5}$$

$$\boldsymbol{n}_1\cdot\boldsymbol{T}_1-\boldsymbol{n}_2\cdot\boldsymbol{T}_2=\gamma_{\mathrm{ow}}(\nabla_{\mathrm{t}}\cdot\boldsymbol{n}_1)\boldsymbol{n}_1-\nabla_{\mathrm{t}}\gamma_{\mathrm{ow}}\tag{6}$$

流体与岩石介电层所在边界满足条件

$$\boldsymbol{u}\cdot\boldsymbol{n}=0\qquad\boldsymbol{n}\cdot\boldsymbol{T}=-\frac{\mu}{\beta}\boldsymbol{u}\tag{7}$$

式中，$\mathbf{I}$ 为单位矩阵；$\boldsymbol{T}$ 为界面处应力张量；$\boldsymbol{u}$ 为流体的流速，m/s；μ 为流体的动力黏度，Pa·s；ρ 为流体密度，kg/m^3；P 为压力，Pa；$\boldsymbol{F}_{\mathrm{st}}$ 为表面张力，N/m；$\boldsymbol{F}_{\mathrm{e}}$ 为电场力，N/m^3；γ_{ow} 为油水界面张力系数，N/m；β 为滑移长度，m；$\boldsymbol{T}_1$、$\boldsymbol{T}_2$ 分别为两相在界面处的应力张量。

2.3 Level set 数学模型

利用 Level set 函数方法来俘获流体移动界面，其方程为

$$\frac{\partial \Phi}{\partial t} + \boldsymbol{u} \cdot \nabla \Phi = \chi \nabla \cdot \left[\lambda \nabla \Phi - \Phi(1-\Phi) \frac{\nabla \Phi}{|\nabla \Phi|} \right] \tag{8}$$

表面张力定义为

$$\boldsymbol{F}_{\mathrm{st}} = \nabla \cdot \left\{ \sigma \left[\mathbf{I} - (\boldsymbol{n}\boldsymbol{n}^{\mathrm{T}}) \right] \delta \right\} \tag{9}$$

式中，Φ 为水平集函数；λ 为界面厚度控制参数，m；χ 为重新初始化参数，m/s；δ 为狄克拉函数；T 表示转置。

2.4 耦合变量

流体密度、黏度和相对介电常数定义分别为

$$\begin{aligned} \rho &= \rho_{\mathrm{o}} + (\rho_{\mathrm{w}} - \rho_{\mathrm{o}})\Phi \\ \mu &= \mu_{\mathrm{o}} + (\mu_{\mathrm{w}} - \mu_{\mathrm{o}})\Phi \\ \varepsilon_{\mathrm{r}} &= \varepsilon_{\mathrm{o}} + (\varepsilon_{\mathrm{w}} - \varepsilon_{\mathrm{o}})\Phi \end{aligned} \tag{10}$$

电场力可通过 Maxwell 应力张量表示为[11]

$$\boldsymbol{F}_{\mathrm{e}} = \iint_{s} \boldsymbol{T} \cdot \boldsymbol{n} \mathrm{d}S \tag{11}$$

式中，$\boldsymbol{T}$ 为二阶 Maxwell 应力张量；$\boldsymbol{n}$ 为油水界面法线方向单位向量；S 为油水两相界面。

在直角坐标系下整理可得电场产生的体积力的分量为

$$F_{\mathrm{ex}} = \varepsilon_{\mathrm{o}} \varepsilon_{\mathrm{r}} \cdot \iiint_{\Omega} \left[\frac{\mathrm{d}}{\mathrm{d}x} \left(\frac{{E_x}^2 - {E_y}^2}{2} \right) + \frac{\mathrm{d}}{\mathrm{d}y} (E_x E_y) \right] \mathrm{d}V \tag{12}$$

$$F_{\mathrm{ey}} = \varepsilon_{\mathrm{o}} \varepsilon_{\mathrm{r}} \cdot \iiint_{\Omega} \left[\frac{\mathrm{d}}{\mathrm{d}x} (E_y E_x) + \frac{\mathrm{d}}{\mathrm{d}y} \left(\frac{{E_y}^2 - {E_x}^2}{2} \right) \right] \mathrm{d}V \tag{13}$$

3 数值模拟结果及分析

在已建立的物理模型和数学模型的基础上，应用有限元方法进行数值模拟，计算 1ms 后油水界面、电场力及接触角的变化情况。设定毛细管入口法向速度为 0，出口压力为 0，数值模拟中参量取值见表 1。

表 1　数值模拟参数

模型参量	计算取值	模型参量	计算取值
施加电势 V_o	80V	油密度 ρ_o	0.848g/cm^3
水相对介电常数 ε_w	80	油黏度 μ_o	10mPa·s
油相对介电常数 ε_o	2.2	水密度 ρ_w	1.0g/cm^3
岩石相对介电常数 ε_d	10	水黏度 μ_w	1mPa·s
水相初始接触角 θ_w	120°	油水界面张力 γ_{ow}	0.031N/m

3.1　电场力分布

图 2 为四个不同时刻毛细管中电场力的分布。由模拟结果可见，不同时刻电场力均只存在于油水界面处，随着时间的变化，电场力的大小和方向均发生改变；由毛细管壁向毛细管中心，电场力逐渐减小，三相接触点位置的电场力最大，毛细管中心电场力最小，其原因在于三相接触点处的电场强度较其他区域最大，而毛细管中心位置电场强度最小。此外，电场力方向始终垂直于两相界面，并由水相指向油相，这也是施加电场后毛细管由油润湿变为水润湿的根本原因。

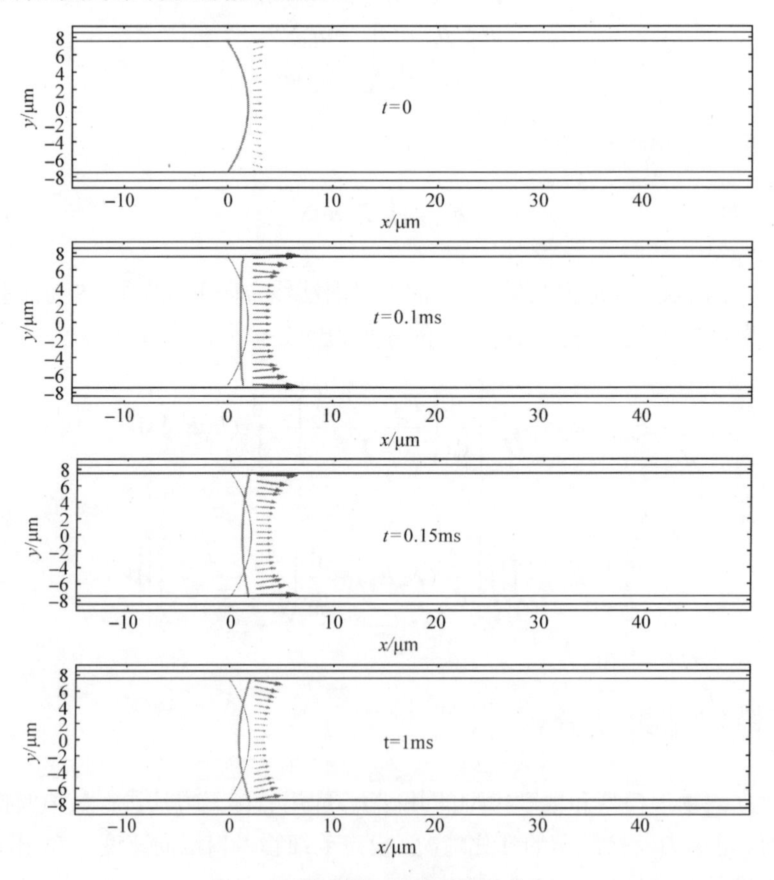

图 2　不同时刻电场体积力的分布

3.2 油水界面

图 3 为不同时间毛细管中油水界面的变化。由图可见，初始时刻即 t=0 时，毛细管壁为油润湿，弯液面左凹，随着时间的推移，油水界面发生变化，当 t=0.1ms 时弯液面由左凹变为右凹，当 t=0.5ms 时两相界面趋于稳定，毛细管由油润湿转变为水润湿，其原因为对油水和毛细管壁之间施加电场后，在油水界面存在分布不均匀的电场力，在电场力的作用下，油水界面发生改变，毛细管中发生润湿反转，由油润湿转变为水润湿。

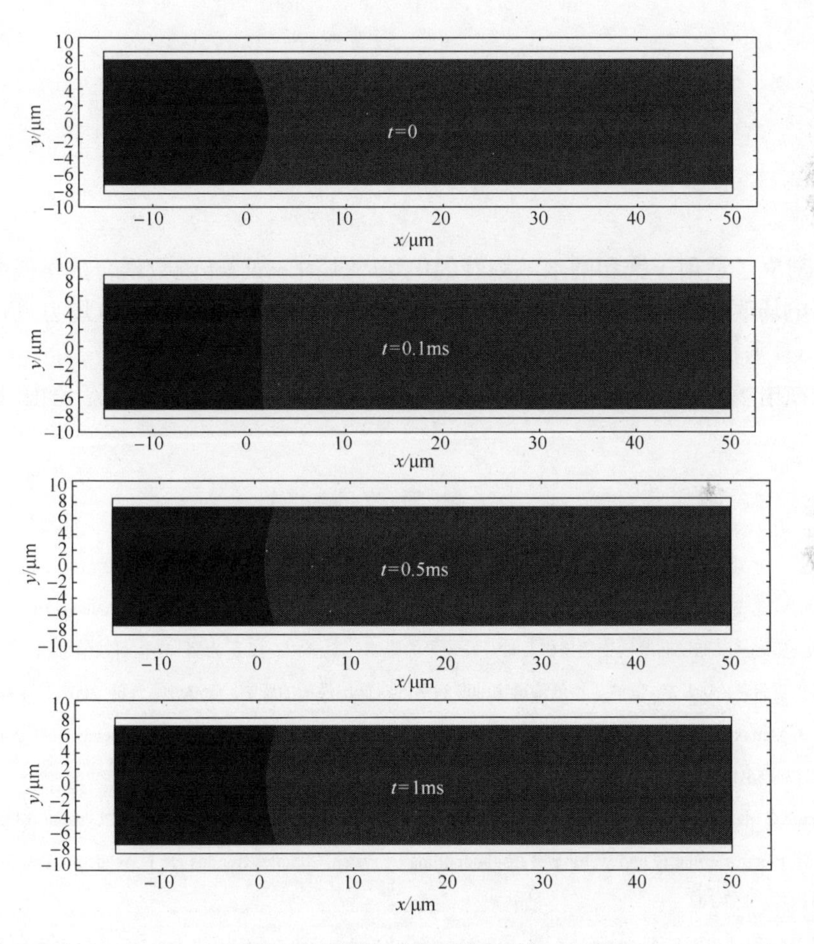

图 3 不同时刻油水界面变化

3.3 接触角变化

图 4 为水相接触角 θ_w 随时间的变化曲线。由计算结果可见初始时刻接触角为 118°，与预设的初始接触角接近，此时毛细管为油润湿。随时间的增加，接触角迅速减小，最后趋于稳定，当 t=1ms 时接触角变为 76.6°，此时毛细管为水润湿。

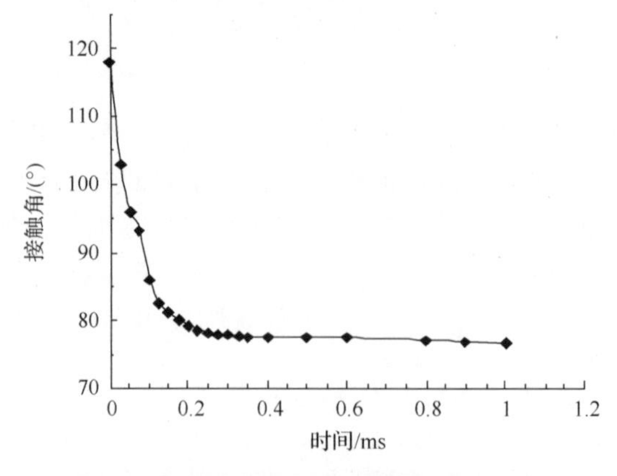

图 4 接触角随时间的变化

4 结论

(1)建立了适用于饱和油水毛细管的电场-流场-Level set 函数耦合数学模型；

(2)电场改变毛细管润湿性实质是电场力在油水界面处的作用，电场力只存在于油水界面处，且垂直于两相界面，由水相指向油相；

(3)在电场的作用下，毛细管中油水界面形状发生改变，水相润湿角由 118°减小至 76.6°。

参考文献

[1] 吴新民, 张宁生. 直流电场对岩心润湿性的影响研究. 西安石油学院学报(自然科学版), 2001,(04): 46-54.

[2] 舒小彬, 刘建成, 韩传见, 等. 储层岩石润湿性对开发的影响. 内蒙古石油化工, 2005,30(6): 135-136.

[3] 吴素英. 砂岩油藏储层润湿性变化规律及对开发效果的影响: 二区沙二 12 层为例. 中国科技信息, 2005/24A: 24.

[4] 周荣安, 雷月莲, 刘天定. 低渗、特低渗透率油藏润湿性对储层性质的影响. 低渗透油气田, 2009,(1): 72-78.

[5] Bobek J, Mattax C, Denekas M. Reservoir rock wettability—its significance and evaluation. Society of Petroleum Engineers, 1958, 213: 155-160.

[6] Lippmann G. Relations entre les phénomènes électriques et capillaires. Annales de Chimie et de Physique, 1875, 5:494-549.

[7] Berge B. Electrocapillarity and wetting of insulator films by water. Comptes Rendus De L Academie Des Sciences Serie Ii, 1993,317(2): 157-163.

[8] Pollack M G, Fair R B, Shenderov A D. Electrowetting-based actuation of liquid droplets for microfluidic applications. Applied Physics Letters, 2000,77(11): 1725-1726.

[9] Cho S K, Moon H, Kim C-J. Creating, transporting, cutting, and merging liquid droplets by electrowetting-based actuation for digital microfluidic circuits. Microelectromechanical Systems, 2003,12(1): 70-80.

[10] Zeng X F, Yue R F, Wu J G .Actuation and control of droplets by using electrowetting-on-dielectric. Chinese Physics Letters, 2004,21(9): 1851.

[11] 凌明祥, 陈立国. 基于介电润湿效应的微液滴操控. 压电与声光, 2013,35(4): 604-608.

考虑范德华力作用的微尺度流动网络模型在不同分布模式下的驱油效果研究

陈　震　朱维耀

（北京科技大学，北京，100038）

摘要： 研究流体在微观尺度的流动需要考虑范德华力的影响。根据对泊肃叶定律做出修正，建立了考虑范德华力作用的网络模型，利用该网络模型对微观尺度下水驱油过程进行模拟，研究了不同喉道半径分布模式下的驱油效果。结果表明，相较于正态分布，喉道半径为瑞利分布或威布尔分布时，由于非均质性更强，因此剩余油比例也更大，见水时间更早，累积采油量也更小。

关键词： 范德华力；微观力；网络模型；剩余油

Study on oil displacement effect of microscale flow network model considering van der waals force under different distribution modes

Chen Zhen　Zhu Weiyao

（Beijing University of Science and Technology, Beijing, 100038）

Abstract: The influence of Van der Waals forces on the flow of fluid at the microscopic scale needs to be considered. Therefore, the network model considering Van der Waals force is established and the oil displacement with different throat radius distribution is studied by using the network model to simulate the process of water flooding at the microscopic scale.The result shows that, compared with the normal distribution, when the throat radius satisfies the Rayleigh distribution or Weibull distribution, the heterogeneity is stronger, consequently, the proportion of residual oil is greater, the water content increases faster, and the cumulative oil production is also smaller.

Key words: Van der Waals force; microscopic force; network model; remaining oil

流体在微尺度中流动时，达西定律或泊肃叶定律无法做出精确描述，而需要考虑微观力的作用。关于液体在微观力作用下的流动研究业已进行一段时间，范德华力作为微观作用力中的重要组成部分，在相关研究中广受关注，已有许多文献利用网络模型对范德华力的影响进行了研究[1~5]，在利用网络模型对范德华力作用下流体进行的模拟已经考虑了许多因素，诸如平均喉道半径、孔喉比等[6~7]。本文建立了考虑范德华力作用的网络模型，模拟分析了微尺度流动的网络模型在不同分布模式下的驱油效果。

1　考虑范德华力作用的微圆管运动方程

1.1　微观尺度下的范德华力

分子间的微观作用力称为范德华力，由分子的极性引起。范德华力包括取向力、诱导力和色散力。取向力即两个固有偶极分子之间的电性引力。诱导力是诱导偶极分子与固有偶极分子之间发生的电性引力，其中诱导偶极是指非极性分子在附近极性分子作用下产生的偶极。色散力也叫伦敦力，指非极性分子之间的电性引力，其原因在于，非极性分子也总是有瞬时偶极，因而可以产生吸引作用。

1.2　考虑范德华力的微圆管内流动方程

当流体通过微圆管时，由于管壁对流体分子具有范德华力的影响，因而使流体的性质发生改变，主要是视黏度发生改变。通过引入流体的黏度修正项，微圆管内流体的黏度公式为

$$\mu = \mu_0 + b\frac{\left(\sqrt{A_{\mathrm{s}}A_{\mathrm{w}}} - A_{\mathrm{w}}\right)}{x} \tag{1}$$

$$A_{\mathrm{w}} = \left(\frac{\pi\rho_{\mathrm{w}}N_A}{M_{\mathrm{w}}}\right)^2 \beta_{\mathrm{w}} \tag{2}$$

$$A_{\mathrm{w}} = \left(\frac{\pi\rho_{\mathrm{s}}N_A}{M_{\mathrm{s}}}\right)^2 \beta_{\mathrm{s}} \tag{3}$$

$$\beta = \frac{2\mu_1^2\mu_2^2}{3kT} + \alpha_1\mu_2^2 + \alpha_2\mu_1^2 + \frac{3}{2}\alpha_1\alpha_2\left(\frac{I_1I_2}{I_1 + I_2}\right) \tag{4}$$

式中，μ_0为忽略范德华力时流体的黏度(泊肃叶流)，Pa·s；x为圆管的半径，m；μ_1为偶极距；α_1为极化率；I_1为电离能，J/mol；μ_2、α_2、I_2表示固体表面分子的偶极距、极化率和电离能。

以极坐标下的N-S方程为基础，推导出考虑范德华力的微圆管流动方程为：

$$Q = -\frac{\pi}{8}\frac{(1-\varepsilon)R^4}{\mu_0}\frac{\mathrm{d}p}{\mathrm{d}x} \tag{5}$$

式中，ε为管道粗糙度引起的管径缩小量。

2 多孔介质水驱动态网络模型

2.1 范德华力作用下的导流系数

考虑壁面与流体之间的范德华力，修正微圆管中流动方程，则两个相邻孔隙 i 和 j 间的导流系数 G_{ij} 为

$$G_{ij} = -\frac{\pi}{8}\frac{(1-\varepsilon)r_{\text{eff}}^4}{\bar{\mu}L_{tij}} \tag{6}$$

孔隙 i 和 j 之间的流量为

$$q_{ij} = G_{ij} \cdot \Delta p \tag{7}$$

式中，$\bar{\mu}$ 为孔隙内流体的黏度，Pa·s；r_{eff} 为喉道的有效半径，m；L_{tij} 为连接孔隙 i 和 j 的喉道长度，m；q_{ij} 为通过孔隙 i 和 j 之间的流量，m^3；Δp 为孔隙 i 和 j 之间的压差，MPa。

2.2 网络模型流动机理和求解

假设流体不可压缩；孔隙节点数为 $n\times n$，相邻两个孔隙中心的距离为 L；网络模型充满非湿相和湿相，非湿相占据中心位置，湿相占据角隅；忽略孔隙内的毛管压力，考虑喉道内的毛管力作用。

根据质量守恒原理，注入孔隙的流量之和应等于流出孔隙的流量，即

$$\sum_{j=1}^{z} q_{ij} = 0 \tag{8}$$

式中，z 为与孔隙 i 连接的喉道个数，即孔隙的配位数。

相邻孔隙 i 和 j 之间的运动方程可表示为

$$q_{ij} = G_{ij}\left(p_i - p_j\right) \tag{9}$$

研究网络模型最重要的过程在于求解孔隙的压力，设 p_{ij} 表示对应的孔隙 (i, j) 处的压力，G_{ij}^{H} 和 G_{ij}^{V} 分别表示孔隙间的水平方向和垂直方向的导流系数。设入口边界压力和出口边界压力已知，入口压力 p_1 为第一列孔隙，出口压力 p_n 为第 n 列孔隙，当流体通过模型中任意一个孔隙 p_{ij}（这里用压力表示），由质量守恒定律可知：

$$\left(p_{i,j} - p_{i,j-1}\right)G_{i,j-1}^{\text{H}} + \left(p_{i,j} - p_{i,j+1}\right)G_{i,j}^{\text{H}} + \left(p_{i,j} - p_{i-1,j}\right)G_{i-1,j}^{\text{V}} + \left(p_{i,j} - p_{i+1,j}\right)G_{i,j}^{\text{V}} = 0 \tag{10}$$

联立需要求解压力的孔隙节点的质量守恒方程，可得大型线性方程组，此方程组用

矩阵形式可以表示为

$$\boldsymbol{A}p = b \tag{11}$$

式中，矩阵 $\boldsymbol{A}$ 是一个行列数为 $m \times (n-2)$ 的大型稀疏矩阵。

利用矩阵 $\boldsymbol{A}$ 和系数 b 就可以求得孔隙节点的压力分布，当发生两相流动时，同样依此方法求解孔隙压力。常数 b 与出入口的压力及喉道之间的毛管力有关[8]。

3　数值模拟结果分析

3.1　孔喉大小分布函数

网络模型的平均喉道半径取为 10μm，孔喉比为 5。从通常规律上讲，平均孔喉半径越小的网络模型，在驱油结束时剩余油分布越多。但即使是平均孔喉半径相同，在不同分布模式下剩余油分布也可能不同。考察三种不同的孔喉半径分布模式，分别是瑞利分布、威布尔分布、正态分布。三种分布模式的函数表达式及参数取值如表 1 所示。

表 1　不同分布模式的函数表达式及参数

分布函数	函数表达式	参数取值
正态分布	$p(x)=\frac{1}{\sqrt{2\pi}\sigma}\mathrm{e}^{-\frac{(x-\mu)}{2\sigma^2}}$	$\mu>0$，均值 $E\xi=\mu$，方差 $D\xi=\mu^2$
瑞利分布	$p(x)=\begin{cases}\frac{x}{\mu^2}\mathrm{e}^{-\frac{x^2}{2\mu^2}} & ,x\geqslant 0\\ 0 & ,x<0\end{cases}$	$\mu>0$，均值 $E\xi=\sqrt{\frac{\pi}{2}}\mu$，方差 $D\xi=\frac{4-\pi}{2}\mu^2$
威布尔分布	$p_{\mathrm{w}}(x)=\begin{cases}\frac{m}{\alpha}(x-\gamma)^{m-1}\mathrm{e}^{-\frac{(x-\gamma)^m}{\alpha}} & ,x\geqslant\gamma\\ 0 & ,x<\gamma\end{cases}$	形状参数 $m>0$，尺度参数 $\alpha>0$，位置参数 γ，均值 $E\xi=\alpha^{1/m}\Gamma(1+1/m)+\gamma$

3.2　不同模式的网络模型对考虑范德华力作用的驱油效果的影响

网络模型大小为 1.5cm×1.5cm，网格数为 30×30，模型左侧为入口端，右侧为出口端。图 1 为平均喉道半径为 10μm 时，在三种分布模式下的分布频率图，这三个网络模型的喉道半径分别满足瑞利分布、威布尔分布以及正态分布，孔喉比均为 5。从图中可以看出，当分布模式满足瑞利分布或威布尔分布时，半径较小的孔喉占比更多但取值范围较小，半径较大的孔喉占比更少，但取值范围更大；正态分布则是较小的半径和较大的半径均匀分布。可以认为，满足瑞利分布和威布尔分布意味着孔喉半径更小、分布更不均匀、孔喉半径极差更大的分布模式，因此相较于正态分布，其渗流条件也必定更加不好。分别对三种分布模式进行水驱油模拟分析，当模型出口端含水率大于 98%时，模拟结果如图 2～图 4 所示。

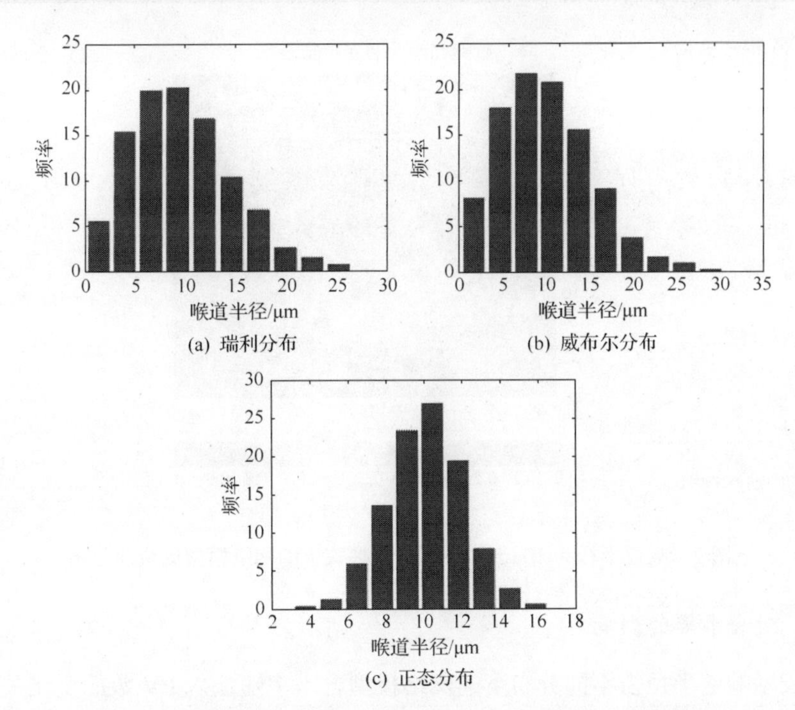

图 1 平均喉道半径为 10μm 时不同分布模式下的分布频率图

3.2.1 对剩余油分布的影响

图 2 表示当含水率达到 98%时喉道半径为 10μm 在不同分布下网络模型的剩余油分布。可以看出，喉道半径为瑞利分布和威布尔分布时的剩余油比例较正态分布大，连片状和分散状剩余油较多。可见，尽管喉道半径平均值相同，但瑞利分布和威布尔分布时，数值分布并不集中，小孔喉占比也多，所以相较正态分布的非均质性更强。导致剩余油分布更多，使采收率受到影响。

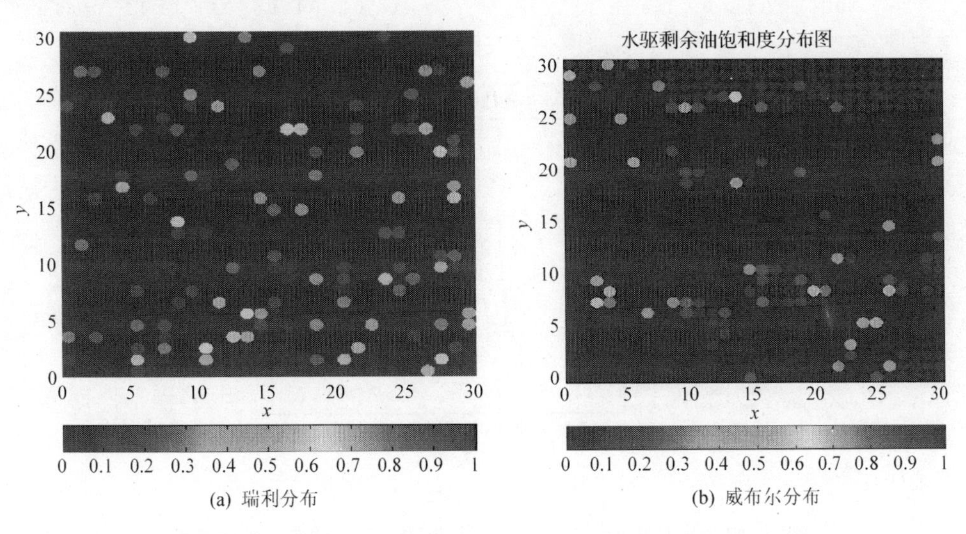

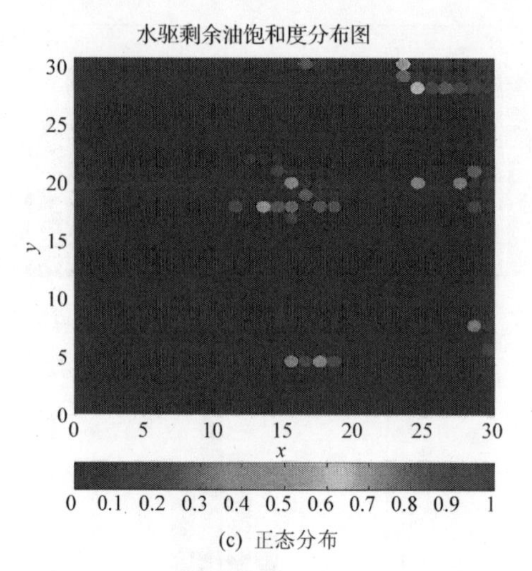

(c) 正态分布

图 2 喉道半径为 10μm 时不同分布模式下的网络模型剩余油分布

3.2.2 对含水率的影响

图 3 表示喉道半径为不同分布下的网络模型含水率随注入 PV 数的变化关系。可以

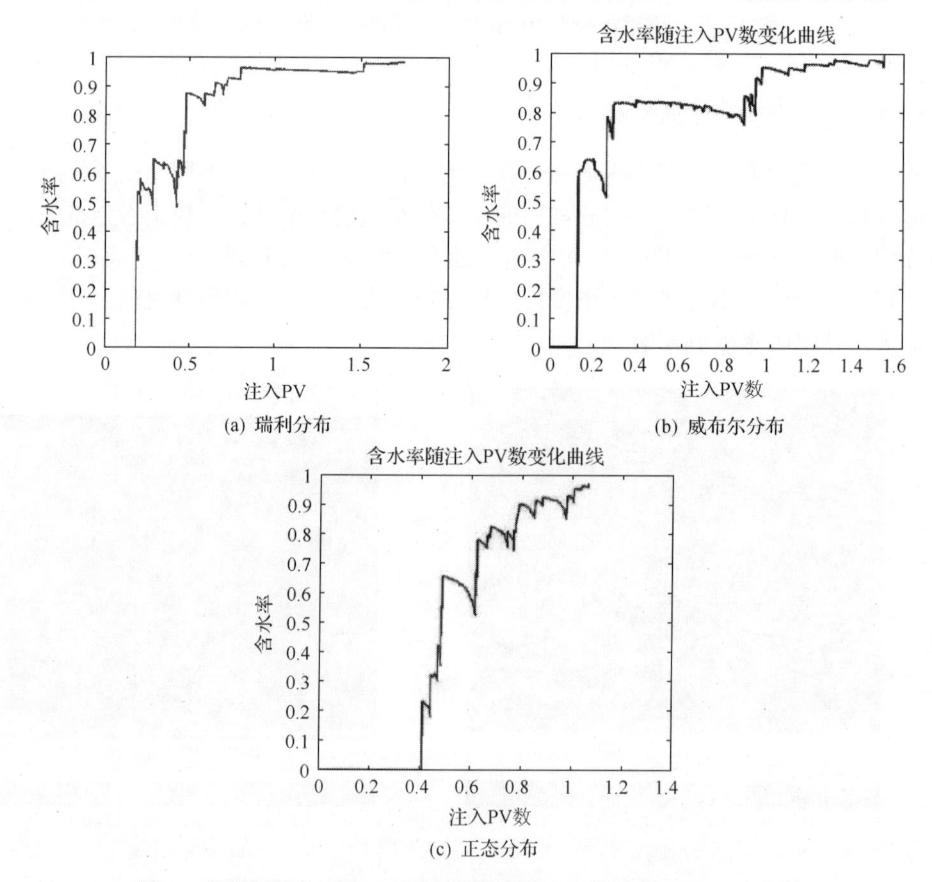

(a) 瑞利分布

(b) 威布尔分布

(c) 正态分布

图 3 喉道半径为 10μm 时不同分布模式下的网络模型含水率曲线

看出，喉道半径为瑞利分布和威布尔分布时见水时间较早，含水率上升幅度较快。虽然喉道的平均值一样，但非均质性更强以及孔隙极差更大则导致了见水更加容易，含水率上升也更加迅速，这势必对产量造成一定的影响。

3.2.3 对累积产油量的影响

图 4 表示平均喉道半径为 10μm 不同分布模式下网络模型的累积产油量随驱替时间的变化关系。由图可以看出，相同的驱替时间下瑞利分布和威布尔分布模式下累积采油量较小，正态分布模式下累积采油量较大。这与剩余油分布和含水率上升的模拟结果得到了对应和印证。

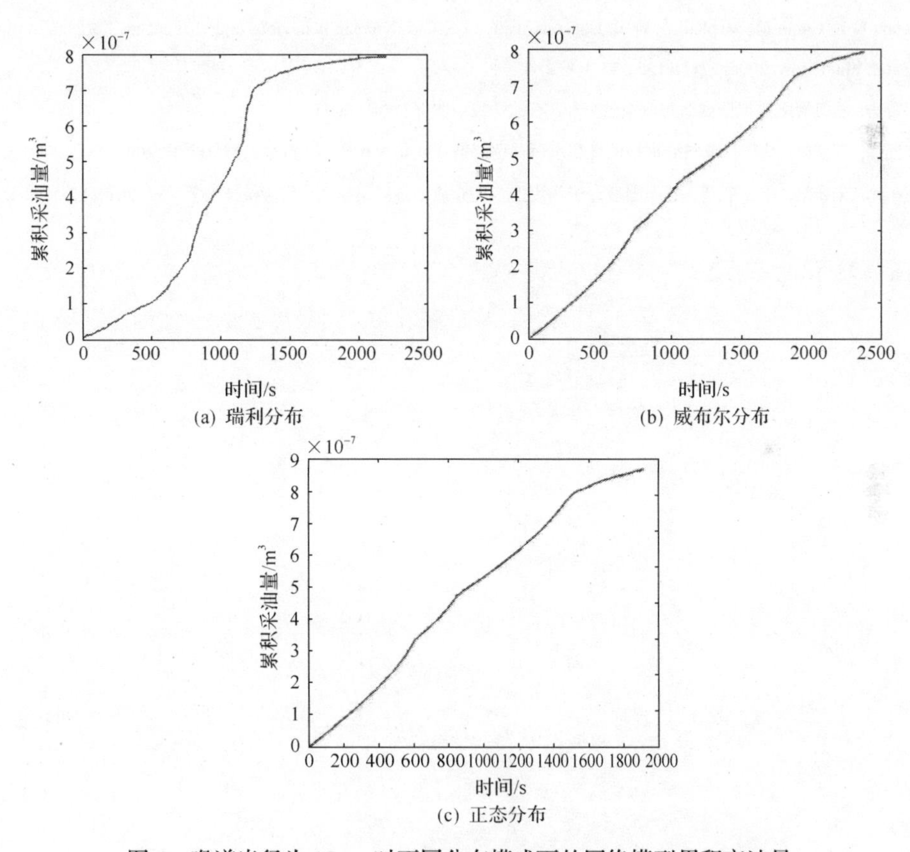

图 4 喉道半径为 10μm 时不同分布模式下的网络模型累积产油量

4 结论

(1) 建立了满足瑞利分布、威布尔分布、正态分布的分布模式的微尺度流动网络模型，利用模型对考虑范德华力的水驱油过程进行了模拟。

(2) 通过对不同分布模式的模拟结果表明，由于具有更大的非均质性和孔喉半径极差，喉道半径为瑞利分布和威布尔分布时的剩余油比例较正态分布更大；喉道半径为瑞利分布和威布尔分布时见水时间较早，含水率上升幅度较快；瑞利分布和威布尔分布模式下累积采油量较小，正态分布模式下累积采油量较大。

参 考 文 献

[1] 吕春红, 任泰安. 微尺度流动研究的历史与现状. 重庆电力高等专科学校学报, 2007, 12(1):11-14.

[2] 武东健, 贾建援,王卫东,等. 微细管道内的流体阻力分析. 电子机械工程, 2005, 21(4):38-40.

[3] 蒋仁杰. 液体在微管中流动特性的研究. 金华：浙江师范大学硕士学位论文, 2006.

[4] Groß G A, Thyagarajan V, Kielpinski M, et al. Viscosity-dependent enhancement of fluid resistance in water/glycerol micro fluid segments. Microfluidics\s&\snanofluidics, 2008, 5(2):281-287.

[5] Celata G P, Cumo M, Mcphail S, et al. Characterization of fluid dynamic behaviour and channel wall effects in microtube. Heat & Fluid Flow, 2006, 27(1):135-143.

[6] 胡雪涛. 随机网络模拟研究微观剩余油分布. 石油学报, 2000, 21(4):46-51.

[7] 陈民锋, 姜汉桥. 基于孔隙网络模型的微观水驱油驱替特征变化规律研究. 石油天然气学报, 2006, 28(5):91-95.

[8] 王小锋, 朱维耀, 邓庆军,等. 考虑固液分子作用的多孔介质动态网络模型. 北京科技大学学报, 2014, (2):145-152.

页岩气井非稳态非线性渗流的数值模拟

刘嘉璇[1]　尚新春[1]　朱维耀[2]

（1.北京科技大学应用力学系，北京，100083；2.北京科技大学应用力学研究所，北京，100083）

摘要：根据我国南方海相页岩气藏的特殊孔隙结构及多尺度流动的特征，建立了致密页岩气井平面径向非稳态非线性渗流问题的数学模型。进一步将偏微分方程定解问题转化为积分方程，并进行数值离散，给出了求解压力场的数值离散显式迭代格式。最后通过数值计算预测了产量随时间变化的规律，分析了解吸效应对产量的影响。

关键词：页岩气；非线性渗流；解吸

Numerical computation method of nonlinear unsteady percolation of shale gas and prediction of production

Liu Jiaxuan[1]　Shang Xinchun[1]　Zhu Weiyao[2]

(1. Department of Applied Mechanics, University of Science and Technology Beijing, Beijing, 100083;

2. Institute of Applied Mechanics, University of Science and Technology Beijing, Beijing, 100083)

Abstract: According to the special pore structure and multi-scale gas flow of the marine shale reservoirs in South China, the mathematic model of nonlinear unsteady radial percolation is established for the tight shale gas reservoirs. The partial differential equation is transformed into the integral equation and then by use of numerical discretization, the fully explicit scheme to solve the pressure field is obtained. The variation of production change over time is given by using the numerical computation method, and the desorption effect on shale gas production is investigated.

Key words: shale gas; non-linear seepage; desorption

引言

随着油气藏开采技术的提高以及油气资源需求量的增加，非常规油气资源正日益受到关注和重视，逐步成为重要战略资源和有力补充。页岩气以其分布范围广、资源量大、稳产周期长等特点，成为当前油气勘探开发的热点。相对于常规油气藏而言，页岩孔隙结构复杂，既有纳米级的有机质粒内孔隙、粒间孔隙还有微米级的裂隙，孔喉直径非常小，渗透率极低，页岩气藏需要通过人工压裂进行商业化开采。

由于页岩气藏具有低孔、特低渗、吸附气含量比例高、压裂裂缝复杂等不同于常规气藏的特点，使得页岩气藏数值模拟较为复杂。页岩气藏中有20%~50%的页岩气以吸附态形式存在。页岩气的运移机制复杂，既有分子布朗运动、吸附解吸机制、扩散机制，又有滑移流动和达西流动。页岩气产出分为4个阶段：①粒内孔隙中的气体扩散到孔隙表面；②气体从孔隙表面解吸至粒间大孔隙中；③粒间大孔隙中的气体扩散至裂缝中；④裂缝中的气体以达西流动的形式流入井筒。目前页岩气数值模拟模型包括双重介质模型、多重介质模型和等效介质模型。其中双重介质模型采用地最多。本文采用半解析-半数值的方法对问题进行求解。最后通过数值模拟进行了产能预测，并分析了解吸效应对产量的影响。

1　页岩气非稳态非线性渗流数学模型及数值方法

1.1　页岩气非稳态非线性渗流数学模型

考虑一致密页岩气藏直井，通过内边界定压方式开采页岩气。假设页岩气为平面径向流，其压力场和速度场均以井筒垂直轴线为中心呈轴对称分布，即压力场 $p=p(r, t)$ 和速度场 $v=v(r, t)$ 均仅与极坐标系 r 和时间 t 有关。记页岩孔隙度为 ϕ、气体的黏度为 μ、气体压缩因子为 Z，它们均与压力有关。在实际的计算中，设 ϕ 为常数，μ 和 Z 都近似地取为地层平均压力下对应的值 $\overline{\mu}$ 和 $\overline{Z}$。下面基于 Beskok-Karniadakis 模型来建立考虑解吸效应的页岩气非稳态渗流数学模型。

页岩气平面径向流的质量守恒方程为

$$-\left(\frac{\partial}{\partial r}+\frac{1}{r}\right)\left(\rho_{\mathrm{g}} v\right)=\frac{\partial\left(\rho_g \phi\right)}{\partial t}+\frac{\partial(1-\phi) q}{\partial t} \tag{1}$$

运动方程可表示为[1]

$$v=-\frac{K_0}{\mu}(1+\alpha Kn)\left(1+\frac{4Kn}{1-bKn}\right)\frac{\mathrm{d}p}{\mathrm{d}r}, \quad Kn=\mu\sqrt{\frac{\pi R}{2M_{\mathrm{w}}}}\frac{\sqrt{T}}{\overline{r}p} \tag{2}$$

式中，K_0 为固有渗透率；α 为稀薄系数；b 为滑移系数；R 为普适气体常数；M_{w} 为气体分子质量；$\overline{r}$ 为孔隙半径；T 为真实气体的温度。记 $f(p)=(1+\alpha Kn)\left(1+\frac{4Kn}{1-bKn}\right)$。

真实气体状态方程为

$$\rho_{\mathrm{g}}=\frac{T_{\mathrm{sc}} Z_{\mathrm{sc}} \rho_{\mathrm{gsc}}}{T Z p_{\mathrm{sc}}} p \tag{3}$$

式中，ρ_{gsc}、T_{sc}、Z_{sc} 和 p_{sc} 分别为标准状态下气体的密度、温度、压缩因子和压力。

单位体积固体解吸出的气体质量为

$$q = \rho_{gsc} V(p) \tag{4}$$

式中，$V(p)$ 为单位体积固体解吸出的气体体积，m^3。

引入拟压力函数 $m(p)$，并定义质量源函数 $F(p)$ 如下：

$$m(p) = \frac{2}{\overline{\mu Z}} \int_{p_a}^{p} f(p) p \, dp \tag{5}$$

$$F(p) = \frac{2}{K_0} \left[\phi \frac{p}{Z} + (1-\phi) \gamma V(p) \right], \gamma = \frac{p_{sc} T}{Z_{sc} T_{sc}} \tag{6}$$

质量守恒方程可以表示为

$$\left(\frac{\partial}{\partial r} + \frac{1}{r} \right) \frac{\partial m(p)}{\partial r} = \frac{\partial}{\partial t} F(p) \tag{7}$$

在井壁边界 $r=r_w \approx 0$ 处给定压力 p_w，在外边界 $r=r_e \to \infty$ 处亦给定压力 p_e：

$$p|_{r=0} = p_w \text{，} \lim_{r \to \infty} p = p_e \tag{8}$$

初始条件为

$$p|_{t=0} = p_e \tag{9}$$

引入 Boltzmann 变换：

$$u = \frac{r^2 + z^2}{4t} \tag{10}$$

将偏微分方程(17)式变为常微分方程得到：

$$\frac{d^2 m}{du^2} + \frac{3}{2} \frac{1}{u} \frac{dm}{du} = -\frac{dF}{du} \tag{11}$$

定解方程(8)~(9)变换为

$$p(u)|_{u=0} = p_w \text{，} \lim_{u \to \infty} p(u) = p_e \tag{12}$$

并通过积分变换及数值离散式(5)和式(11)，得到压力的显式迭代格式：

$$p_{i+1} = p_i + \frac{\overline{\mu Z}}{2K_0 f(p_i) p_i} \cdot \left\{ -F(p_i) \Delta u_i + \frac{\Delta u_i}{u_i} \left[\left(u_w F(u_w) + \frac{q_w \kappa}{2} \right) + \frac{1}{2} \sum_{k=1}^{i-1} \left[F(p_{k+1}) + F(p_k) \right] \Delta u_k \right] \right\} \tag{13}$$

1.2 数值模拟结果

考虑一页岩气井，其相关数据为页岩孔隙度 ϕ=0.07, 渗透率 K_0=0.005mD，地层温度 T=366.15K，页岩气黏度 μ=0.027mPa·s，压缩因子 Z=0.89，泄压半径 r_e=500m，边界压力 p_e=24.13MPa，井筒半径 r_w=0.1m[2]，设内边界压力 p_w=4MPa，扩散系数 $D_k=9.5\times10^{-7}m^2/s$。下面将应用前述的数值模拟方法进行计算。

图 1 表明了考虑解吸和不考虑解吸两种情况下日产量随时间的变化规律。在 100 天以内解吸气对累积产量贡献不大，之后贡献逐渐增大；到 1000 天时，解吸气累积产量约占总累积产气量的 10%，可见页岩气藏的解吸效应是不可忽略的。1000 天后考虑解吸的累积产量并没有随时间增加而变缓，解吸作用还在进行中，说明页岩中的解吸气产出是一个缓慢持续的过程。

图 2 中的曲线反映了不同解吸气含量对产量的影响。在相同的压力条件下，吸附气含量越高，日产量越大。随着生产压差的增大，解吸气含量对日产量的影响作用增强。

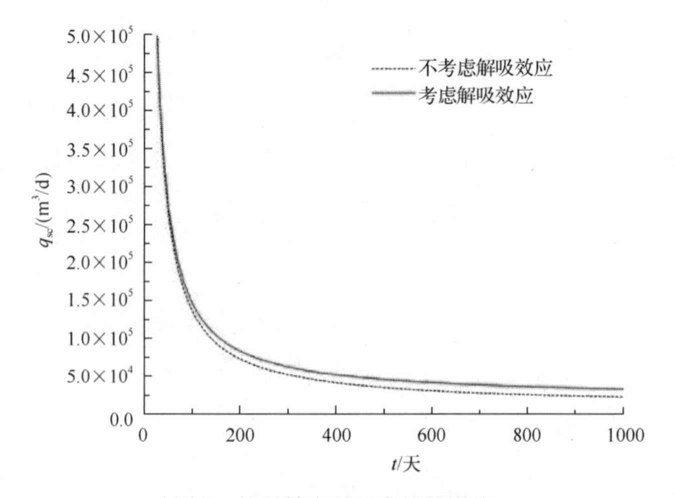

图 1　解吸效应对日产量的影响

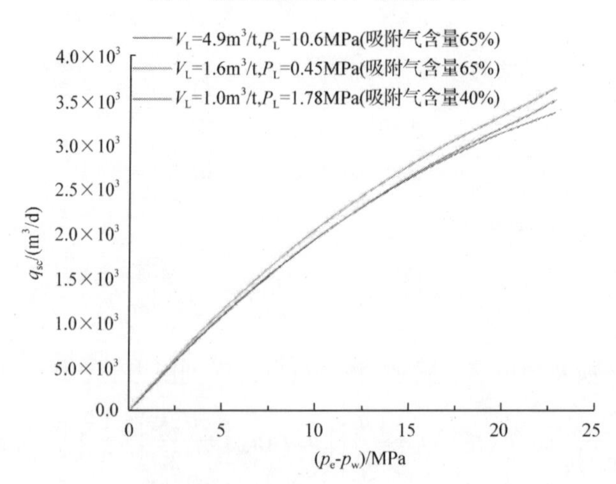

图 2　不同解吸气含量对产量的影响

2 结论

解吸气产量在生产初期对总产量的贡献较小，随着生产时间的增加其贡献越来越明显；后期阶段解吸产量趋于平稳，气体的解吸效应是不可忽略的。在相同的压力条件下，吸附气含量越高，产量越大。随着生产压差的增大，解吸气含量对产量的影响作用增强。

参 考 文 献

[1] Michel G, Sigal R F. Parametric investigation of shale gas production considering nano-scale pore size distribution, formation factor, and non-Darcy flow mechanisms. SPE 147438, 2011, 38-46.

[2] 刘嘉璇，尚新春. 页岩气直井非稳态非线性渗流的数值计算及产能预测. 中国科学：技术科学，2015, 45(7): 737-746.

应用多体融合技术识别解释低序级断层

郑灵芸　张继成

（东北石油大学石油工程学院，大庆，163318）

摘要： 低序级断层在地震剖面上具有较强的隐蔽性，常规单一属性识别技术存在多解性，误差较大。本文通过研究地震反射特征的井震时深关系自动生成技术和多体融合断层识别技术，有效的剔除因单一地震属性造成的异常区，实现了低序级断层解释和断点组合结果的定量化。该技术应用于魏岗油田，准确地标定了研究区的层位，新发现断层24条，断层形态改变32条，断点组合率提高到96.0%。建立断层区理想模型，运用Eclipse软件对目标区块不同井网的开发效果进行模拟预测，优选出不规则三角形井网对断层附近的目标区块进行开发，得到最优的开发效果。

关键词： 低序级断层；地震反射特征；相干体；蚂蚁体；曲率体；剩余油

Identify and explain low ordinal faults by seismic attributes synthesis technology

Zheng Lingyun　Zhang Jicheng

(College of Petroleum Engineering, Northeast Petroleum University, Daqing, 163318)

Abstract: The low ordinal faults are of great invisibility on the seismic section and conventional single attribute recognition technology has more solutions and great errors. We conduct research of automatically generating technical of the relationship between time and depth based on seismic reflection features and faults recognition technology by comprehensive utilization of multiple techniques, eliminate anomaly caused by a single seismic attribute effectively and realize the quantification of low ordinal faults interpretation and breakpoints combined. We applied this technique to Wei Gang Oilfield, accurately calibrate the horizon of research area. We get 24 new faults, 32 form changed faults and the breakpoint combination rate is increased to 96.0%. We establish ideal model of fault zone and simulate and predict development effects of different well patterns on target reservoir by Eclipse. Irregular triangle pattern is chose to develop target reservoir nearby faults in order to get the best development effect.

Key words: low ordinal faults; seismic reflection features; coherence cube; ant colony optimization; curvature;

基金项目：黑龙江省自然科学基金(编号：E201407)，多层砂岩油藏合采井产能主控因素及作用机理研究，2015.1～2017.12。

remaining water

引言

低序级断层由高序级断层派生，常规地球物理方法难以识别，反射层稍微扭曲或者有所错动，与岩性变化引起的反射层同相轴变化相互混淆，具有较强的隐蔽性[1~6]。魏岗油田Ⅰ-Ⅱ断块是复杂断块油藏，地层含油性受断层、构造控制因素较大；研究区低序级断层又极其发育，存在着低序级断层认识不清、局部构造不落实等问题，在断层交汇处、断层倾末端以及断层“拐弯”处等地区研究程度低、断层落实难度大，导致油藏开发过程中注采矛盾突出，断层组合的合理性有待进一步研究。通过开展井震时深关系自动生成技术和多体融合断层识别技术方面的研究，为解决低序级断层认识不清、局部构造不落实等问题奠定了基础。

1 地质概况

魏岗油田位于南阳凹陷的南部，构造总体特征与渐向NW方向抬升的基地隆起一致，为SE方向倾斜的鼻状背斜构造，属于极为复杂的断块破碎区，断层密度平均320 m/个，并且随着埋深增加，断层破碎更为严重，大断层附近及其两个大断层之间低序级断层极其发育。由于地震剖面杂乱、同向轴可追踪性差、断层破碎严重、井网密度分布不均匀、单井断点较多、断点组合率低(仅 60.0%)，造成了该区剩余油分布状况不清楚，制约了开发水平的进一步提高。

2 井震时深关系自动生成技术

研究区共130口井，其中有117口井发育断层，目的层单井断点平均2.1个，地震资料老、处于地震采集的边部、处理水平低、地震同向轴杂乱、同向轴可追踪性差、地震层位标定困难(图1)，特别是小断层，存在多解性，在深度控制上也不够精确。

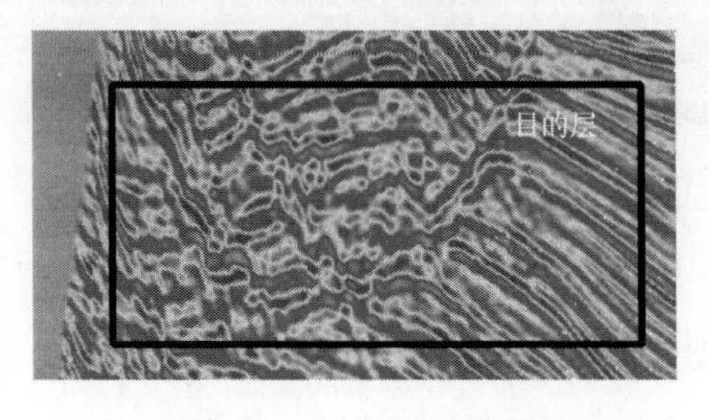

图1 魏岗油田Ⅰ-Ⅱ断块地震剖面图

为了解决这个问题，采取基于地震反射特征的层位自动标定法，在标志层附近上下

20m 范围内进行井旁道和地震旁道相关系数自动计算，自动匹配。其优点是减少因单井断点多，同向轴错乱无法实现合成记录的准确标定，通过相关系数计算，取井震相关系数最大点进行合成记录标定，能够更好且准确的井震匹配(图2)，减少人为原因造成的错误，提高工作效率。

$$\gamma=\frac{\sum XY-\frac{\sum X\sum Y}{N}}{\sqrt{\left[\sum X^2-\frac{\left(\sum X\right)^2}{N}\right]\left[\sum X^2-\frac{\left(\sum Y\right)^2}{N}\right]}}.$$

式中，γ 为相关系数；X 为井旁道地震道；Y 为合成地震记录；N 为时窗长度。

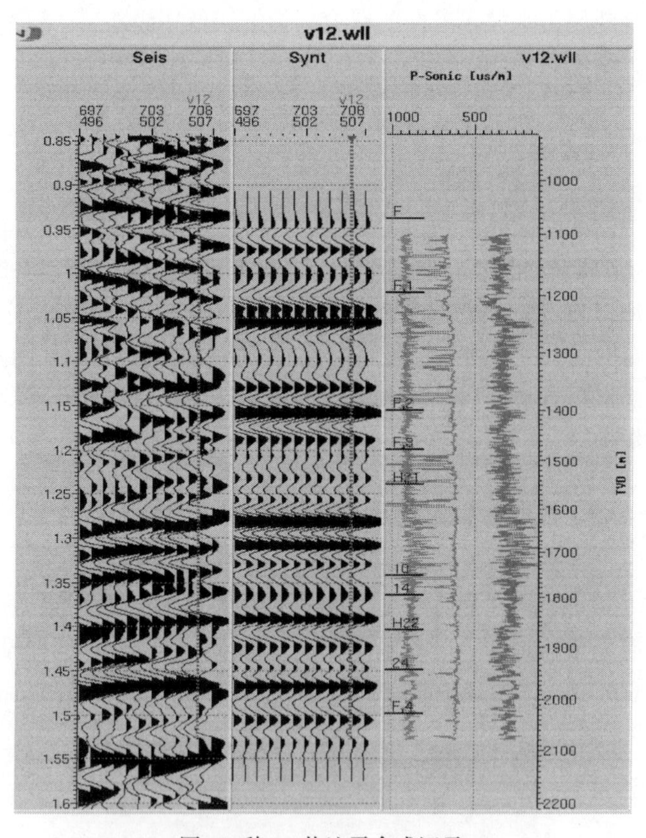

图 2　魏 12 井地震合成记录

3　多体融合断层识别技术

多体融合断层识别技术可以有效地剔除单一地震属性因河道边界、前积和其他地质现象造成的异常区，优势互补，把常规方法不能识别的断层信息从中挖掘出来，对断层的几何形态及分布特征进行详细分析，能够更为直观、准确地把握断层在三维空间的变化特点，实现了低序级断层解释和断点组合结果的定量化，使复杂断块断层解释从根本上得到改善[7,8]。

3.1 子体相干技术

由于研究区构造变化大、地层倾角大和断层破碎严重等地质因素，分别对互相关(C1)的算法、相似系数(C2)的算法、本征结构分析(C3)的算法和子体属性的多算子相干(C4)的算法各自优缺点和适用性分析(表1)，优选子体属性的多算子相干(C4)的算法，实现多信息检测，使检测成果更利于研究区构造解释。通过分析子体的大小、倾角扫描的范围及间隔、方位角扫描的范围及间隔等，分别进行中值相干、简约二进制相干、二进制相干、切片二进制相干、数据离散度、均值相干、标准方差、加权相干、浮雕体和高级模式识别等不同相干算子的计算[9~12]，根据计算结果优选出能够与大范围地震相区别性较好且能突出横向和纵向地层非均质性变化的算法，优选出较为理想的相干算子对全区地震数据进行计算。根据实验结果最终选择子体相干法，采用横向5×5道相干，垂向为3ms时窗，倾角参数–80°～80°，间隔为10°，方位角处理参数为0°～180°，在一定程度上取得了较好的效果，但是强波阻抗差反射界面，具有高相干值，依然影响着断层的识别(图3)。

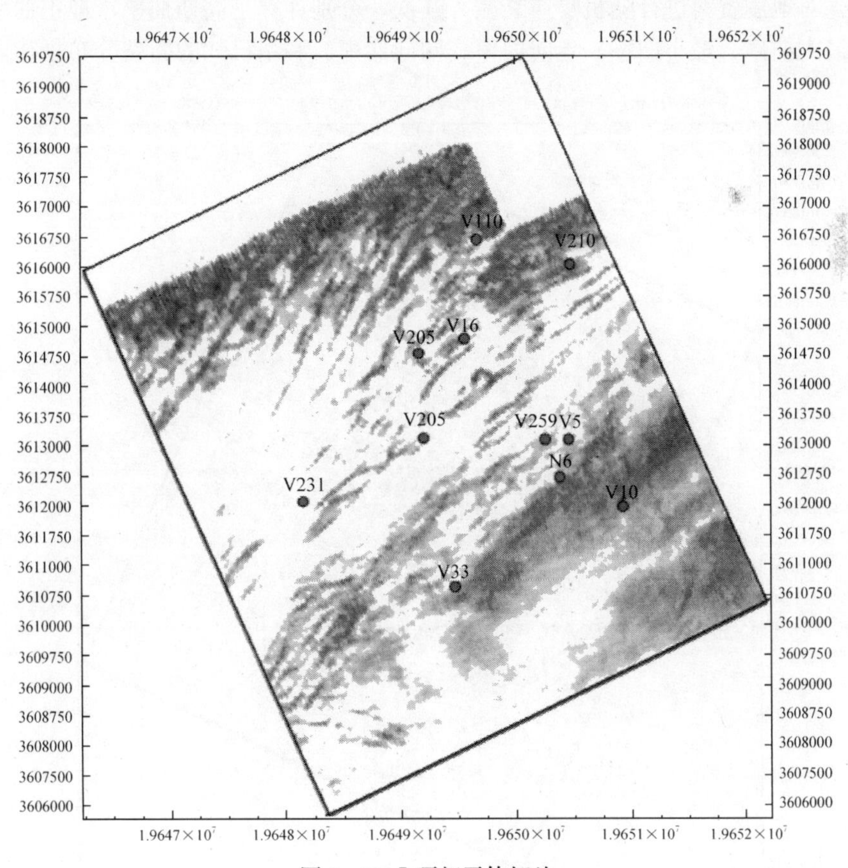

图3 H2 I顶相干体切片

表 1　不同相干体识别断层优缺点

类型	特点	优点	缺点
互相关(C1)的算法	分别计算主测线、联络测线方向的相关系数，然后再合成主测线和联络测线方向相关系数	计算量小，易于实现	受资料限制，抗噪能力差
相似系数(C2)的算法	对任意多道地震数据计算相干，是基于等时或沿构造层位在一定时窗内进行相干计算	稳定、抗噪性强，并且时窗长度可变	不能正确反映地层倾角
本征结构分析(C3)的算法	直接进行三维地震数据体相干计算	不需要层位约束，分辨率高	没有考虑倾角和方位角的变化
子体属性的多算子相干(C4)的算法	基于子体属性的多算子相干算法	可选择性强，实现了多信息检测；实现地震属性的高分辨率 检测	强波阻抗差 反射界面，具有高相干值，影响断层识别

3.2　曲率体断层识别技术

曲率体显示的信息较多，但这些信息的连续性较差，为了提高曲率对断层识别的效果，首先对地震资料进行随机噪声衰减。其次，分别计算了高斯曲率、最正曲率、最负曲率、最大曲率、最小曲率、走向曲率、倾向曲率，利用已知的断裂分布规律，对这些

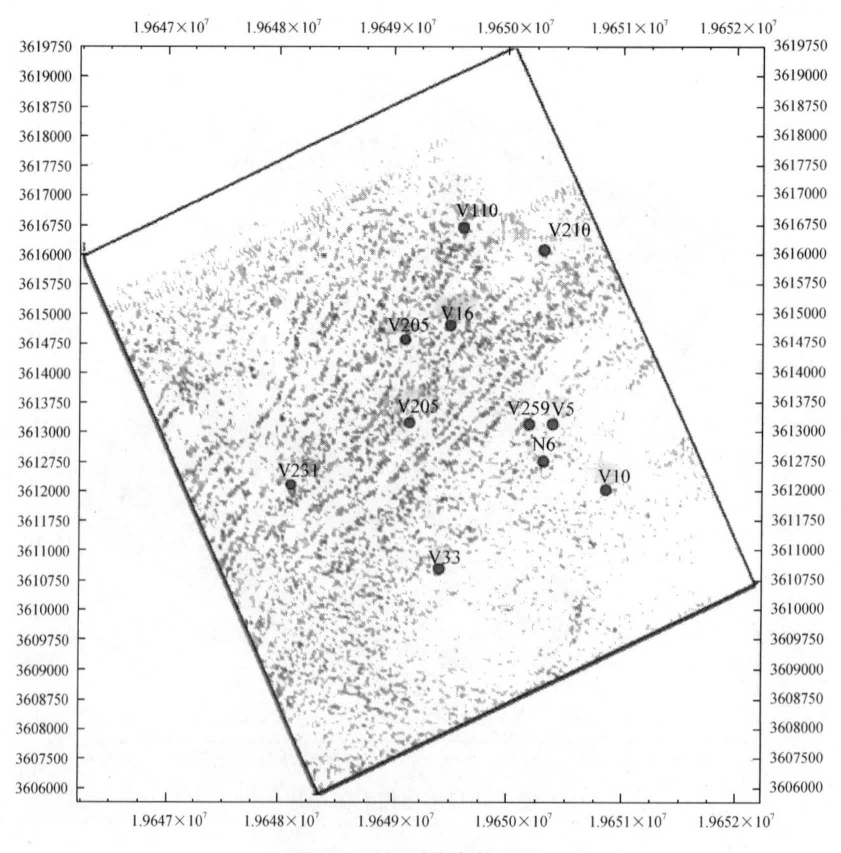

图 4　H2 Ⅰ 顶曲率体切片

曲率体属性进行标定，找出该工区微小特征和分布规律在不同曲率体属性上表现特征，优选出最适宜在该工区的最佳曲率体为最大曲率体。再次，不同线、道、时窗不同，对提取结果影响较大，较大的线、道参数对于大断层、大河道等大的地质体识别较好，并且断层或储层的形态及连续性好，但对细节反映较弱；较小的线、道参数预测结果的噪声水平较高；较大的时窗可以有效消除噪声的影响，但往往会掩盖细节；而小时窗理论上可以很好的揭示地质细节，但往往伴随有较大的噪声干扰。为了选择更优的参数，对地震线、道、时窗分别进行了实验评价，优选最大正曲率的线参数为 9、道参数为 9、时间窗为 9。

虽然利用这些参数取得了较好的效果，但是由于曲率体对噪声极为敏感，依然还有很多干扰信息，无法解决(图 4)。

3.3 蚂蚁体断层识别技术

在地震数据体中播撒大量的“蚂蚁”，这些蚂蚁在遇到断裂痕迹时将“释放” 信号，召集其他区域的蚂蚁对断裂进行追踪，直到完成该断裂的追踪和识别，而不满足断裂条件的不进行追踪[13~15]。此技术能够获得一个低噪声且相对清晰断裂痕迹的地震数据体，但是蚂蚁体容易受地震反射强度的影响，尤其受岩性界面的影响大，在研究区现有地震条件下，很难解决(图 5)。

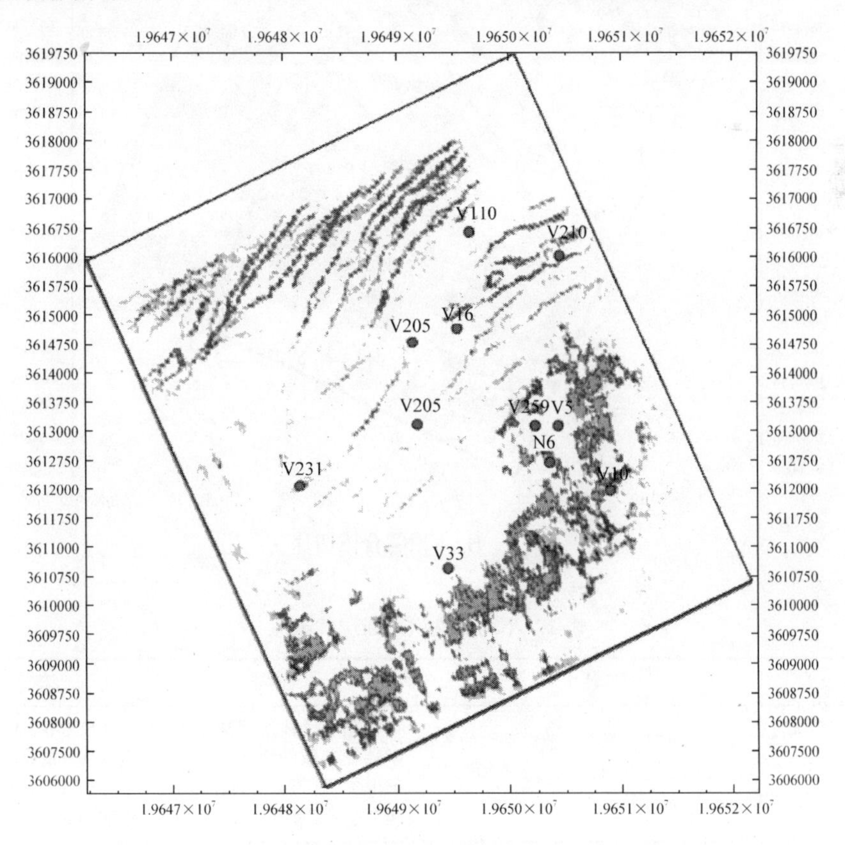

图 5　H2 Ⅰ 顶蚂蚁体切片

3.4　多体融合断层识别技术

多体融合断层识别技术是把相干体、曲率体、蚂蚁体 3 种数据体的图像像素进行合成成像并显示(图 6)，通过在三维空间对地震资料立体的、多方位的展示和观察，通过透视、滤波、调节色差等方法，来研究断层空间分布的特征和细节，解决了因单一属性显示断层不明显而引起的断层组合困难和微小断层漏失现象，充分发挥不同属性应有潜力和优势，使低序级断层显示更为突出，提高断层识别及断点组合精度(表 2)。此种方法能够提高低序级断层、构造转换部位、岩性异常部位、断层交汇处、断层倾末端以及断层“拐弯”处的精度。

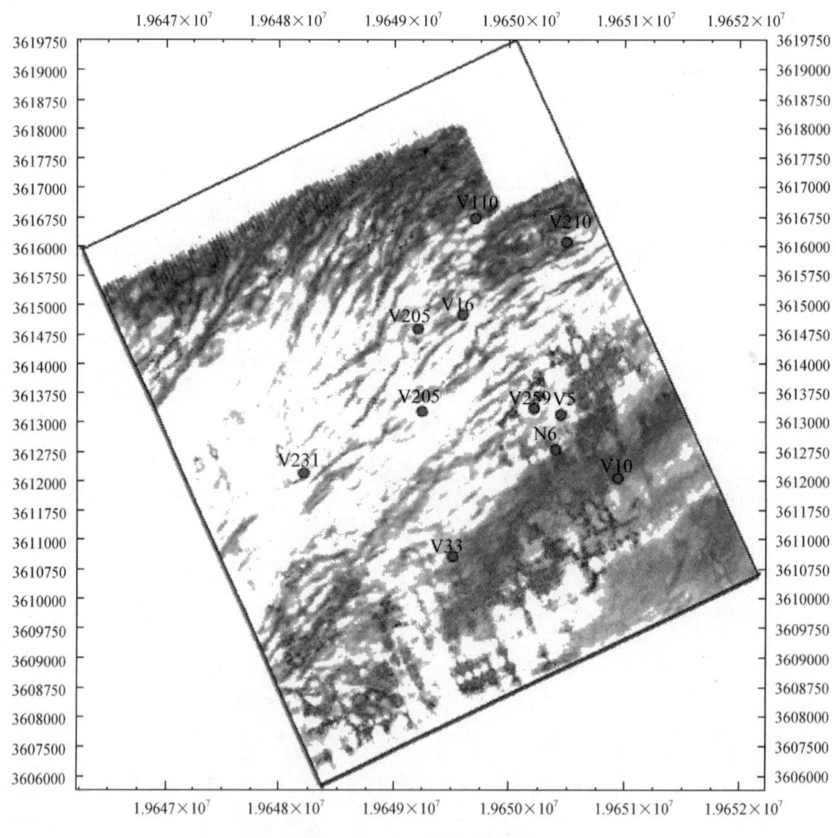

图 6　H2 Ⅰ顶融合体切片

表 2　不同属性识别断层优缺点

断层识别技术	原理	优点	缺点
子体相干技术	在三维空间计算不同方向地震资料的不相似性，从中比较和提取地层的不连续性和沉积过程的差异信息	可将相邻子体之间地球物理学特征参数的变化很好的表征出来，实现地震属性的高分辨率检测，检查边界更为清晰	受河道边界、前积和其他地质现象造成的异常区，断层和沉积界面混杂，会影响到低序级断层的识别

续表

断层识别技术	原理	优点	缺点
曲率体断层识别技术	曲率是曲线的 2D 性质，用来描述曲线上特定点的弯曲程度	描述微小断层和预测裂缝方位与分布方面较好，受岩性影响小	对噪声极为敏感
蚂蚁体技术	在地震数据体中播撒大量的“蚂蚁”，在地震属性体中发现断裂痕迹的蚂蚁将“释放”信号，召集其他区域的蚂蚁集中在该断裂处对其进行追踪，直到完成该断裂的追踪和识别	能够获得一个低噪声、具有清晰断裂痕迹地震信息	容易受地震反射强度的影响，尤其受岩性界面的影响大

在魏 210 井区受噪声及沉积边界的影响，出现混杂高相干区，已经很确定此处是否发育断层；然而，蚂蚁体在此区获得了一个低噪声、高清晰的断层信息。魏 259 处在蚂蚁体和相干体处都没有断层显示，但曲率体处有断层显示。在魏 231 处，相干体很好地显示了断层信息，然而蚂蚁体和曲率体却断层信息并不明显。通过对比，不同地震属性在复杂断块不同位置对断层的敏感性不同，取各种属性的有利地震信息，将有利信息融合成一个新的属性体，新融合体能够将各种属性优点集聚到一起，同时在一定程度上消除干扰信息，使切片的清晰度和有利信息数量都得到很好的加强，同时地震噪声得到了很好的压制。

通过此技术最终完成了魏岗油田Ⅰ-Ⅱ断块断层的识别和 117 口井 247 个断点中 237 个断点的组合工作，断点组合率达到 96.0%，与原断点组合率 61.0%相比，断点组合率提高了 35.0%，共组合 64 条断层，断层平均间距 320m，并建立了三维断层空间分布模型，为后期在断层附近钻大斜井挖潜剩余油提供了较好的地质基础。

多体融合断层识别技术通过取各项技术的优点，剔除无用信息，进行断点组合，其与用单纯一种属性相比识别低序级断层和组合断点局部信息更加突出，解释结果具有唯一性，在识别低序级断层即组合断点方面取得了较好的效果。

4 应用实例及效果分析

4.1 三维空间断层组合理性验证

通过部分新断层的识别，使油水关系更为合理。例如新识别的 24 号断层，原高部位魏 296 井(海拔高度–1257.6m)和魏 4 井(海拔高度–1270.2m)在 H2Ⅰ2 层射孔为水层；而相邻的底部位魏新 23 井(海拔高度为–1252.6m)、魏 506 井(海拔高度为–1248.6m)和魏 265 井(海拔高度为–1280.9m)射孔为油层，与油水分布规律构造高部位含油低部位含水相矛盾，通过研究发现在魏 4 井和魏新 23 井之间发育一条 29 号新断层(图 7)，使油水关系更为合理，且含油面积也由原来的 $0.10km^2$ 上升为 $0.17km^2$；地质储层由原来的 2.39×10^4t 上升为 4.44×10^4t，增加储量 1.05×10^4t。

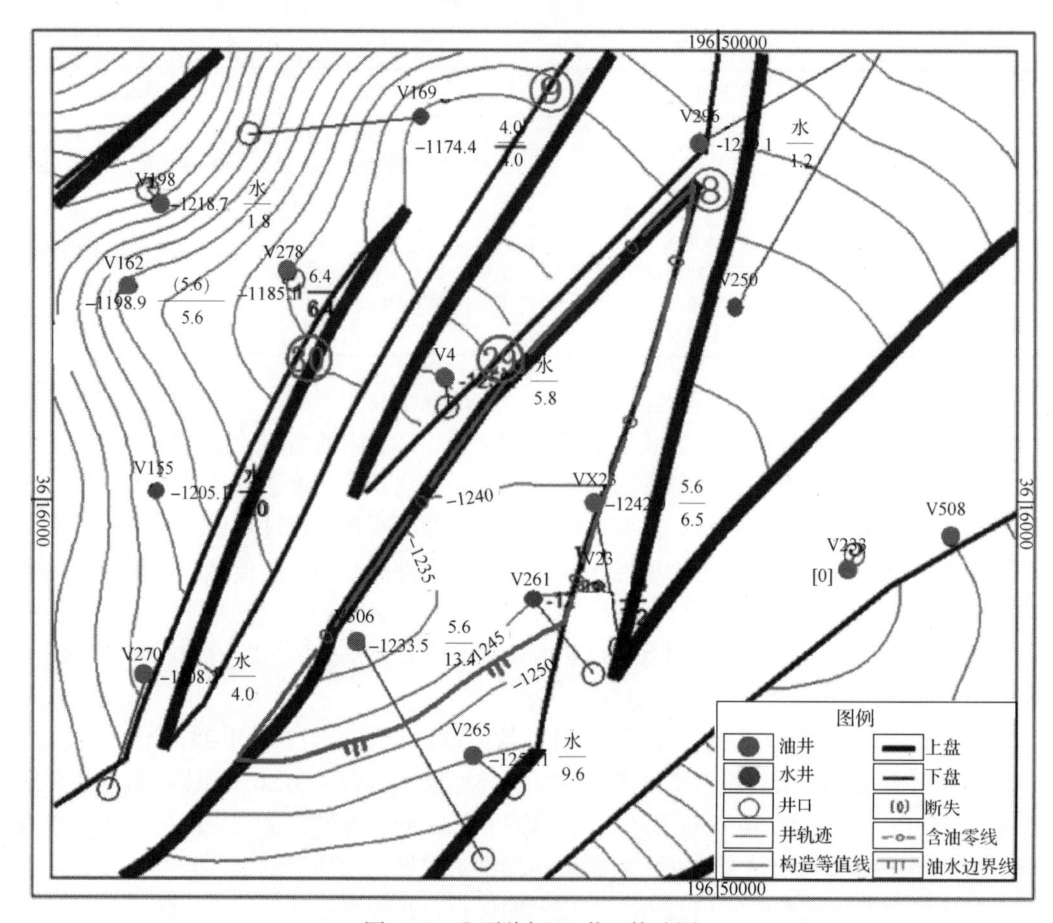

图 7　H2Ⅰ顶魏新 23 井区构造图

4.2　新识别断层

依据地震资料描述无井点控制区域的构造形态，大断层首尾部形态、小断层的延伸长度、走向、倾角的认识更加精确，与单一用开发井资料的结果对比，有 14 条断层位置发生了变化，5 条断层走向发生变化，13 条(变化大于 50m 的有 6 条；变化小于 50m 的有 7 条)断层的首、尾部延伸长度发生变化。

新识别断层 24 条，这些断层在地震剖面上同相轴无明显错断或者扭动，同时在相干体、蚂蚁体和曲率体属性体上有明显的异常特征，而且异常反映特征与井断点控制的断层响应一致，可以确认为断层。由于断层增多，构造发生了较大的变化，例如：新识别的 30 号和 9 号断层，通过微构造精细刻画，在魏 278 井区识别出一个小的鼻状构造，2014 年 10 月对魏 278 井 H2Ⅰ1 和 H2Ⅰ2 小层补孔，日产油 4t，日产水 $3m^3$，进一步验证了在 H2Ⅰ1 和 H2Ⅰ2 小层在魏 169 井区小鼻状构造为有利区域，同时确定了新的油水边界线为–1200m，含油面积 $0.15km^2$，新增加储量 10.73×10^4t。

最终确定了研究区断层的走向、延伸长度、深度、断距、断层个数的变化，同时对研究区构造进行了精细刻画，断层组合更为合理，地质储量也由原来的 504.84×10^4t，增加到现在的 600.46×10⁴t，新增地质储量 95.62×10⁴t，其中新识别含油区增加储量 10.73×10⁴t，扩边新增储量 130.54×10⁴t，注销地质储量 45.65×10⁴t，总储量增加 95.62×10⁴t，为高含水后期油田开发提供了较为准确的地质依据。

4.3 合理井网部署

4.3.1 剩余油分布

(1) 微结构和封闭断层对残余油形成天然屏障。在重力作用下，微结构将会在一定程度上控制地层中注入水的流动。如果在微结构的顶部没有钻井，那么残余油将会残留在这里。此外，断层的阻隔易引起注采体系的不完整，从而导致断层和注入井的另一侧存在大量的残余油，如图 8 所示，断层附近由于注采系统不完善导致剩余油富集。

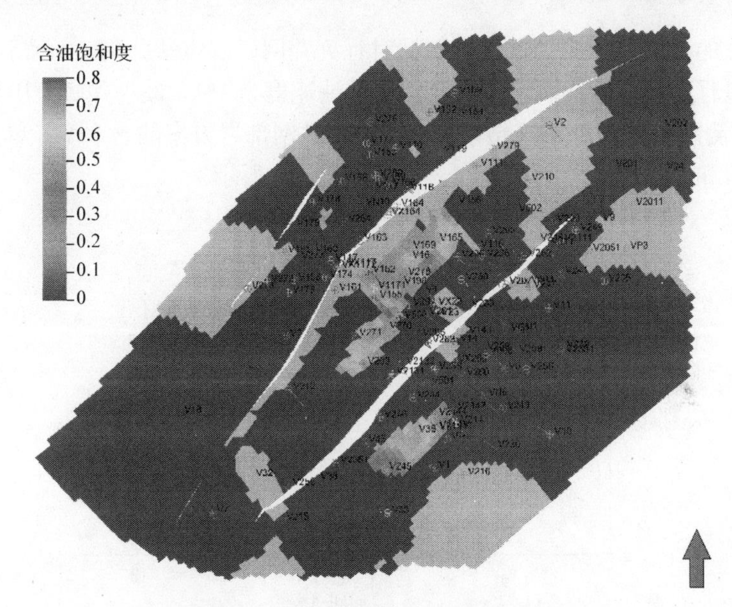

图 8 H2Ⅱ6 层剩余油饱和度分布图

(2) 当井网不完善或不规则，或一套井网开采多个油层段时，加上油层平面、纵向非均质的影响，则可以形成多种形式的剩余油油富集部位。魏岗油田不规则井网部署，受储层物性差异、边水及断层影响，导致注采关系不完善，剩余油未波及或驱替效果差，受断层影响，北部区域射孔不完善，注水波及面积较低。

4.3.2 建立理想模型

为优化魏岗油田断层区的布井方式，提高井网控制程度，优化断层区剩余油的开发效果，因此，利用 Eclipse 数值模拟软件，建立魏岗油田断层区的理想模型，结合实际动静态数据，建立主体区及断层区理想模型，分别模拟不同井网条件下的开发方案，对井网部署进行进一步调整。设置理想模型网格步长 10m×10m 网格，网格数为 185×185×3，各层属性见表 3 和表 4。

表 3 模型参数

模拟层号	渗透率/mD	有效厚度/m	孔隙度/%	含油饱和度/%
1	30	2	0.2	0.55
2	358	3	0.24	0.65
3	686	4	0.26	0.7

表 4 流体特征

原始地层压力	油气比	原始原油体积系数	原油密度/(kg/m^3)	原油黏度/mPa · s	饱和压力
14.4MPa	16.88	1.082	0.852	6.28	2.98MPa

4.3.3 井网方案预测

利用建立的断层区理想模型，分别针对行列井网、四点法井网、五点法井网及反九点井网方案进行预测，生产制度为定产油，采油速度为 1%，最小井底流压为 3MPa，注采比为 1，预测至全区含水 98%结束。得到不同井网部署方案的含水率、单井日产油量、单井日产液量和采出程度的对比曲线，如图 9~图 12 所示。

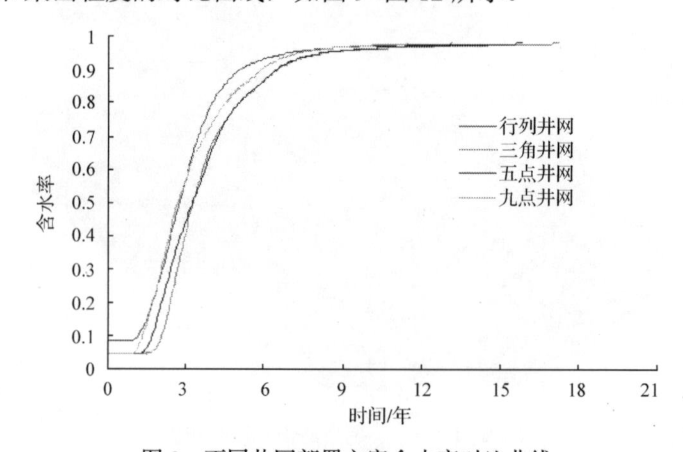

图 9 不同井网部署方案含水率对比曲线

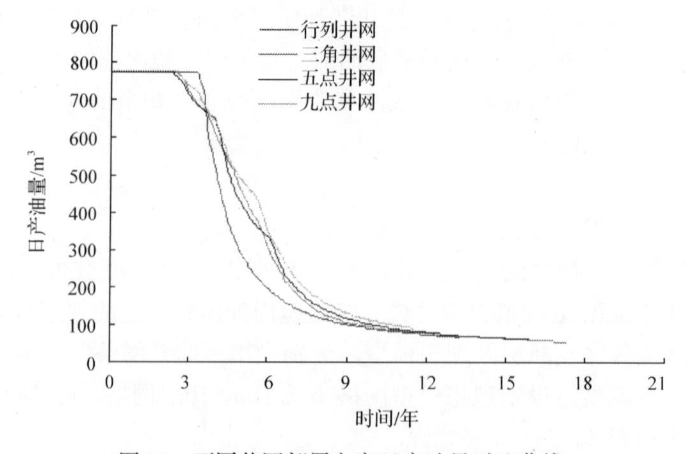

图 10 不同井网部署方案日产油量对比曲线

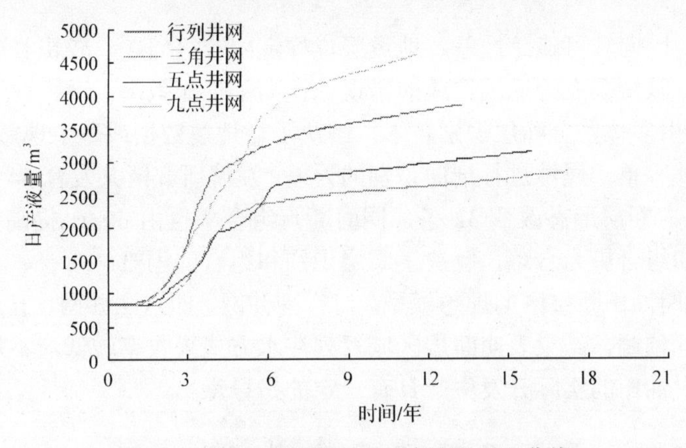

图 11 不同井网部署方案日产液量对比曲线

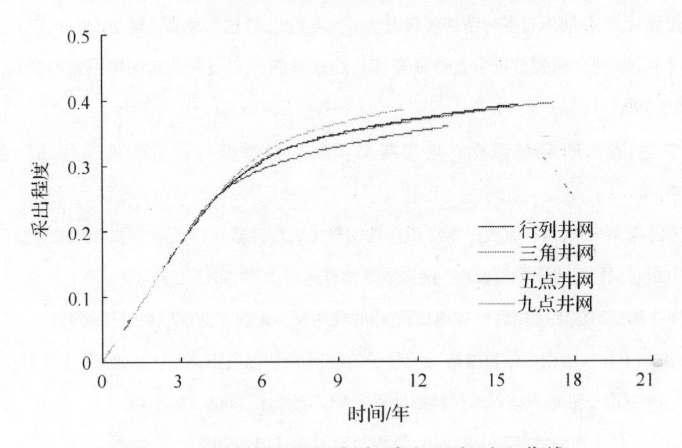

图 12 不同井网部署方案采出程度对比曲线

由上图和表 5 可知，断层区域行列注水方式采收率较低，不规则三角形井网采收率最高。因此，在断层区剩余油挖潜过程中，部署不规则的三角形井网可改善开发效果，达到较高的采收率。

表 5 井网部署方案预测结果

布井方式	油井数/口	水井数/口	注采井数比	采收率/%
三角	8	6	0.8	39.67
行列	7	7	1.0	35.95
五点	8	8	1.0	39.29
反九点	12	4	0.3	38.63

5 结论

(1) 本次研究采取基于地震反射特征的层位自动标定技术，解决了因单井断点多、地震同向轴杂乱、同向轴可追踪性差、地震层位标定困难等问题，较快且准确的完成了研究区层位标定，减少了人为原因造成的错误，提高了工作效率。

(2)通过采用多体融合断层识别技术，解决了靠地震数据或基于地震数据的相干体、曲率体和蚂蚁体等单一属性进行剖面识别的误差；发现研究区共发育 64 条断层，其中新发现断层 24 条，断层形态改变 32 条，同时断点组合率也由 60.0%提高到 96.0%，动态验证断层解释和组合更为合理，解决了断层识别和组合的困难。

(3)建立魏岗油田断层区的理想模型，对行列井网、四点法井网、五点法井网及反九点井网方案进行预测，结果表明断层区域行列注水方式采收率较低，不规则三角形井网采收率最高，对油田的实际开发生产具有一定的指导意义。

参 考 文 献

[1] 曹丹平,印兴耀,张繁昌,等.井间地震资料精细解释方法研究与应用.地球物理学进展,2008,23(4):1209-1215.

[2] 刘哲,吕延防,孙永河,等.同生断裂分段生长特征及其石油地质意义:以辽河西部凹陷鸳鸯沟断裂为例.中国矿业大学学报,2012,41(5):793-799.

[3] 吴奎,王伟,黄晓等.青东凹陷东部边界走滑断层识别、特征分析及对构造圈闭的控制作用.中国海上油气,2015,27(2):24-30.

[4] 张立宽,罗晓容,宋国奇,等.油气运移过程中断层启闭性的量化表征参数评价.石油学报,2013,23(1):92-100.

[5] 王彦君,雍学善.小断层识别技术研究及应用. 勘探地球物理进展,2007,30(2):135-139.

[6] 罗群,黄捍东.低序级断层的成因类型特征与地质意义.油气地质与采收率,2007,14(3):19-21.

[7] 吴永平,王超. 三维相干体技术在三维精细构造解释中的应用.断块油气田,2008(2):27-29.

[8] 佘德平,曹辉,郭全仕.应用三维相干技术进行精细地震解释.石油物探,2000,02:83-88.

[9] 韩喜,余钦范.子体相干技术在地震解释中的应用.勘探地球物理进展,2007,30(1):47-51.

[10] AlBinHassan N M,Luo Y,Al-Faraj M N. 3D edge-preserving smoothing and applications. Geophysics,2006,71(4):5-11.

[11] 姜耀东,王涛,赵毅鑫,等.采动影响下断层活化规律的数值模拟研究.中国矿业大学学报,2013,42(1):1-5.

[12] 向富强,曹俊兴,张奎等.Rayleigh 商加速法在地震相干体技术中的应用.石油天然气学报,2007,29(3):90-92.

[13] 牟荣.复杂小断块圈闭识别描述方法——以苏北盆地为例.石油与天然气地质,2006,27(2):269-274.

[14] 王京红,靳久强,匡立春.准噶尔盆地莫北油气藏主控因素再认识. 石油与天然气地质,2011,32(2):165-174.

[15] 方红萍,顾汉明.断层识别与定量解释方法进展.工程地球物理学报,2013,(5):609-615.

油藏多角度径向钻孔模拟方法研究

刘昀枫[1]　朱维耀[1]　岳　明[1]　郝爱刚[2]　张玉林[3]

（1.北京科技大学土木与资源工程学院，北京，100083；　2.胜利油田鲁胜石油开发有限责任公司，东营，257077；3.胜利油田东辛采油厂地质研究所，东营，257094）

摘要：油藏数值模拟中采用加密网格单元表征径向孔，但受到计算机硬件和数值模拟技术的制约，尚不能用于油田尺度的大规模流动数值模拟，甚至会发生数值弥散导致计算结果失真、不收敛等现象。本文针对多角度径向孔的模拟方法，在不加密网格的基础上依据径向孔在网格中的实际流程与网格大小之比来修正网格单元的等效渗透率，通过数值算例对粗化模型和加密网格模型的准确性进行对比分析。模拟计算结果表明:粗化网格模型与局部网格加密模型(阶梯状网格方法)在模拟多角度径向孔的过程中起到相同的作用，且粗化的网格在保证计算准确性的前提下大幅度提高了计算速度，为后续的大规模油藏数值模拟打下基础。

关键词：径向孔；油藏数值模拟；局部网格加密；等效渗透率

Simulation method of multi angle radial drilling in oil reservoir

Liu Yunfeng[1]　Zhu Weiyao[1]　Yue Ming[1]　Hao Aigang[2]　Zhang Yulin[3]

（1. School of Civil and Resource Engineering , University of Science and Technology Beijing, Beijing, 10083; 2. Lusheng Petroleum Development Co., Ltd., Shengli Oil Field, Dongying, 257077; 3. Geological Research Institute of Dongxin Oil Extraction Plant,Shengli Oil Field,Dongying ,257094）

Abstract: Reservoir numerical simulation using local grid refinement characterization of radial drilling, but it is restricted by the computer hardware and numerical simulation technology, it can’t be used for numerical simulation of large-scale flow field, even lead to the phenomenon of numerical dispersion distortion and convergence. The simulation method for the multi angle radial drilling, the equivalent permeability based on Grid Based on encryption radial drilling in the grid and the actual process of actual grid size ratio of modified mesh, the numerical accuracy of coarse mesh models and encryption for comparative analysis. The simulation results show that the coarse grid model and local grid refinement model（ladder grid method）play the same role in the process of simulation of multi angle radial drilling, and the coarse grid in the premise of guarantee calculation accuracy greatly improves calculation speed and lay the foundation for numerical simulation of large-scale reservoir for the future.

Key words: numerical simulation; radial drilling; local grid refinement; equivalent permeability

引言

径向钻孔技术作为油气井完井工程的重要环节，过去 10 余年在国内外得到了大力发展，在开采复杂油气藏中已经显示出诸多优势，为油气井增产起到了至关重要的作用[1,2]。在油藏数值模拟中，对于径向孔的模拟主要是通过局部网格加密(local grid refinemnt)的方法来完成[3]。局部网格加密的方法主要是基于笛卡尔网格的加密方法[4~8]。针对径向钻孔的模拟，成熟的商业软件 Eclipse、CMG 能够通过径向网格加密和笛卡尔网格加密相结合的方法较为完善地模拟近井筒和径向孔的状态，使之与实际情况相近，并且这种方法可以模拟任意方位的径向孔，不但克服了以往只局限于模拟垂直和水平方向的困境，而且增大了模拟的灵活性，并可以有效改进网格间因尺度和地质参数差异导致的流动性较差的问题[9,10]。

油藏径向钻孔实际孔径为 2~5cm，在区块中心网格模型中，基础网格(20m×20m)和径向孔尺度差异较大。目前，对于多角度径向孔的模拟主要是通过笛卡尔网格加密的方法，但这种方法受到计算机硬件和数值模拟技术的制约，尚不能用于油田尺度的大规模流动数值模拟，甚至会发生数值弥散导致计算结果失真、不收敛等现象[11,12]。本文提出了一种等效渗透率的方法，将径向孔的作用表征为对该网格节点渗透率和传导率的提高，在上述局部网格加密的基础上粗化网格模型，这种方法可以实现多角度的径向钻孔模拟，在保证计算准确性的前提下大幅度提高了计算速度。该径向钻孔模拟方法对后续的油田尺度的大规模数值模拟具有重大意义。

1　模型基本原理

在油藏数值模型中，采用修正等效渗透率的方法来模拟径向钻孔，计算方法如下。

考虑储层中只有一条连通径向孔时，基质渗透率 K_{m}，宽度 b_{m}；径向孔渗透率 K_{j}，孔径 b_{j}，对于平行于径向孔的方向的流动，如果假定存在一个等效的渗透率，使得在同样的压力梯度的作用下，传导相同的流量 Q，则平行于径向孔方向网格的等效渗透率 K_{p} 为

$$K_{\mathrm{p}}=\frac{K_{\mathrm{m}}b_{\mathrm{m}}+K_{\mathrm{j}}b_{\mathrm{j}}}{b_{\mathrm{m}}+b_{\mathrm{j}}}$$

类似地，可导出对于垂直层面方向的流动，等效的垂向渗透率 K_{n} 可由下式来计算：

$$\frac{b}{K_{\mathrm{n}}}=\frac{b_{\mathrm{m}}}{K_{\mathrm{m}}}+\frac{b_{\mathrm{j}}}{K_{\mathrm{j}}}$$

在局部网格加密方法中，针对与笛卡尔坐标呈一定角度的径向孔，由于计算模型和实际模型的差异，用网格单元表征径向孔，实际的渗流路径由直线变成了阶梯状网格(图1)。然而阶梯状径向孔单元造成渗流流程的增加，同时压差不变导致流量的减少。为解决这一问题,用径向孔在网络中的实际流程与网格单元大小之比来修正单元等效渗透率。与笛卡尔坐标呈一定角度的径向孔模型如图 1 所示(以北偏西 30°径向孔为例)。

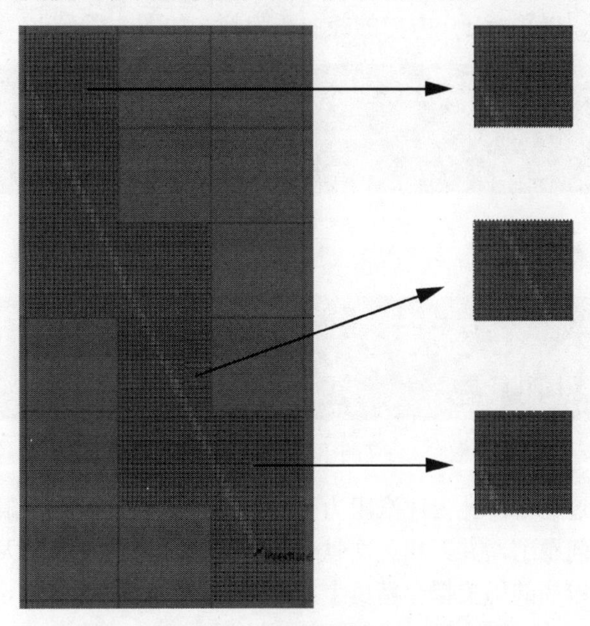

图 1　局部网格加密模型(渗透率参数模型)

从上图可以看出，径向孔经过每个网格的形态不尽相同，即对该网格单元的渗透率及压力传导系数贡献程度有所不同。所以，在粗化与笛卡尔坐标网格呈一定角度的径向孔模型中，不可统一给定油藏参数，需根据径向孔所经过网格的实际流程来修正网格单元的等效渗透率及压力传导系数。

网格粗化的过程：首先，在不进行局部加密的网格基础上，将径向孔的作用转化为渗透率及传导系数的提高，提高程度随径向孔所经过的网格不同而不同；其次，将径向孔与笛卡尔坐标的夹角转化为对 i 方向及 j 方向的同时作用；最后，运用体积平均法求取目标网格上 i 方向及 j 方向的渗透率及传导系数参数。在多角度径向孔模型中，i 方向和 j 方向的等效渗透率计算方法如下。

$$K_{\mathrm{pi}}=\frac{K_{\mathrm{mi}}b_{\mathrm{m}}+K_{\mathrm{j}}b_{\mathrm{j}}\cos\theta}{b_{\mathrm{m}}+b_{\mathrm{j}}}$$

$$K_{\mathrm{pj}}=\frac{K_{\mathrm{mj}}b_{\mathrm{m}}+K_{\mathrm{j}}b_{\mathrm{j}}\sin\theta}{b_{\mathrm{m}}+b_{\mathrm{j}}}$$

式中，K_{pi}、K_{pj}分别为i方向和j方向的等效渗透率，mD；θ为该径向孔与i方向的夹角。

2　数值模型的建立及求解

2.1　平行网格方向的径向孔

在径向孔数值模拟中，诸多学者把径向孔对渗流的作用转化为对地层参数(渗透率、传导系数)的提升。当径向孔平行或垂直于笛卡尔网格方向时，可以类似地转化为只提升该方向的地层属性。以平行于i方向的径向孔为例，如图2所示。

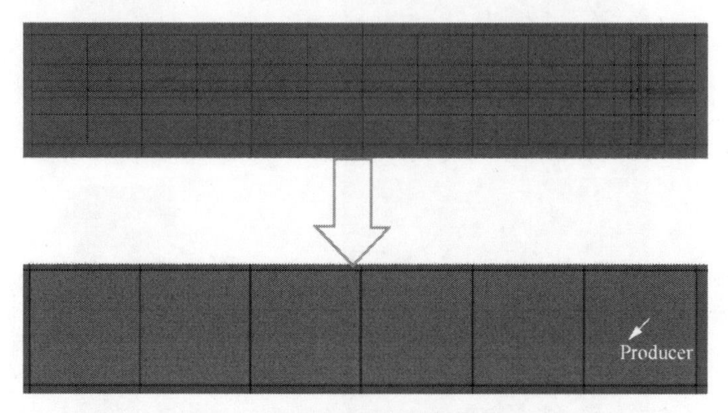

图2　平行于网格方向的粗化方法

而在实际生产过程中，孔内注汽阻力可以忽略，径向孔接近无限导流能力。但是在径向孔导流能力的问题上，并无相关文献作为参考。笔者通过前期大量的现场实际生产数据拟合工作，在较高的历史拟合精度上，确定了径向孔的压力传导系数。

2.2　与网格方向有角度的径向孔

针对与笛卡尔坐标呈一定角度的径向孔模型中，利用上述i方向和j方向的等效渗透率计算方法粗化，建立网格模型如图3所示。

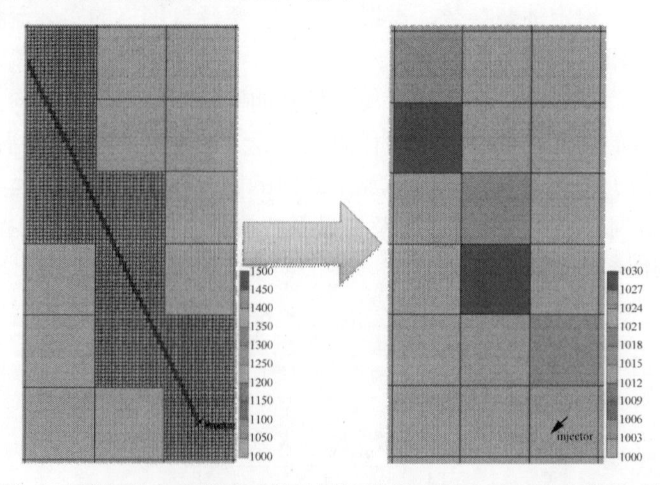

图3　局部网格加密模型及粗化网格模型示意图(渗透率参数模型)

3 模型检验

由于径向孔长度相同(均为100m)，日产油量及累计产油量不随径向孔与笛卡尔坐标的夹角变化而变化，依据平行于网格方向的局部网格加密模型的计算结果，对比对象为蒸汽吞吐井的日产油量及累计产油量，调控参数为粗化模型中径向孔所在网格的 i 方向及 j 方向的渗透率及压力传导系数。其中，i 方向与 j 方向的地层参数提升幅度呈三角函数关系。

依据等效介质法修改渗透率参数及压力传导系数后对模型进行求解，对比蒸汽吞吐井的日产油量及累计产油量参数。平行于笛卡尔网格的径向孔模型对比情况如图 4 所示，与笛卡尔坐标呈一定夹角的径向孔模型对比情况如图 5 所示。

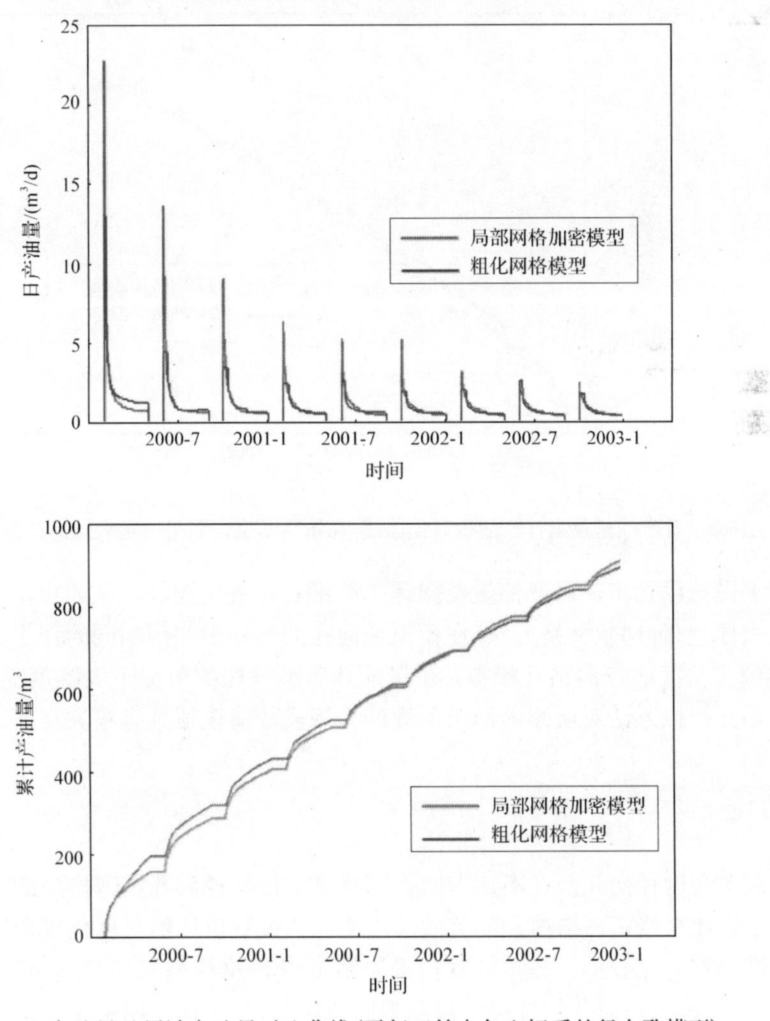

图 4 日产油量及累计产油量对比曲线(平行于笛卡尔坐标系的径向孔模型)

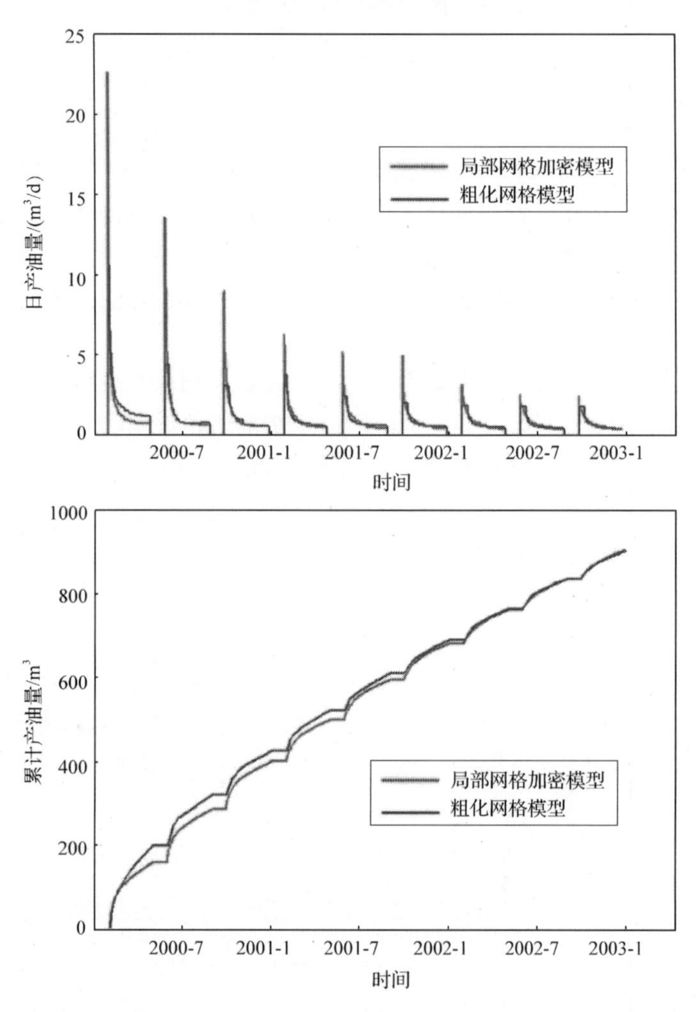

图 5　日产油量及累计产油量对比曲线(与笛卡尔坐标系呈一定夹角的径向孔模型)

从上图可以看出，日产油量及累计产油量对比效果较好。认为粗化网格模型与局部网格加密模型(阶梯状网格方法)在模拟径向孔的过程中起到相同的作用。认为这种方法可以实现多角度的径向钻孔模拟，在保证计算准确性的前提下大幅度提高了计算速度。该径向钻孔模拟方法对后续的油田尺度的大规模数值模拟具有重大意义。

4　结论

针对多角度径向孔，在不加密网格的基础上依据径向孔在网格中的实际流程与实际网格大小之比来修正网格单元的等效渗透率，通过数值算例对粗化模型和加密网格模型的准确性进行对比分析。模拟计算结果表明:粗化网格模型与局部网格加密模型(阶梯状网格方法)在模拟径向孔的过程中起到相同的作用，且粗化的网格可在保证计算准确性的前提下大幅度提高计算速度，为后续的大规模油藏数值模拟打下基础。

参 考 文 献

[1] 贾宝昆,朱维耀,岳明. 薄层稠油油藏径向钻孔蒸汽吞吐产能模型. 北京力学会.北京力学会第二十二届学术年会会议论文集,2016:3.

[2] 朱维耀,贾宝昆,岳明,等. 薄层稠油油藏径向钻孔热采开发数值模拟. 科技导报,2016,09:108-113.

[3] 袁士义,宋新民,冉启全.裂缝性油藏开发技术.北京:石油工业出版社,2004:1-3.

[4] 张磊,康钦军,姚军,等.页岩压裂中压裂液返排率低的孔隙尺度模拟与揭示.科学通报,2014,59(32):3197-3203.

[5] Snow D. Anisotropic permeability of fractured media. Water Resources Rearch, 1969, 5(6):1273-1289.

[6] Oda M. Permeability tensor for discontinuous rock masses. Geotechnique, 1985, 35(4):483-495.

[7] Barenblatt G I, Zheltov I P, Kochina I N. Basic concept in the theory of homogeneous liquids in fissured rocks. Journal of Applied Mathematics and Mechanics, 1960, 24(5):1286-1303.

[8] Kazemi H, Porterfield K, Zeman P. Numerical simulation of water-oil flow in naturally fractured reservoirs. SPE Journal, 1976, 16:317-326.

[9] Lemonnier P, Bourblaux B. Simulation of naturally fractured reservoirs state of the art. Oil & Gas Science and Technology-Revue de Institute Francais du Petrole, 2010, 65:239-262.

[10] 严侠,黄朝琴,姚军,等. 裂缝性油藏改进多重子区域模型. 中国石油大学学报(自然科学版),2016,03:121-129.

[11] Karimi-Fard M, Durlofsky L J, Aziz K. An efficient discrete-fracture model applicable for general-purpose reservoir simulators. SPE Reservoir Simulation SymPosium, Houston, Texas, 2004,9(2):227-236.

[12] 黄朝琴,高博,王月英,等.基于模拟有限差分法的离散裂缝模型两相流动模拟.中国石油大学学报(自然科学版),2014,38(6):97-105.

基于 ANSYS 的疏松砂岩水力压裂起裂模拟

韩政臣[1] 岳 明[1] 朱维耀[1] 郝爱刚[2] 张玉林[3]

（1.北京科技大学土木与资源工程学院，北京，100083； 2.胜利油田鲁胜石油开发有限责任公司，东营，257077；3.胜利油田东辛采油厂地质研究所，东营，257094）

摘要：径向水射流技术作为目前提高单井产能的有效手段，在低渗透油藏上应用较为广泛。2013 年，鲁胜公司某井通过常规射孔无法投产，而通过径向钻孔技术，在油层不同方位钻 6 个长度 50~70m 的水平井眼后，进行压裂防砂能得到正常产能。为弄清油藏径向钻孔后疏松砂岩水力压裂起裂规律，本文基于 ANSYS 软件，对疏松砂岩径向射孔后的水力压裂进行模拟，绘制了径向孔孔壁上应力的分布情况，结果表明，疏松砂岩压裂过程中于近井端起裂，该结果可为后续的储层裂缝扩展提供了一定的参考。

关键词：径向孔；ANSYS；起裂模拟

Hydraulic fracturing simulation of unconsolidated sands based on ansys

Han Zhengchen[1] Yue Ming[1] Zhu Weiyao[1] Hao Aigang[2] Zhang Yulin[3]

（1. School of Civil and Resource Engineering, University of Science and Technology Beijing, Beijing, 100083;2. Lusheng Petroleum Development Co., Ltd., Shengli Oil Field, Dongying. 257077; 3. Geological Research Institute of Dongxin Oil Extraction Plant, Shengli Oil Field, Dongying ,257094）

Abstract: As an effective means to improve the productivity of single well, radial water jet technology is widely used in low permeability reservoirs. In 2013, Lu Sheng company through radial drilling technology drilling six 50-70m radial hole in the formation of different azimuth, the fracturing sand control can get the normal production capacity.In order to make clear the law of hydraulic fracturing of unconsolidated sands, based on ANSYS, it make a simulation of hydraulic fracturing after radial perforation of unconsolidated sands, and draw the stress distribution of radial hole. Results shows that unconsolidated sands in the near wellbore began to crack. The results can provide some references for the further expansion of the reservoir.

Key words: radial hole; ANSYS; crack initiation simulation

引言

疏松砂岩油气储量在原油总产量中占有十分重要的地位。疏松砂岩油气藏通常具有埋藏较浅、储层岩石疏松易散、成岩作用差、渗透率低、胶结强度差、原油黏度高等特征。目前，水力压裂技术是比较有效的方法，但由于疏松砂岩复杂的物性特征，其对水力压裂作业条件的要求较为严格，疏松砂岩水力压裂裂缝的起裂与扩展一直是研究的热点问题[1]。

近年来，国内外学者对压裂起裂的研究较多。Zhang 等 [2] 通过三维有限元模型计算分析得出，射孔密度和射孔方位角是影响地层破裂压力的主要因素；Agarwal 通过 FLAC3D 对疏松砂岩裂缝的扩展进行了模拟，得出了剪切破坏及拉伸破坏的分布区域[3]；陈勉[4]在考虑到岩石孔隙压力、压裂液的流动以及滤失的影响的基础上，提出了斜井的裂缝起裂模型；张广清和陈勉[5]提出了在各种射孔参数中，孔密和射孔方位角为最主要的影响因素；罗天雨和赵金洲等[6]通过分析斜井射孔的孔眼周围实际应力状态，建立起针对该种完井方式的破裂压力计算模型；曲占庆[7]在计算斜井岩石起裂压裂时进行了适当合理的坐标变换，建立起 3D 斜井裂缝起裂模型。

在这些研究中，针对有径向孔的疏松砂岩储层起裂模拟较少，本文基于 ANSYS 软件，对疏松砂岩径向射孔后的水力压裂进行模拟，计算出了水力压裂的起裂点，并分析了起裂点与地应力之间的关系及径向孔孔壁上应力的分布情况，为后续的储层裂缝分布提供了一定的参考。

1 疏松砂岩水力压裂起裂点的模拟

1.1 疏松砂岩起裂准则

基于疏松砂岩自身的物性特征、力学特征，不同类型岩石结构和材料以及裂缝扩展的不同阶段都会有不同的断裂准则。疏松砂岩起裂模拟过程中采用最大拉应力准则，这一理论认为引起材料断裂破坏的因素是最大拉应力，无论什么应力状态，只要构件内一点处的最大拉应力达到单向应力状态下的极限应力，材料就要发生断裂，即在水力压裂过程中，当流体压力超过孔壁处岩石开裂所需最大拉应力时，孔壁处开始产生裂缝。

1.2 模型参数

目标储层采用径向钻孔技术，钻孔长度可达 100m 以上，该模型以一单独的径向孔为研究对象，采用 ANSYS 建模，模型长 300m，宽 300m，中间有一径向孔，长 100m，直径 50mm。疏松砂岩泊松比取 0.25，弹性模量取 2GPa，采用 plane183 单元。剖分后得 91519 个单元，281701 个节点。径向孔附近网格较密，模型的进液端及底端网格再次加密，如图 1 和图 2 所示。

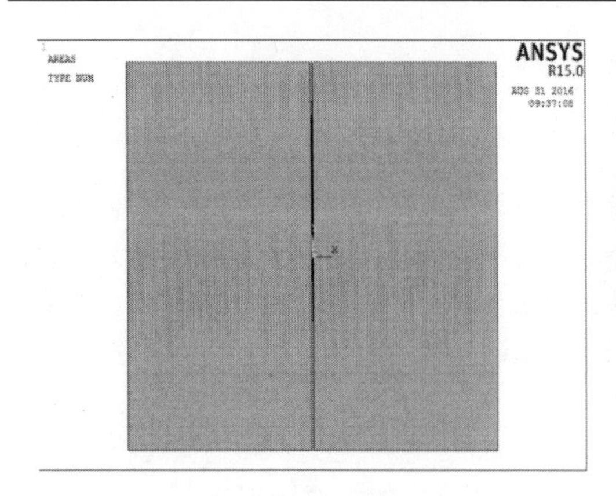

图 1　模型示意图

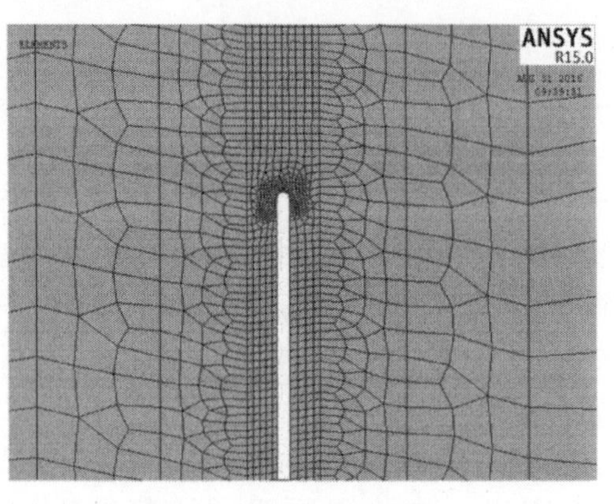

图 2　模型底端示意图

1.3　模型边界条件

径向孔处于地层中，其周围的边界是无限的，限制了径向孔的位移。本文中所建的模型长和宽均为 300m，可以近似模拟无限大地层，施加边界条件时，首先对模型的左侧施加全约束，以限制整个模型的位移，模拟径向孔在地层中的变化。径向孔注压裂液时，随着距离的增大，压裂液有一定的滤失，其对孔壁的压力也会逐渐减小，因此，设施加在孔壁上的荷载为一线性减小的荷载，在进液端，压裂液对孔壁的压力为 30MPa，径向孔底端压裂液对孔壁的压力为 25MPa，压力递减斜率为 0.05MPa/m。

将施加在模型上的水平应力[8]分为两种情况：

(1) 平行于径向孔的水平应力（σ_H）大于垂直于径向孔的水平应力（σ_h），设 σ_H 为 20MPa，σ_h 为 15MPa；

(2) 平行于径向孔的水平应力（σ_H）小于垂直于径向孔的水平应力（σ_h），设 σ_H 为 15MPa，σ_h 为 20MPa。

1.4　不同地应力条件下的计算结果

在不同的地应力条件下通过 ANSYS 对模型进行计算，由于建立的模型对径向孔来说相对较大，因此选取径向孔周围的模型为研究对象，对结果进行观察。施加在模型上

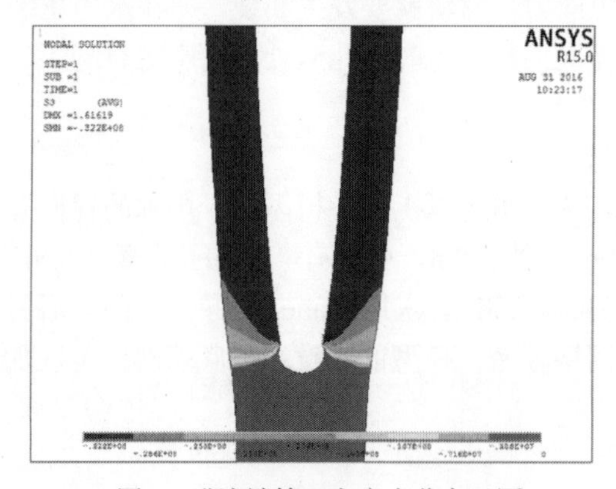

图 3　进液端第三主应力分布云图

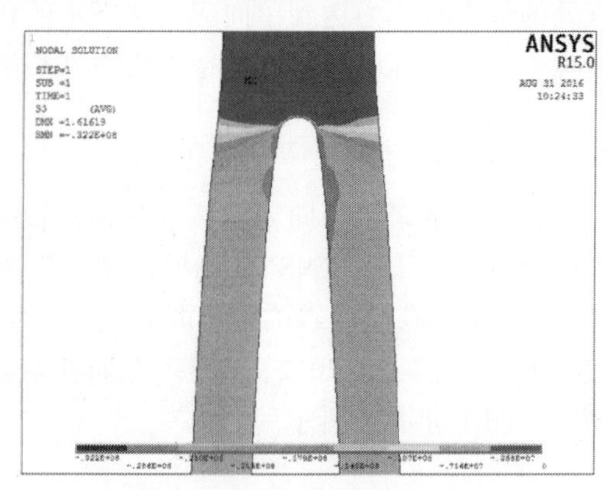

图 4　底端第三主应力分布云图

的应力均为压应力，模型拉应力的分布情况可以通过第三主应力进行观察。

在边界条件及荷载 1 的情况下通过 ANSYS 进行计算，模型进液端及出液端的第三主应力分布如图 3 及图 4 所示。

图中，蓝色区域拉应力较大，红色区域拉应力较小，由图 3 及图 4 可知，最大拉应力分布在进液端附近，并且进液端周围所受的拉应力明显大于底端所受的拉应力。为确定孔壁上最大拉应力所处的位置，分别以孔壁的右侧和左侧定义路径，通过后处理得到其第三主应力随 Y 轴的变化情况，如图 5 及图 6 所示。

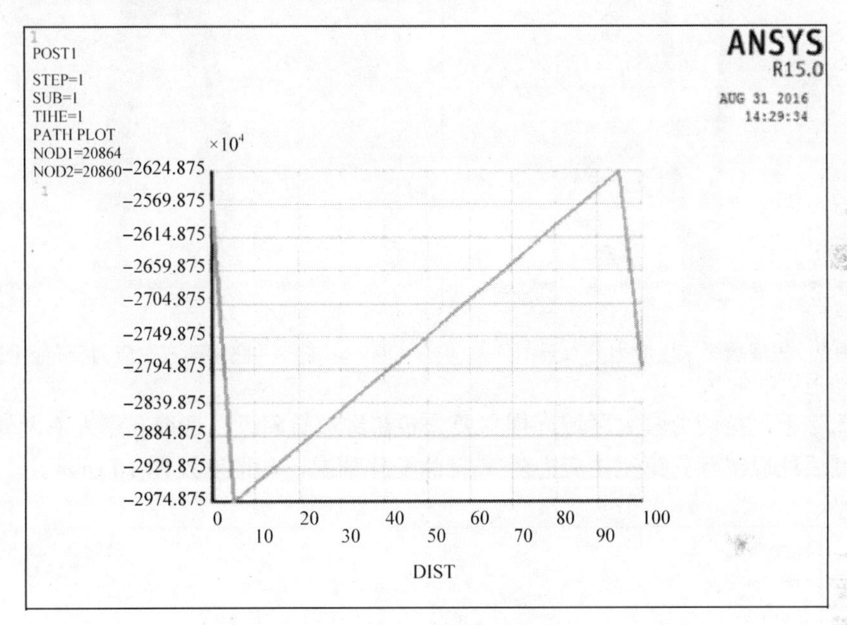

图 5　孔壁右侧应力分布图

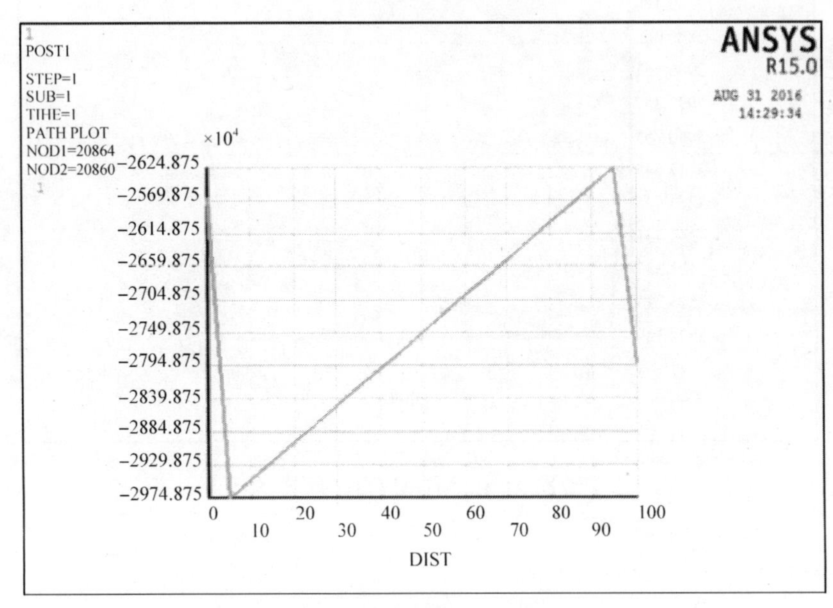

图 6　孔壁左侧应力分布图

由图可知，径向孔左右两侧所受的拉应力基本相等，拉应力在孔壁上大致呈递减状态，最大拉应力位于径向孔的进液端附近，大致距进液端 5m 左右。

在边界条件及荷载 2 的情况下通过 ANSYS 进行计算，模型进液端及出液端的第三主应力分布如图 7 及图 8 所示。

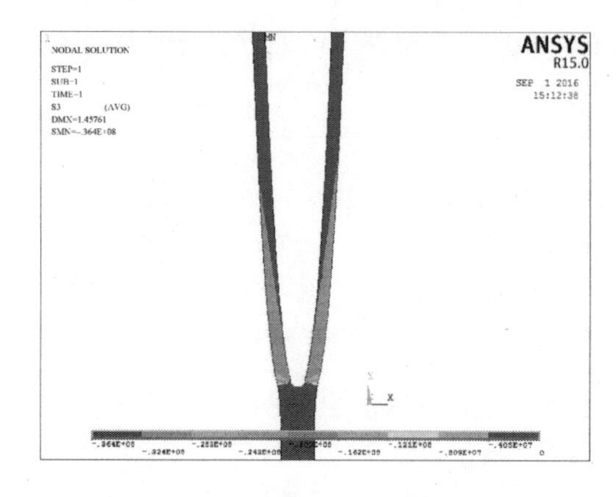

图 7　进液端第三主应力分布云图

图 8　底端第三主应力分布云图

荷载 2 下，拉应力较大区域同样主要分布在进液端附近，选取孔壁左右两侧进行分析，通过后处理得到其第三主应力随 Y 轴的变化情况，如图 9 及图 10 所示。

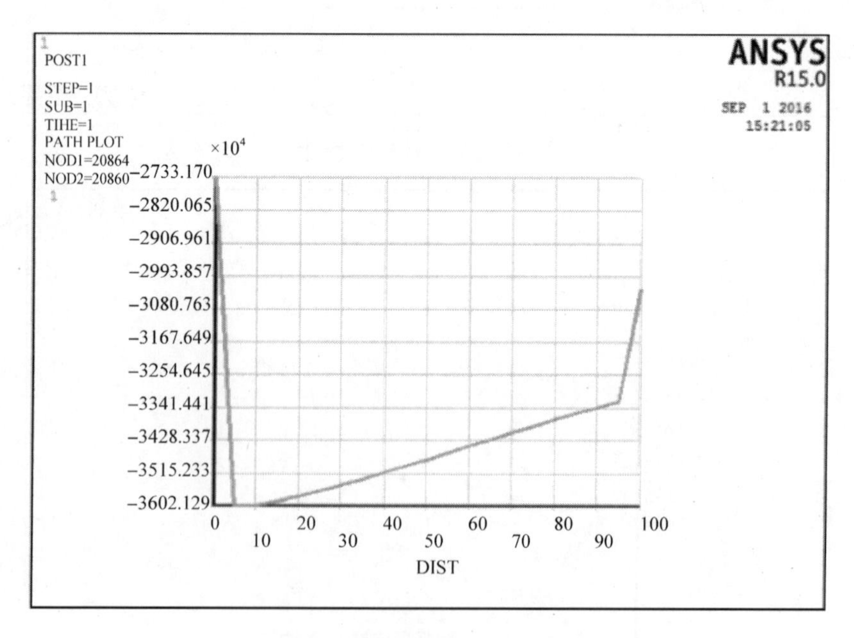

图 9　孔壁右侧应力分布图

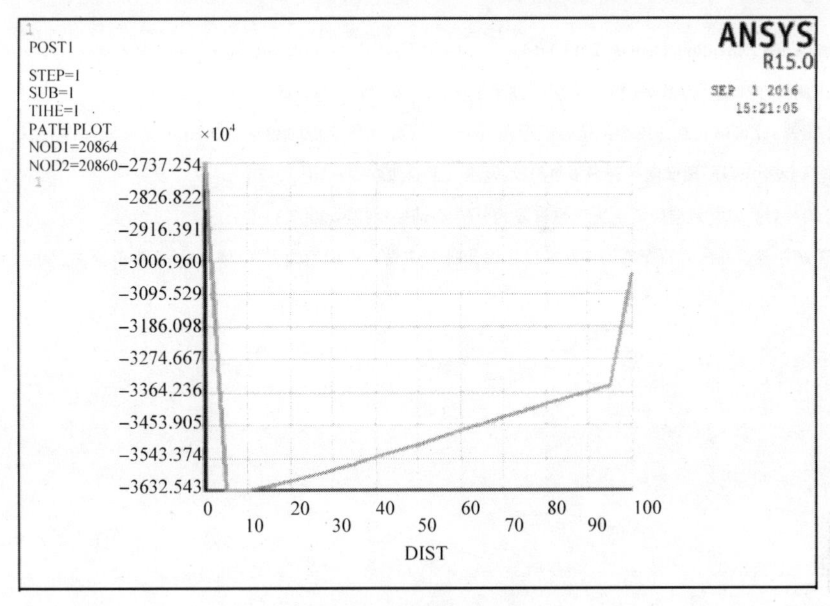

图 10 孔壁左侧应力分布图

由孔壁上的应力分布可知，孔壁受拉最大处位于径向孔的进液端附近，距进液端 5m 左右。

1.5 结果对比分析

由 1.4 节可知，不同应力条件下计算的结果存在以下共同点：①受拉较大区域主要分布在进液端附近；②孔壁上受拉最大处分布在距进液端 5m 左右；③孔壁上受拉分布基本是随着距进液端距离的增大，受拉减小。另外，垂直于径向孔的水平应力增大、平行于径向孔的水平应力减小时，模型径向孔附近相同区域的受拉有所增大。综上可知，疏松砂岩径向孔压裂时，模型的开裂点位于进液端附近，即进液端起点的可能性比较大。

2 结论

通过不同应力条件下对模型的计算可知，模型受拉最大处位于进液端附近，大概距进液端 5m，即疏松砂岩径向孔压裂时，进液端起点附近开裂的可能性比较大。在已知开裂点的情况下，我们可以进一步对开裂点进行分析，通过开裂点附近预设裂缝等，对疏松砂岩的开裂情况进行进一步的模拟，为疏松砂岩径向孔的压裂开发提供一定的参考。

参 考 文 献

[1] 常琨. 疏松砂岩人工裂缝起裂及延伸规律研究.东营：中国石油大学(华东)硕士学位论文,2013.

[2] Zhang G Q,Chen M,Wang X S,et al. Influence of perforation on formation fracturing pressure. Petroleum Science,2004,1(3):56-61.

[3] Karn A, Mukul M. Sharma. A new approach to modeling fracture growth in unconsolidated sands. Annual Technical

Conference and Exhibition, Denver, 2011,1-15.

[4] 陈勉. 大斜度井水压裂缝起裂研究. 中国石油大学学报, 1995,19(2):33-35.

[5] 张广清,陈勉. 定向射孔水力压裂复杂裂缝形态. 石油勘探与开发, 2009,1(36):103-107.

[6] 罗天雨,赵金洲.水力压裂横向多裂缝扩展模型.天然气工业,2007,27(10):75-78.

[7] 曲占庆.斜井射孔完井地层破裂压力三维有限元分析.石油钻探技术,2007,35 (1):13-15.

[8] 张先锋. 疏松砂岩高压砾石充填施工参数优化设计研究.东营：中国石油大学(华东)硕士学位论文,2008.

Lattice boltzmann simulation for mass transfer phenomena in proton exchange membrane fuel cell

Yousheng Xu[1]   Xinfa Zhou[2]

(1. School of Mechanical & Automotive Engineering, Zhejiang University of Science and Technology, Hangzhou, 310023; 2. Energy and nuclear technology application and Research Institute of Zhejiang Province, Hangzhou, 310010)

Abstract: The internal transport phenomenon of proton exchange membrane fuel cell was investigated by the lattice Boltzmann method, which contained the source term and was proved to be available. A series of measurements about the physical parameters of fuel cell were done, that lay a foundation to the optimization the internal structure of proton exchange membrane fuel cell.

Key words: proton exchange membrane fuel cel(PEMFC); lattice Boltzmann simulation; Concentration distribution; potential distribution.

Introduction

The fuel cell is an electrochemical device which converts chemical energy into electrical energy by oxidation-reduction reaction. The proton exchange membrane fuel cell (PEMFC) is one of the most common types of fuel cells which use hydrogen, oxygen and water as reactants. It is an ideal select for distributed generation, portable power with high energy conversion efficiency and renewable fuels source. Therefore, as a result of energy crisis and fossil fuels overuse, the benefit of fuel cells is growing within the past few decades. However, its limitations still exist, including high costs, catalyst degradation and electrolyte poisoning.

It is hard to fully understand the performance of fuel cells with only experiment data, and numerical simulation has become a common way to deal with this problem. Karami et al [1]used self-similar model to solve the standard equation of porous media and gas channels to predict the internal phenomenon of fuel cell including gas channels. Karami and Mohammadza-deh et al[2] proposed a transient, multidimensional model based on the finite volume technique to simulate electrochemical kinetics, fluid mechanics, the current distribution as well as multi-component transport. Ullah et al[3] developed a comprehensive and steady-state model to calculate the catalytic layer region based on reunion block geometry. Xu et al[4] et al raised a novel hierarchical model combined with quasi-2D analysis models and high-level numerical Q3D models, and this model can be used to optimize the flow field design.

Hu and Fan[5] proposed a centralized model that relies on linear algebraic equations and can be programmed by MATLAB. Until now, several different models have been utilized to investigate the performance of proton exchange membrane fuel cell and to optimize its performance parameters by many researchers such as Dawn M. Bernard et al, S. DUTTA et al, Hung-Hsiang Lin et al, Pengtao Sun et al [1~3].

Lattice Boltzmann Method (LBM) , a powerful computational fluid dynamics tool based on kinetic theory, has a wide range of applications. LBM is characterized by a second order accuracy in time and space, a good parallel performance, unique physical images and a simple calculation process especially in dealing with complex geometric boundaries.In the past decade, LBM has attracted many scholars' interests and attention all around the world.For example, Morón et al[6] proposed a LBM-based model to simulate the mutual coupling between different materials to predict performance, which can be helpful in understanding and developing solid oxide fuel cells (SOFCs).

Roche and Scott[7] applied the lattice Boltzmann method in multiphase flow of the non-informal gas diffusion layer in proton exchange membrane fuel cell, and this model successfully simulated the accumulation / migration mechanism of liquid water in proton exchange membrane fuel cell gas diffusion layer.

Ma et al[8] showed the numerical study of two-phase flow, with using of thermal lattice Boltzmann model (TLBM), a microfluidic technology, to remove carbon dioxide bubbles from the direct methanol fuel cell (DMFC) anode.

Abhijit S.Joshi et al, Kannan N et al and Xiao-Dong Niu et al also used LBM to study some phenomenon of fuel cells, but neither of them regarded the fuel cells as a whole[9,10].

1 Numerical Models

The porosity of the diffusion layer, the catalyst layer and the membrane are same (Fig.1).

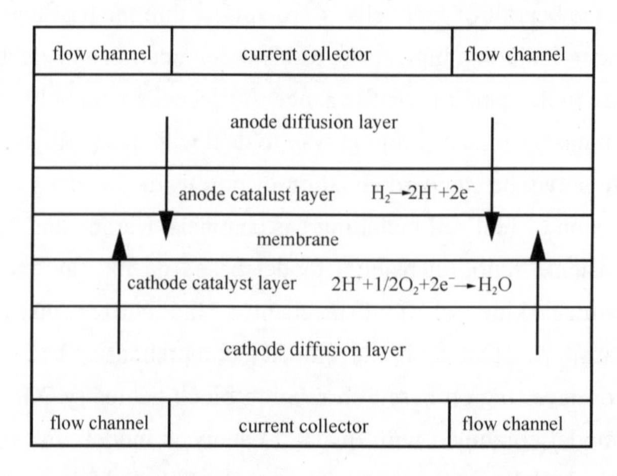

Fig. 1 The physical model of proton exchange membrane fuel cell

The controlling and evolution equations of proton exchange membrane fuel cell as follows:

$$\nabla \cdot (\varepsilon \rho \boldsymbol{u}) = S_{\mathrm{m}} \tag{1}$$

$$\nabla \cdot (\varepsilon \rho \boldsymbol{u} \boldsymbol{u}) = -\varepsilon \nabla p + \nabla \cdot (\varepsilon \mu_{\mathrm{eff}} \nabla \boldsymbol{u}) + S_{\mathrm{u}} \tag{2}$$

$$\nabla \cdot (\varepsilon \boldsymbol{u} C_{\mathrm{k}}) = \nabla \cdot (D_{\mathrm{k,eff}} \nabla C_{\mathrm{k}}) + S_{\mathrm{k}} \tag{3}$$

$$\nabla \cdot (\sigma_{\mathrm{eff}} \nabla \phi) + S_{\phi} = 0 \tag{4}$$

Where, ε is the porosity of the porous medium; ρ is the fluid density; $\boldsymbol{u}$ is the inherent speed vectorand; S_{m} is the generation or consumption quantity in the reaction; S_{u} is the momentum source term; C_{k} is the molar concentration of the k constituent; $D_{\mathrm{k.eff}}$ is the effective diffusion coefficient which can be obtained by the empirical formula $D_{\mathrm{k,eff}} = \varepsilon^{1.5} D_{\mathrm{k}}$; S_{k} is the generation quantity per volume of the k constituent; ϕ is the potential which means the membrane phase potential the carbon phase potential with subscript e and s respectively; σ_{eff} is the conductivity which can be obtained by the empirical formula, $\sigma_{\mathrm{s,eff}} = \varepsilon_{\mathrm{s}}^{1.5} \sigma_{\mathrm{s}}$.

The proton conductivity can be obtained by $\sigma_{\mathrm{e,eff}} = \varepsilon_{\mathrm{m,c}} \sigma_{\mathrm{e}}$, Where, $\varepsilon_{\mathrm{m,c}}$ is the volume percentage of the membrane phase in catalytic layer; S_{ϕ} is the generation or consumption rate of electric charge in the reaction as Table 1 shown.

Table 1 The source term of proton exchange membrane fuel cell

	Anode diffusion	Anode catalyst	membrane	Cathode catalyst	Cathode diffusion
S_{m}	0	$S_{\mathrm{H_2}}$	0	$S_{\mathrm{H_2O}} + S_{\mathrm{O_2}}$	0
S_{u}	$-\frac{\upsilon_{\mathrm{eff}}}{\kappa_{\mathrm{d,gas}}} \varepsilon u$	$-\frac{\upsilon_{\mathrm{eff}}}{\kappa_{\mathrm{p,eff}}} \varepsilon u + \frac{\kappa_{\phi,\mathrm{eff}}}{\kappa_{\mathrm{p,eff}}} z_{\mathrm{f}} c_{\mathrm{f}} F \nabla \phi_{\varepsilon}$			$-\frac{\upsilon_{\mathrm{eff}}}{\kappa_{\mathrm{d,gas}}} \varepsilon u$
S_{k}	0	$\frac{s}{nF} j$	0	$\frac{s}{nF} j$	0
$S_{\phi_{\mathrm{e}}}$	0	$-j_{\mathrm{a}}$	0	j_{c}	0
$S_{\phi_{\mathrm{s}}}$	0	j_{a}	0	$-j_{\mathrm{c}}$	0

In the table, s is the stoichiometric coefficient of the reaction, n is the gain or loss quantity of electrons of the k constituent in reaction, j is the current density. Parameter with subscript a means anode parameter, while with subscript c means cathode parameter. As for the oxidation-reduction reaction based on hydrogen and oxygen, the expression S_{k} can be written as:

$$S_{H_2} = -\frac{1}{2F} j_a \tag{5}$$

$$S_{O_2} = -\frac{1}{4F} j_c \tag{6}$$

$$S_{H_2O} = \frac{1}{2F} j_c \tag{7}$$

Due to the symmetry of the anode and cathode in this model, unified expressions are adopted. The current density can be described with the kinetic rate equations, as shown blow:

$$j_a = aj_{0,a,ref}\left(\frac{C_{H_2}}{C_{H_2,ref}}\right)^{\gamma_a} \exp\left(\frac{\alpha_a + \alpha_c}{RT} F \cdot \eta_{act}\right) \tag{8}$$

$$j_c = aj_{0,c,ref}\left(\frac{C_{O_2}}{C_{O_2,ref}}\right)^{\gamma_c} \exp\left(-\frac{\alpha_c}{RT} F \cdot \eta_{act}\right) \tag{9}$$

where, a is the surface area of the catalyst layer with unit volume in the catalytic reaction, subscript a and c are anode and cathode respectively; $j_{0,ref}$ is the reference exchange current density which hass a fixed value when the operating temperature and catalyst loading is certain; $C_{O_2,ref}$ is the molar concentration of reference oxygen in oxidation-reduction reaction, and also has a fixed value in this model (Table 2).

α is the electron transfer coefficient; γ is the concentration parameter; F is the Faraday constant; R is the universal gas constant; T is the operating temperature of the battery; η_{act} is the activation over potential which can be expressed as

$$\eta_{act} = \phi_s - \phi_e - V_{oc} \tag{10}$$

where, V_{oc} is the reference circuit voltage which is related to the temperature, and it is a constant with a fixed temperature.

Table 2 normal work the physical parameters of proton exchange membrane fuel cell

parameters	values
Diffusion layer thickness	0.01cm
Catalytic layer thickness	0.001cm
Membrane thickness	0.002cm
Battery height	0.024cm
Anodic conversion factor α_a	2
Cathode conversion factor α_c	2

continued

parameters	values
Anode concentration parameter γ_a	0.5
Cathode concentration parameter γ_c	1
Reference concentration of hydrogen oxidation reaction $C_{H_2,ref}$	3.64×10^{-5}mol/cm^3
Reference concentration of oxygen reduction reaction $C_{O_2,ref}$	3.18×10^{-5}mol/cm^3
Universal gas constant R	8.314J·mol^{-1}·K^{-1}
Faraday constant F	96487C·mol^{-1}
Anode reference exchange current $j_{0,a,ref}$	10^{-2}
Cathode reference exchange current $j_{0,c,ref}$	10^{-6}
Operating temperature T	353.15K
Proton diffusion coefficient D_{H^+}	1.2×10^{-3}cm^2·s^{-1}
Dissolved oxygen diffusion coefficient D_{O_2}	1.2×10^{-6}cm^2·s^{-1}
Ionic conductivity coefficient	0.07mho·cm^{-1}
Electronic conductivity coefficient	120cm^{-1}·Ω^{-1}
Open circuit voltage V_{oc}	1.1V
Hydrogen mole fraction of anode inlet	0.9
Oxygen mole fraction of cathode inlet	0.2
Porosity	0.3
Anode inlet pressure	3.0×101.3kPa
Cathode inlet pressure	3.0×101.3kPa
Charge number of fixed ionic Z_f	-1
Fixed ion concentration C_f	1.2×10^{-35}mol/cm^3
electric power penetration k_ϕ	1.13×10^{-15}cm^2
Hydraulic permeability k_p	1.58×10^{-14}cm^2
Volume ratio of the membrane in catalyst layer $\varepsilon_{m,c}$	0.5

The hydrodynamics expression of LBGK and evolution equation of the flow field are equal, written as

$$f_i(\boldsymbol{x}+\boldsymbol{e}_i\Delta t, t+\Delta t)-f_i(\boldsymbol{x},t)=-\frac{1}{\tau_u}[f_i(\boldsymbol{x},t)-f_i^{(0)}(\boldsymbol{x},t)]+\Delta tF_i(\boldsymbol{x},t) \tag{11}$$

where, $\boldsymbol{e}_i$ is the discrete velocity direction. The D2Q9 model is applied in this work, and the discrete velocity can be expressed as

$$\boldsymbol{e}_i = \begin{cases} 0 & i=0 \\ \left[\cos\frac{(i-1)\pi}{2}, \sin\frac{(i-1)\pi}{2}\right] & i=1\sim 4 \\ \sqrt{2}\left[\cos\frac{(2i-9)\pi}{2}, \sin\frac{(2i-9)\pi}{2}\right] & i=5\sim 8 \end{cases} \tag{12}$$

where, f_i is the density distribution function of $\boldsymbol{e}_i$ with location x and time t; τu is the dimensionless relaxation time, Δt is the time increment; F_i is the mechanical item; $f^{(0)}$ is the equilibrium distribution function（EDF）which is defined as

$$f_i^{(0)} = \omega_i \rho [1 + \frac{\boldsymbol{e}_i \cdot \boldsymbol{u}}{c_s^2} + \frac{1}{2}\frac{(\boldsymbol{e}_i \cdot \boldsymbol{u})^2}{c_s^4} - \frac{1}{2}\frac{\boldsymbol{u} \cdot \boldsymbol{u}}{c_s^2}] \tag{13}$$

where, the macroscopic parameters are as follows

$$\rho = \sum_i f_i, \boldsymbol{u} = \frac{\boldsymbol{v}}{c_0 + \sqrt{c_0^2 + c_1 |\boldsymbol{v}|}} \tag{14}$$

$$c_0 = \frac{1}{2}\left(1 + \varepsilon \frac{\Delta t v}{2K}\right), c_1 = \varepsilon \frac{\Delta t F_\varepsilon}{2\sqrt{K}}, \boldsymbol{v} = \Sigma_i \frac{\boldsymbol{e}_i}{\rho} + \frac{\Delta t}{2}\varepsilon \boldsymbol{G} \tag{15}$$

where, $\boldsymbol{v} = c_s^2 \Delta t(\tau - 0.5)$.

the mechanical item can be written as

$$F_i = \omega_i \rho \left(1 - \frac{1}{2\tau}\right)\left[\frac{\boldsymbol{e}_i \cdot \boldsymbol{F}}{c_s^2} + \frac{\boldsymbol{uF} : (\boldsymbol{e}_i \cdot \boldsymbol{e}_i - c_s^2 \boldsymbol{I})}{\varepsilon c_s^4}\right] \tag{16}$$

where, $\boldsymbol{F}$ can be obtained from

$$\boldsymbol{F} = -\frac{\varepsilon v}{K}\boldsymbol{u} - \frac{\varepsilon F_\varepsilon}{\sqrt{K}} |\boldsymbol{u}| \boldsymbol{u} + \varepsilon \boldsymbol{G} \tag{17}$$

Because the macro equations of concentration and potential are similar to the temperature controlling equation with source item, their evolution equations by analogy approach should also be similar, which can be expressed as

$$g_{ki}(\boldsymbol{x} + \boldsymbol{e}_{ki}\Delta t, t + \Delta t) - g_{ki}(\boldsymbol{x}, t) = -\frac{1}{\tau_u}[g_{ki}(\boldsymbol{x}, t) - g_{ki}^{(0)}(\boldsymbol{x}, t)] + \Delta t S_{ki}(\boldsymbol{x}, t) \tag{18}$$

$$g_{ki}^{(0)} = \omega_{ki} \cdot C_{ki} \cdot \left(1 + \frac{\boldsymbol{e}_{ki} \cdot \boldsymbol{u}}{c_s^2}\right) \tag{19}$$

$$C_k = \sum_i g_{ki} + 0.5\Delta t * S_k \tag{20}$$

the macroscopic equations (3) can be obtained by multi-scale expansion method, where

$$D = c_s^2 \Delta t(\tau_u - 0.5) \tag{21}$$

the potential evolution equation is

$$h_i(\boldsymbol{x} + \boldsymbol{e}_i\Delta t, t + \Delta t) - h_i(\boldsymbol{x}, t) = -\frac{1}{\tau_u}[h_i(\boldsymbol{x}, t) - h_i^{(0)}(\boldsymbol{x}, t)] + \Delta t S_{\phi i}(\boldsymbol{x}, t) \tag{22}$$

$$h_i^{(0)} = \omega_i \cdot \phi\,,\quad \phi = \sum_i h_i + 0.5\Delta t \cdot S_\phi \tag{23}$$

the macroscopic equations (4) also can be obtained by multi-scale expansion method, where

$$\sigma = c_s^2 \Delta t(\tau_2 - 0.5) \tag{24}$$

2 Results and analysis

It helps us to understand the concentration distribution of the reactants in the porous electrode, in the porous diffusion layer and in the catalyst layer, which will affect the reaction rate and the partial current density of the fuel cell and eventually affect the battery performance. The results shown in Fig. 2 indicate a symmetrical reactant concentrations

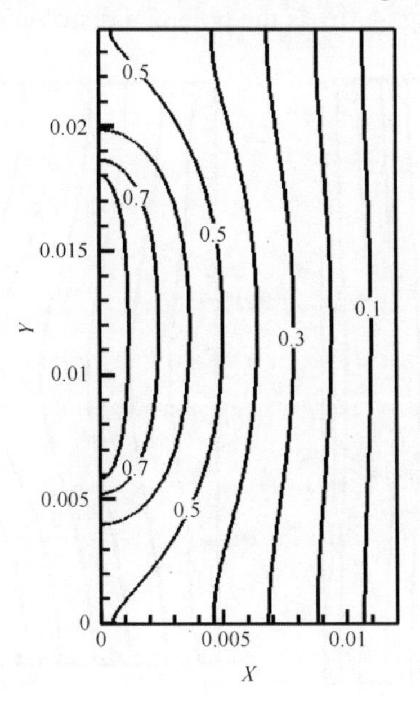

(a) The concentration of the hydrogen distribution

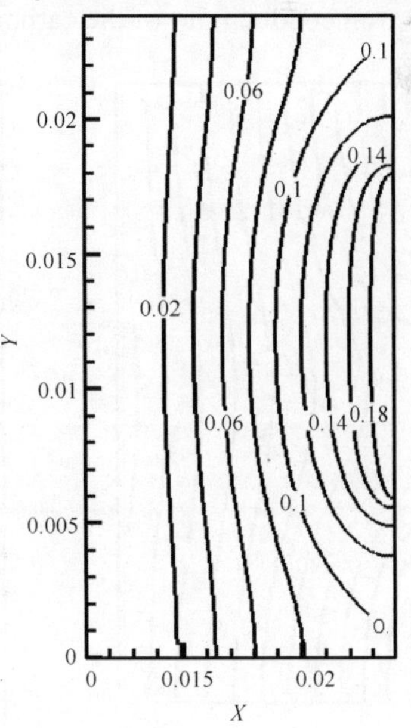

(b) The concentration of the oxygen distribution

Fig. 2 the concentration of materials in proton exchange membrane fuel cell distribution

distribution in y-direction, i.e. the height direction of the fuel cell. The higher oxygen concentration near the gas channel inlet leads to a higher reaction rate in this position, which decreases gradually along the flow direction. The hydrogen concentration of one certain grid point over time is tracked, as shown in Fig. 3, which shows that the concentration distribution of each material has reached a steady state, and proves that the steps we run in the program is sufficient.

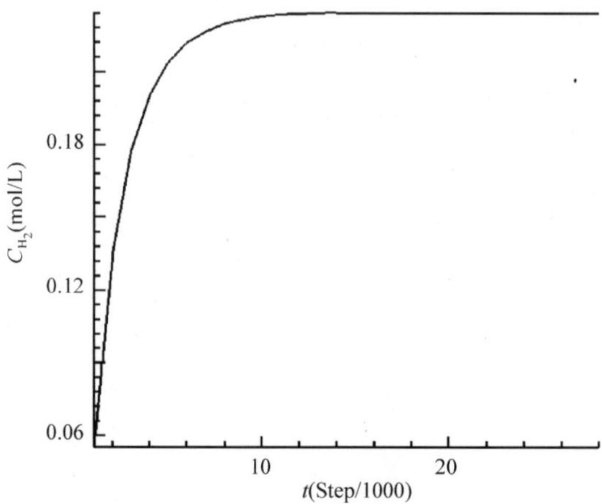

Fig. 3 hydrogen concentration of variation over time

Fig. 4 is the potential distribution of battery in the plane. Fig. 4 (a) is the potential distribution of the carbon phase in anode, where the phase change is small mainly due to the great electron conductivity of the carbon phase. Fig. 4 (b) is the potential distribution of the

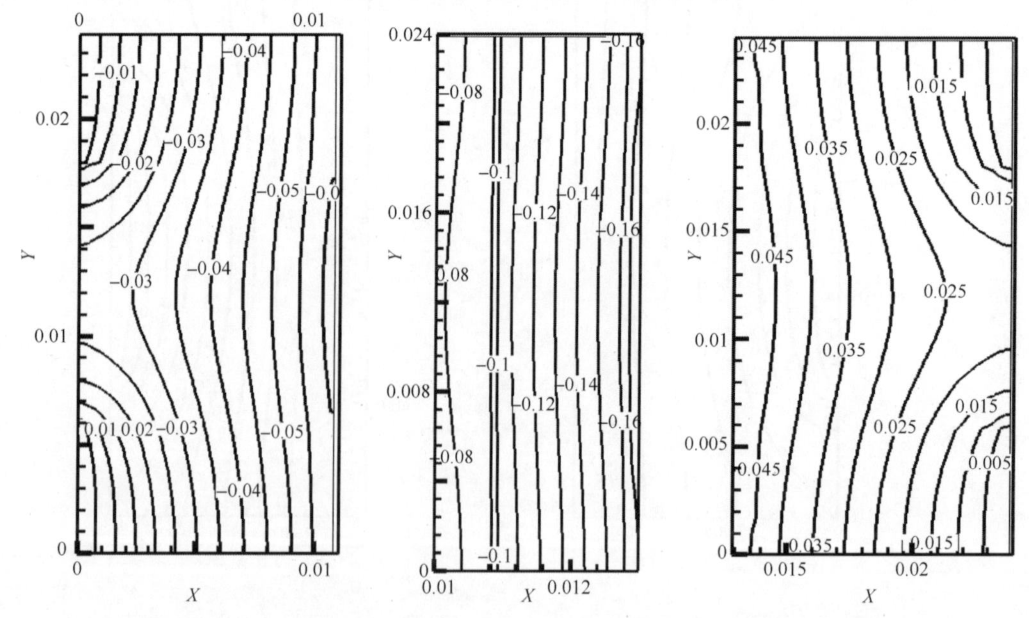

(a) Anode carbon potential distribution (b) Potential distribution of the electrolyte (c) cathode carbon potential distribution

Fig. 4 Concentration distribution of each material in the proton exchange membrane fuel cell

electrolyte phase in membrane, and there is a great change of membrane potential from the anode to the cathode which should be caused by the large film resistor. *t* can also be found that the voltage loss caused by film resistor accounts for a large proportion in the total polarization voltage losses .Fig. 4 (c), similar to Fig. 4 (a), is the potential distribution of the carbon phase in cathode, and its distribution as well as the causes of such distribution are similar to Fig. 4 (a).

Fig. 5 is the distribution of the current exchange rate in the same section. Fig. 5 (a) is the current exchange rate of the anode catalyst layer and the membrane, which shows that the carbon phase potential change smaller while the membrane potential change larger. Fig. 5 (b) is the current exchange rate of the cathode catalyst layer and the membrane, which is similar to Fig. 5 (a). It can be found that the current as well as the potential distribution in anode and cathode have the similarity or symmetry.

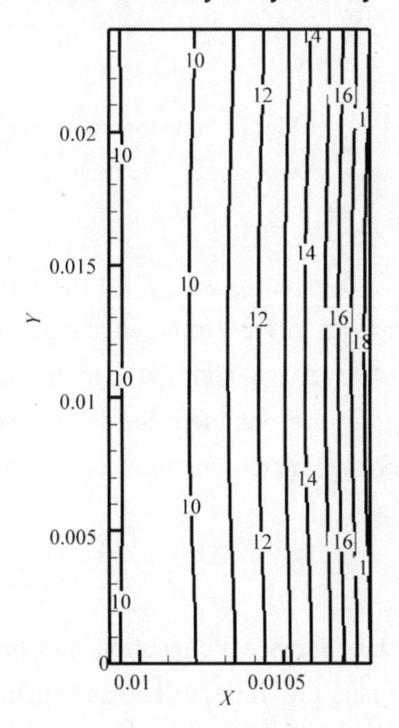

(a) the anode current exchange rate distribution

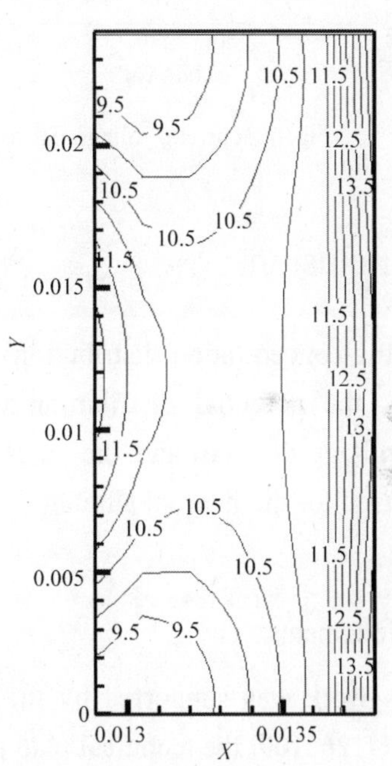

(b)the cathodic current exchange rate distribution

Fig. 5 proton exchange membrane fuel cell the distribution of the current exchange rate

As the polarization curve and the power chart are usually used to determine the battery performance, the relationship between the output voltage and the power density or current density of this work is analyzed. Generally speaking, for proton exchange membrane fuel cell, the relationship between the voltage attenuation and the current increase is a polarization curve. Such phenomena can be observed both in numerical study and experimental research, the polarization curve obtained in this work is shown in Fig. 6. The output power density is the product function of voltage and current density. As can be seen in Fig. 7, the power density increases with the current density increasing, and after reaching a peak, it decreases gradually with the current density increasing.The results in both figures are consistent with the trend of the actual experimental results.

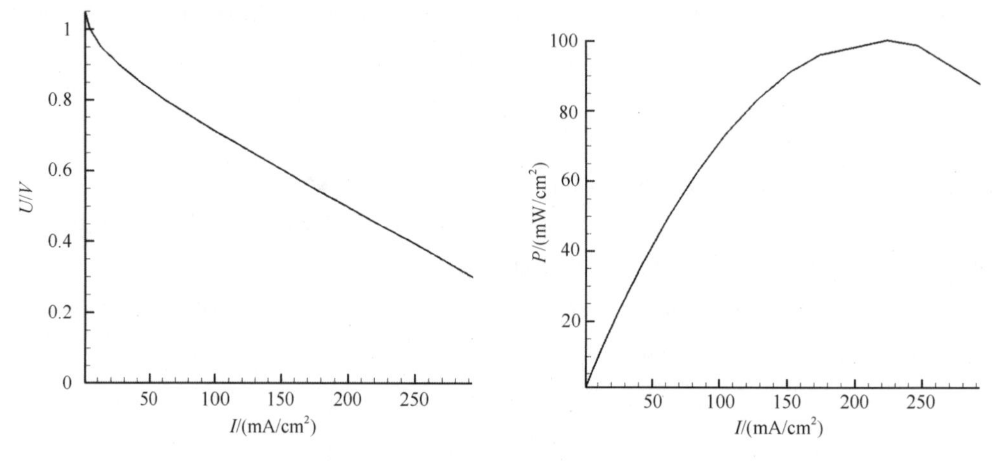

Fig. 6 current-voltage figure

Fig. 7 current-power figure

3 Conclusion

As the concentration distribution of each component in the proton exchange membrane fuel cell, the potential distribution of the membrane phase and the carbon phase, the current-voltage diagram and the current-power diagram are obtained, the lattice Boltzmann method used for the internal simulation of proton exchange membrane fuel cell is proved to be feasible.

Acknowledgments

This work was supported by the National Nature Science Foundation of China under grant no U1262109. the technical plan project of Zhejiang province science and technology no 2015F50023, and HKPolyU G-YL41 are gratefully acknowledged.

References

[1] Karami H, Mousavi M F, Shamsipur M, et al. New dry and wet Zn-polyaniline bipolar batteries and prediction of voltage and capacity by ANN. Journal of Power Sources, 2006, 154(1):298-307.

[2] Karami H, Mohammadzadeh E. Synthesis of cobalt nanorods by the pulsed current electrochemical method. International Journal of Electrochemical Science, 2010, 5(7):1032-1045.

[3] Ullah S, Badshah A, Ahmed F, et al. Electrodeposited zinc electrodes for high current Zn/AgO bipolar batteries. International Journal of Electrochemical Science, 2011, 6(9):3801-3811.

[4] Xu Y S, Liu Y, Xu X Z, et al. Lattice boltzmann simulation on molten carbonate fuel cell performance. Journal of the

Electrochemical Society, 1968, 153(3):A607-A613.

[5] Hu G, Fan J. Transient computation fluid dynamics modeling of a single proton exchange membrane fuel cell with serpentine channel. Journal of Power Sources, 2007, 165(1):171-184.

[6] Morón L E Y, Meas R, Ortega-Borges J J, et al. Effect of a poly(ethylene glycol) (MW 200)/benzylideneacetone additive mixture on Zn electrodeposition in an acid chloride bath. International Journal of Electrochemical Science, 2009, 4(12):1735-1753.

[7] Roche I, Scott K. Effect of pH and temperature on carbon-supported manganese oxide oxygen reduction electrocatalysts. Journal of Electroanalytical Chemistry, 2010, 638(2):280-286.

[8] Ma J, Wang X, Jiao X. Electrocatalytic reduction of oxygen on PEDOT-modified glassy carbon electrode. International Journal of Electrochemical Science, 2012, 7(2):1556-1563.

[9] Karami H, Ghamooshi-Ramandi M, Ghamooshi-Ramandi M. Pulse galvanostatic synthesis of zinc-sulfur nanocomposites and application as a novel negative material of rechargeable zinc-manganese dioxide alkaline batteries. International Journal of Electrochemical Science, 2012, 7(3):2091-2108.

[10] Field A J, Clark G, Sundstrom W A, et al. Growth in a Protected Environment: Portugal, 1850—1950. Emerald Group Publishing Limited, 2006.